AF303279

FSC
www.fsc.org
MIX
Papier aus ver-
antwortungsvollen
Quellen
Paper from
responsible sources
FSC® C105338

Ute Marth

Quanten und Heilung

Was die Quantenphysik mit Heilung zu tun hat - oder auch nicht

Eine kritische Beziehungsanalyse

Meinen Eltern
in Liebe und Dankbarkeit

Ute Marth wurde in Rotenburg an der Fulda geboren. Sie studierte in Germersheim und Paris und schloss 1991 ihr Studium als Diplom-Übersetzerin ab. Ihr Interesse gilt sowohl der Physik als auch esoterischen Themen. Sie lebt mit ihrer Familie in Frankfurt am Main.

Ute Marth

Quanten und Heilung

Was die Quantenphysik mit Heilung zu tun hat - oder auch nicht

Eine kritische Beziehungsanalyse

Bibliografische Information der Deutschen Nationalbibliothek:
Die Deutsche Nationalbibliothek verzeichnet diese Publikation in der Deutschen
Nationalbibliografie; detaillierte bibliografische Daten sind im Internet über
http://dnb.dnb.de abrufbar.

ISBN: 978-3-7504-0516-5

Hinweise können an die Autorin gesendet werden: QuantenundHeilung@t-online.de
Foto des Einbands: Fotolia, 115702310, peterschreiber.media (Abweichung bei Skalierung)
Einbandgestaltung: Ute Marth
Layout und Satz: Ute Marth
Herstellung und Verlag: BoD – Books on Demand, Norderstedt

Vorwort

Als ich zum ersten Mal davon hörte, dass die Quantenphysik bewiesen habe, dass das Bewusstsein die Realität beeinflussen kann, war ich beeindruckt. Ich wollte mich mit diesem Bereich der Physik beschäftigen, der solche Beweise erbracht zu haben schien.

Je mehr ich las, desto mehr wurde mir bewusst, dass es zahlreiche Missverständnisse zur Quantenphysik gibt, und geradezu Mythen über die Quantenphysik kursieren.

So entstand die Idee zu diesem Buch.

Es umfasst eine umfassende Darstellung der Quantenphysik und der verbreiteten Missverständnisse zur Quantenphysik. Bei meinen Recherchen beschäftigte ich mich auch mit Erkenntnissen und Experimenten des letzten Jahrzehnts, so dass die für den Laien konzipierte Darstellung der Quantenphysik auch für Physikstudenten interessante Informationen zur Quantenphysik bietet. Als Geisteswissenschaftlerin kann ich gut nachvollziehen, wo die Schwierigkeiten beim Verständnis der Quantenphysik liegen, so dass ich die Themen so dargestellt habe, dass sie auch für den Laien verständlich sind.

Das Schreiben dieses Buches war für mich spannend und aufregend, und ich wünsche mir, dass viele Menschen von den hier zusammengefassten Ergebnissen profitieren mögen.

Ich wünsche Ihnen viel Spaß beim Lesen.

Ute Marth

Frankfurt, im August 2019

Inhaltsverzeichnis

Teil I – Quantenphysik – theoretische Grundlagen

1.   Einleitung

Die Quantenphysik übt auf viele Menschen eine magische Faszination aus, was sicherlich der Tatsache zuzuschreiben ist, dass auf der Quantenebene Gesetze der klassischen Physik ihre Gültigkeit verlieren. Sie stellt unser klassisches Weltbild auf den Kopf. Die klassischen Naturwissenschaften liefern insbesondere für Bereiche, die jenseits dessen liegen, was wir mit unserem Alltagsbewusstsein wahrnehmen können, keine zufriedenstellenden Antworten. Dies mag ein Grund sein, warum sich auch viele Vertreter von alternativen Heilmethoden, insbesondere der so genannten Quantenheilung, für die Quantenphysik interessieren.[1] Scheint sie doch Antworten auf die Funktionsweise mancher alternativer Heilmethoden zu geben. Aufgrund der Komplexität der Quantenphysik kann es leicht zu Missverständnissen oder Umdeutungen der Quantenphysik kommen. In diesem Buch werden die Grundlagen der Quantenphysik für den Laien verständlich dargestellt und die häufigsten Missverständnisse aufgezeigt und geklärt. Aufgrund der umfassenden Auseinandersetzung mit der Quantenphysik und der Darstellung von Experimenten der letzten 20 Jahre bietet das Buch insbesondere in Teil I dem Physikstudenten und naturwissenschaftlich gebildeten Leser einen guten Überblick über die Themen der Quantenphysik und die Entwicklung der neueren Forschung.

Es geht nicht darum, die Wirksamkeit der Heilmethoden zu untersuchen. Ich habe dieses Buch in Respekt vor dem Wunsch von Heilern geschrieben, Menschen in ihrem Heilungsprozess zu unterstützen. Zitate oder beispielhafte Aussagen werden benutzt, um Missverständnisse zu belegen. Es geht nicht darum, die Fähigkeiten des einzelnen Heilers oder der angewandten Methoden in Frage zu stellen.

Ich gehe abschließend der Frage nach, ob die Erkenntnisse der Quantenphysik für alternative Heilmethoden, insbesondere die Quantenheilung, eine Rolle spielen.

---

[1] Ich spreche von Vertretern und Anbietern alternativer Heilmethoden, da sich einige, die die 2- und 3-Punkt-Methode anwenden, nicht Quantenheiler nennen. Diese Methoden werden in Teil II, Kapitel 2 näher erläutert.

Bei dieser Thematik gelangt man zwangsweise zu philosophischen Fragestellungen, die über die Naturwissenschaft hinausgehen, wie z. B. der Definition von Realität. Solche Themen werden am Rande gestreift.

Das Buch ist in drei Teile gegliedert. Im ersten theoretischen Teil werden in ausführlicher und verständlicher Weise die Grundlagen der Quantenphysik dargestellt und erläutert. Im zweiten Teil werden verbreitete Missverständnisse untersucht. Die Kapitel umfassen einen kurzen theoretischen Teil, der Hintergrundinformationen zum besseren Verständnis der jeweils aufgeführten Aussagen oder Behauptungen bietet, gefolgt von einer Klärung des Missverständnisses. Teil II kann auch ohne die in Teil I erläuterten Grundlagen verstanden werden. Die Kapitel in Teil II bauen aufeinander auf, so dass es ratsam ist, Teil II chronologisch zu lesen. In Teil III wird untersucht, ob quantenphysikalische Prozesse auf der Ebene des menschlichen Körpers überhaupt nachweisbar sind, ob der Bezug auf die Quantenphysik im Zusammenhang mit der Quantenheilung sinnvoll ist und was Heilungsprozesse unterstützen könnte.

2. Quantenphysik und Quantenmechanik – Schrauben die Mechaniker an den Quanten?

In diesem Kapitel erhalten Sie einen kurzen Überblick über die Quantenphysik und die Quantenmechanik.[2] Die wichtigsten Themen und Meilensteine der Forschung werden in den folgenden Kapiteln detaillierter erklärt.

Als die Geburtsstunde der Quantenphysik gilt das Jahr 1900, in dem Max Planck seine Berechnung der Energieverteilung der Wärmestrahlung eines sog. „schwarzen Körpers" vorgestellt hat.[3] Mit Wärmestrahlung wird die von einem Körper aufgrund einer Temperatur abgegeben Energie bezeichnet. Diese Wärmestrahlung ist eine elektromagnetische Strahlung, und Plancks Berechnung enthält eine Konstante, aus der sich ergibt, dass Wärmestrahlung von Materie nicht kontinuierlich abgegeben wird. Die Bedeutung der von ihm entwickelten Berechnung wurde in ihrer vollen Tragweite erst in den folgenden Jahren erkannt. Planck selbst, der als der Begründer der Quantenphysik bezeichnet wird, stand seiner Schöpfung skeptisch gegenüber.

In dem 1905 veröffentlichten Aufsatz von Einstein mit dem Titel „Über einen die Erzeugung und Verwandlung des Lichtes betreffenden heuristischen Gesichtspunkt" stellt er u. a. auf der Grundlage von Arbeiten des Physikers Philipp Lenard zum photoelektrischen Effekt die Lichtquantenhypothese auf, die besagt, dass die Energie des Lichts in lokalisierte und unteilbare „Portionen" (eben die Lichtquanten) unterteilt ist.[4] Weiterhin geht er in seinem Ansatz unter Bezugnahme auf Lenard davon aus, dass ein einzelnes Elektron durch ein ganzes, unteilbares

---

[2] Im Folgenden sollen die Begriffe „Quantenphysik", „Quantenmechanik" und „Quantentheorie" synonym verwendet werden.

[3] Der Physiker Max von Laue bezeichnete den Vortrag von Planck als Geburtsstunde der Quantenphysik – in der Wissenschaftsgeschichte gibt es eine kontroverse Debatte um die genaue Interpretation von Plancks Arbeit. Diese Details müssen uns hier aber nicht interessieren.

[4] Aufsatz von Albert Einstein: „Über einen die Erzeugung und Verwandlung des Lichtes betreffenden heuristischen Standpunkts", Annalen der Physik, Verlag von Johann Ambrosius Barth, Leipzig 2005, S. 132 – 148, abgerufen über http://grundpraktikum.physik.uni-saarland.de/scripts/Einstein_1.pdf

Lichtquant aus Materie herausgelöst werden kann. Mit Einsteins Lichtquantenhypothese wird die von Planck angenommene Quantisierung – ein Begriff, den Planck in seinem Aufsatz noch nicht verwendet hat – verallgemeinert. Allerdings unterscheidet sich Einsteins Ansatz von dem Plancks. Während Planck davon ausging, dass Strahlung nicht in beliebigen Einheiten sondern in Form von Energiepaketen abgegeben wird, nahm Einstein an, dass das Strahlungsfeld selbst aus Lichtquanten besteht. Nach Einsteins Vorstellung ist die Energie des Lichtes diskontinuierlich im Raume verteilt und die in Raumpunkten lokalisierten Energiequanten können, ohne sich zu teilen, nur als Ganze absorbiert und erzeugt werden. Einsteins Hypothese fand lange Zeit keinen großen Zuspruch, da sie im Widerspruch zum etablierten Wellencharakter von Licht stand. Dennoch erhielt Einstein 1922 den Nobelpreis für eben diese Arbeit.[5] In der Begründung hieß es: „für seine Verdienste um die theoretische Physik, besonders für seine Entdeckung des Gesetzes des photoelektrischen Effekts".[6]

Während Planck den Begriff Quant[7] noch nicht verwendet, spricht Einstein von Energie- und Lichtquanten. Mit Licht meint Einstein jede Form von elektromagnetischer Strahlung. „Licht" oder elektromagnetischen Strahlung sind sich periodisch ändernde elektrische- und magnetische Felder. Zu ihrer Beschreibung verwendet man die Größen Frequenz („v" sprich „nü") und Wellenlänge („λ" sprich „lambda"). Mit „Licht" im engeren Sinne bezeichnet man heute meist nur den für den Menschen sichtbaren Teil der elektromagnetischen Strahlung. Sichtbar für den Menschen ist aber nur die elektromagnetische Strahlung eines bestimmten Frequenz- bzw. Wellenlängenbereichs wie z. B. das Sonnenlicht oder Farben. Auf die Entstehung von Licht und ganz allgemein elektromagnetischer Strahlung wird in den Kapiteln „Was ist Energie" und „Alles ist Licht" näher eingegangen. Das

Planck verwendet den Begriff Quant noch nicht.

---

[5] Der Nobelpreis wurde im November 1922 verkündet und im Dezember 1922 rückwirkend für das Jahr 1921 verliehen, da das Auswahlkomitee 1921 keinen Preisträger fand, der die von Alfred Nobel gestellten Anforderungen erfüllte.

[6] https://de.wikipedia.org/wiki/Liste_der_Nobelpreistr%C3%A4ger_f%C3%BCr_Physik, abgerufen März 2017

[7] In seinem berühmten Aufsatz aus dem Jahr 1900 spricht er nur einmal von dem „Quantum der Elektricität".

kleinstmögliche „Energiepaket" der elektromagnetischen Strahlung nennt man Lichtquant oder Photon. Deren Energie ist ein Vielfaches des Planckschen Wirkungsquantums (E =hv). Das Plancksche Wirkungsquantum h bestimmt das Verhältnis von Frequenz und Energie und beträgt $6,6 * 10^{-34}$ Joulesekunden (Eine 1 geteilt durch eine 1 mit 34 Nullen). Die Zahl ist sehr klein, so dass wir den Quantencharakter von Licht in unserem Alltag nicht direkt wahrnehmen können. In der später entwickelten Feldtheorie, der sog. Quantenelektrodynamik (QED), die in Kapitel 20 näher erläutert wird, wird Licht weder als Welle noch als Teilchen sondern als angeregter Zustand aufgefasst. Der anschauliche Begriff des Teilchens ist im Grunde irreführend. Bei Teilchen denkt man gemeinhin an ein winzig kleines Stückchen Materie. In der Quantenphysik haben Teilchen nicht zwingend mit Materie im Sinne von massebehaftet zu tun, noch lässt sich ihr Verhalten allein mit den Gesetzen der klassischen Physik beschreiben. Insbesondere ist das Photon der QED kein lokalisiertes Objekt mehr. Es sollte folglich nicht mit seinem historischen Vorläufer (dem Lichtquant Einsteins) identifiziert werden.

1924 entwickelte Louis de Broglie eine Theorie, die auch Materie einen Wellencharakter zuschreibt. Er stellte die nach ihm benannte De-Broglie-Gleichung auf, die besagt, dass die Wellenlänge eines Teilchens sich aus dem Planckschen Wirkungsquantum geteilt durch seinen Impuls berechnet. Experimente der amerikanischen Physiker Davisson und Germer zur Streuung von Elektronen an einem Kristall aus dem Jahr 1927 bestätigten diese Hypothese. Sehr viel später wurde mit dem Doppelspaltexperiment für Elektronen eine besonders spektakuläre Bestätigung des „Wellencharakters" von Materie geliefert. . Die Schwierigkeit des experimentellen Nachweises liegt darin begründet, dass die betreffende Wellenlänge enorm klein ist – zu ihrer Messung also ebenfalls sehr kleine Strukturen verwendet werden müssen. Gleichzeitig wird auf diese Weise verständlich, warum der „Wellencharakter" von Materie in alltäglichen Situationen ohne Bedeutung ist.

Das Jahr1925 wird als Geburtsstunde der Quantenmechanik angesehen. In den Jahren 1925 und 1926 entstanden zwei wichtige Theorien, die die bisherigen Ergebnisse und Hypothesen der Quantenphysik in den Rahmen eines geschlossenen mathematischen Formalismus einfügten. Der Begriff Quantenmechanik fand Verbreitung, weil sich die Quantenmechanik an die klassische Mechanik, die die Lehre von der Bewegung von Körpern und den dabei wirkenden Kräften ist, anlehnt, wobei sie neue Konzepte entwickelte, die quantenphysikalische Prozesse besser beschreiben konnten. Im heutigen Sprachgebrauch wird jedoch meist nicht zwischen den Begriffen Quantenphysik und Quantenmechanik unterschieden. Manche verwenden auch den Begriff moderne Quantentheorie, womit meist die relativistischen Quantenfeldtheorien gemeint sind, die in Kapitel 20 beschrieben werden. Im Allgemeinen spricht man jedoch von Quantenphysikern oder Quantentheoretikern und nur selten von Quantenmechanikern.

Eine der beiden grundlegenden Theorien der Quantenmechanik war die Matrizenmechanik, die von Max Born, Pascual Jordan und Werner Heisenberg entwickelt wurde. Sie entstand vor dem Hintergrund der Forschungen der vorangegangenen Jahre. 1913 hatte Bohr sein Atommodell vorgestellt, nach dem ein Atom aus einem positiv geladenen Atomkern und leichten, negativ geladenen Elektronen besteht, die den Atomkern auf geschlossenen Bahnen umkreisen. Da sich Bahnen und Umlaufzeiten von Elektronen nicht direkt beobachten ließen, vertraten Born, Jordan und Heisenberg die Ansicht, dass die Forschung dahin gehen müsse, messbare Strahlungsfrequenzen und Spektrallinienintensitäten zu untersuchen, um darauf eine der klassischen Mechanik analoge quantentheoretische Mechanik auszubilden, die nur auf beobachtbaren Größen aufbaut. 1926 entwickelte Erwin Schrödinger auf der Grundlage der von De Broglie angenommenen Materiewelle die Wellenmechanik und die nach ihm benannte Schrödinger-Gleichung. Die Wellenmechanik beschreibt Elektronen durch eine Wellenfunktion. Zunächst war unklar, wie diese Welle zu deuten sei. Vielen (darunter Schrödinger selbst) erschien es zunächst plausibel, anzunehmen, dass Elektronen tatsächlich keine punktförmige Teilchen seien, sondern (minimal) ausgedehnte Anregungen eines Felds. Diese Hoffnung bestätigte sich nicht und noch im selben Jahr schlug Max Born vor, die Welle als Wahrscheinlichkeitswelle zu deuten. Damit ist gemeint, dass sich mit ihrer Hilfe die Wahrscheinlichkeit berechnen lässt, ein punktförmiges Elektron bei einer Messung nachzuweisen. Die beiden unterschiedlichen Ansätze von Heisenberg und Schrödinger führen zu den gleichen Ergebnissen, was Schrödinger und später auch andere Wissenschaftler nachweisen konnten. Die Schrödinger-Gleichung hat jedoch größere Verbreitung gefunden. Die Berechnungen von Aufenthaltswahrscheinlichkeiten tragen dem Sachverhalt Rechnung, dass der genaue Aufenthaltsort (das gleiche gilt auch für andere Eigenschaften) eines Teilchens nicht mit Bestimmtheit vorausgesagt werden kann. Dies ist ein wichtiges Prinzip auf der Quantenebene. Genauso wie sich klassische Wellen überlagern können, können auch Quantenobjekte in einer Überlagerung von verschiedenen Zuständen vorliegen. Dies wird auch Superposition genannt. Superposition bedeutet im weiteren Sinne, dass ein Quantenobjekt mehrere Eigenschaften gleichzeitig besitzt – oder aber, was vielleicht besser verständlich ist, keine definierte Eigenschaft hat. Erst durch den Messvorgang wird die Aufenthaltswahrscheinlichkeit auf einen konkreten Ort reduziert.

1927 stellte Werner Heisenberg die nach ihm benannte Unschärferelation auf, die besagt, dass an einem Teilchen zwei bestimmte Eigenschaften wie z. B. Ort und Impuls nicht gemeinsam einen exakt definierten Wert haben können. Im gleichen Jahr beschrieb Paul Dirac die Wechselwirkung zwischen der elektromagnetischen Strahlung und Materie. Darauf aufbauend begründeten Richard P. Feynman, Julian Schwinger und Shin'ichirō Tomonaga die Quantenelektrodynamik. Die Quantenelektrodynamik ist eine Feldtheorie, die Quantenteilchen nicht als einzelne Teilchen beschreibt, sondern als Anregungszustände eines „Quantenfeldes".

Ab den 60er Jahren folgten Feldtheorien zur schwachen und starken Wechselwirkung, die die entsprechende Theorie der elektrischen Wechselwirkung verallgemeinerten.[8] Diese Kräfte sind für atomare Zerfallsprozesse bzw. den Zusammenhalt des Atomkerns verantwortlich. Die gesamten Erkenntnisse führten zu dem Standardmodell der Teilchenphysik, das alle Quantenteilchen und ihre Wechselwirkungen beschreibt.

---

[8] https://de.wikipedia.org/wiki/Schwache_Wechselwirkung

Die Korrelation von Teilchen beschäftigte unter anderem auch John Bell, der 1964 mit seiner berühmten Bellschen Ungleichung mathematisch nachweisen konnte, dass Teilchen in einer bis heute nicht hinlänglich erklärten Form miteinander in Wechselwirkung stehen. Ab 1972 konnte in unterschiedlichen Experimenten nachgewiesen werden, dass tatsächlich die Messung an einem Teilchen Auswirkungen auf ein beliebig weit entferntes Teilchen haben kann. Dies wird Verschränkung genannt. Experimente in den letzten Jahrzehnten haben gezeigt, dass sich Quantenzustände über Quantenverschränkung teleportieren lassen. Dies wird Quantenteleportation genannt. Der vorerst letzte Meilenstein in der Geschichte der Quantenmechanik geht auf das Jahr 2012 zurück, in dem, wie es scheint, das so genannte Higgs-Teilchen entdeckt wurde. Über dieses Quantenobjekt erhalten Teilchen eine Masse.

Zusammenfassend die wichtigsten Merkmale der Quantenphysik:

- Bestimmte physikalische Größen können nicht beliebige Werte annehmen sondern ändern sich nur in diskreten Schritten. **Die kleinsten, diskreten Schritte einer physikalischen Größe nennt man Quanten.**
- Quantenobjekte zeigen sowohl Eigenschaften von Wellen als auch von Teilchen (Welle-Teilchen-Dualismus).
- Die Quantenphysik ist nach der vorherrschenden Theorie nicht deterministisch. Sie trifft Aussagen über Wahrscheinlichkeiten.
- Der tatsächliche Quantenzustand wird durch den Messvorgang ermittelt. Eine vorherige Bestimmung ist nicht möglich, da nach der verbreiteten Theorie der Zustand nicht festgelegt ist. Eine andere Deutung besagt, dass der Zustand zwar festgelegt ist, aber nicht berechnet werden kann, weil die Anfangsbedingungen nicht bekannt sind.

In diesem Buch wird der Begriff Quantenphysik für alle quantenphysikalischen Theorien verwendet und schließt die Quantenmechanik mit ein. Die Grundlagen der Quantenphysik werden in den folgenden Kapiteln näher erläutert.

3. Die Entstehung der Quantenphysik – die Hohlkörperstrahlung
Den Hellsehern die Bleikristallkugel und den Quantenphysikern den schwarzen Hohlkörper

Hellseher gucken in ihre Bleikristallkugel, für die Quantenphysiker lohnt sich der Blick in den schwarzen Hohlkörper. Auch wenn sie damit nicht die Zukunft weissagen können, ziehen sie daraus doch bahnbrechende Erkenntnisse. Was hat es mit diesen schwarzen Hohlkörpern auf sich? Genau genommen spricht man von schwarzen Körpern oder Hohlraumstrahlern. Als schwarzen Körper bezeichnet man ein Gebilde, das jegliche elektromagnetische Strahlung absorbiert. Dies könnte z. B. eine Kugel mit einem kleinen Loch sein. Der Körper muss nicht zwingend eine schwarze Farbe haben. Ein Gegenstand erscheint schwarz, wenn er alle auf ihn gestrahlten elektromagnetischen Wellen vollständig absorbiert. Die vollständige Absorption von Licht bedeutet aber nicht, dass ein schwarzer Körper kein Licht aussendet, sondern nur, dass das Spektrum der abgegebenen elektromagnetischen Strahlung allein durch seine Temperatur bestimmt ist. Erhitzt man einen solchen schwarzen Körper, gibt er elektromagnetische Strahlung ab.[9] Man kann nun beobachten, welche Wellenlängen bei einer bestimmten Temperatur vorherrschen. Bei hohen Temperarturen ist der Anteil der kurzwelligen Strahlung größer und bei niedrigeren Temperaturen ist der Anteil der langwelligen Strahlung größer. Für dieses Verhalten, das heißt für die Energiedichte der Strahlung, wurden theoretische Vorhersagen entwickelt. Das Konzept des schwarzen Körpers wurde 1859 von Gustav Kirchhoff zwecks Herleitung einer nur von Temperatur und Frequenz abhängigen Strahlungsfunktion entwickelt. Im 19. Jahrhundert wusste

---

[9] Bei dem schwarzen Hohlkörper handelt es sich um eine idealisierte Vorstellung, da es keinen physikalischen Körper gibt, der alle elektromagnetischen Strahlungen vollständig absorbiert. In Experimenten ist das Loch in der Wand des Schwarzen Körpers so klein, dass durch das Loch die einfallende Strahlung nahezu vollständig absorbiert wird und durch die Öffnung nur Wärmestrahlung austritt.

man noch wenig über den Aufbau der Materie, aber im Jahr 1896 gelang Wilhelm Wien die Herleitung eines Strahlungsgesetzes, dass zu den bekannten Messergebnissen passte. Das Gesetz beschreibt, welche Wellenlänge den größten Beitrag zur der abgegebenen Strahlung leistet. Die Wellenlänge der intensivsten Strahlung hängt dabei nur von der Temperatur des schwarzen Körpers ab. Im Jahr 1900 führten Heinrich Leopold Rubens[10] und Ferdinand Kurlbaum genauere Experimente zur Hohlraumstrahlung durch, die nachwiesen, dass das Wiensche Strahlungsgesetz nur bei kleinen, nicht aber bei großen Wellenlängen zutrifft.

Für diese großen Wellenlängen stimmen die Messungen jedoch mit dem Rayleigh-Jeans-Gesetz überein, das im Jahr 1900 von Rayleigh in einer noch fehlerhaften Form entwickelt und im Jahr 1905 von James Jeans in korrigierter Form veröffentlicht wurde. Bei sehr kleinen Wellenlängen führte dieses Gesetz jedoch zu keinen sinnvollen Ergebnissen – es sagte tatsächlich eine unendlich starke Strahlung im Bereich der ultravioletten Wellen voraus. Dies wird auch Ultraviolett-Katastrophe genannt, ein von Paul Ehrenfeld 1911 geprägter Ausdruck. Der Name erklärt sich dadurch, dass die Ultraviolettstrahlung eine kurzwellige Strahlung ist, für das das Wiensche Strahlungsgesetz gilt.

Max Planck beschäftigte sich als theoretischer Physiker mit dieser Thematik und begründete damit – man muss sagen ungewollt – die Geburtsstunde der Quantenphysik. [11] Er stellte seine berühmte Formel am 14. Dezember 1900 auf einer Sitzung der Deutschen Physikalischen Gesellschaft vor.

In seinem berühmten Aufsatz heißt es:

„Indessen liegt mir heute nicht sowohl daran, jene Deduction, welche sich auf die Gesetze der elektromagnetischen Strahlung, der Thermodynamik und der

---

[10] Rubens, der die Frankfurter Wöhlerschule besuchte, beschäftigte sich insbesondere mit der Infrarotstrahlung.
[11] Ein interessanter bebilderter Aufsatz zu Plancks Leben und Arbeit wurde 2008 zum 150. Geburtstag am 23. April 2008 von Lorenz Beck herausgegeben (Quellen vom Archiv der Max-Planck-Gesellschaft). Eine korrigierte Neuauflage von 2009 kann abgerufen werden unter https://www.archiv-berlin.mpg.de/49053/hausreihe_20.pdf

Wahrscheinlichkeitsrechnung stützt, hier systematisch in allen Einzelheiten durchzuführen, als vielmehr daran, Ihnen den eigentlichen Kernpunkt der ganzen Theorie möglichst übersichtlich darzulegen, und dies kann wohl am besten dadurch geschehen, dass ich Ihnen hier ein neues, ganz elementares Verfahren beschreibe, durch welches man, ohne von einer Spectralformel oder auch von irgend einer Theorie etwas zu wissen, mit Hülfe einer einzigen Naturconstanten die Verteilung einer gegebenen Energiemenge auf die einzelnen Farben des Normalspectrums, und dann mittels einer zweiten Naturconstanten auch die Temperatur dieser Energiestrahlung zahlenmässig berechnen kann."[12]

und weiter heißt es:

„… lässt sich auch als eine nähere Präcisirung der von mir eingeführten Hypothese der natürlichen Strahlung auffassen, die ich bisher nur in der Form ausgesprochen habe, dass die Energie der Strahlung sich vollkommen „unregelmässig" auf die einzelnen in ihr enthaltenen Partialschwingungen verteilt."[13]

Die korrekte Berechnung der Strahlung ist durch die Einführung einer Naturkonstanten, des Planckschen Wirkungsquantums[14], möglich. Plancks Formel trägt der Tatsache Rechnung, dass Strahlungsenergie nicht kontinuierlich abgegeben werden konnte. Der Austausch der Energie findet in kleinen Energiepaketen statt.

Das Revolutionäre dieser Erkenntnis lag darin, dass im Gegensatz zur klassischen Physik Energie nicht kontinuierlich abgeben wird, sondern in Paketen oder in Energiesprüngen. In seinem Aufsatz verwendet Planck noch nicht die Begriffe Quanten und Quantisierung. Planck selbst konnte sich mit diesem neuen Weltbild, das sich erst in den Folgejahren entwickelte und der klassischen Physik

---

[12] „Zur Theorie des Gesetzes der Energieverteilung im Normalspectrum; von Max Planck (Vorgetragen in der Sitzung vom 14. December 1900)" aus Verhandlungen der Deutschen Physikalischen Gesellschaft 2 (1900), S. 237, zitiert nach http://grundpraktikum.physik.uni-saarland.de/scripts/Planck_1.pdf, Seite 3 (im Originaldokument Seite 238)

[13] Ibid., Seite 7 (im Originaldokument S. 243)

[14] Der Proportionalitätsfaktor beträgt $h = 6{,}63 \cdot 10^{-34}$Js, wobei das Kürzel h für diesen Faktor erst später eingeführt wurde.

widersprach, nicht wirklich anfreunden und bezeichnete seine Formel als eine Art Kunstgriff. Er versuchte noch bis in die 20er Jahre die Quantenphysik mit der klassischen Physik in Einklang zu bringen.

Eine Erweiterung erfuhr die Plancksche Formel durch Einsteins Lichtquantenhypothese aus dem Jahr 1905, für die Einstein 1922 den Nobelpreis erhielt. Wie kam es zu dieser Hypothese? Im Jahr 1888 entdeckte Wilhelm Hallwachs den nach ihm benannten: Wird eine negativ geladene Metallplatte mit Licht bestrahlt, werden aus der Oberfläche Elektronen herausgelöst. Philipp Lenard führte im Jahr 1900 Untersuchungen durch, die auf Experimente von Heinrich Hertz und Wilhelm Hallwachs aufbauten, und entdeckte dabei etwas sehr Interessantes: Bei steigender Lichtintensität wächst die Zahl der herausgelösten Elektronen nicht jedoch ihre Energie. Ihre Energie ist ausschließlich von der Frequenz des eingestrahlten Lichts abhängig. Diesen Sachverhalt erklärte Albert Einstein 1905 mit der Lichtquantenhypothese. Er ging davon aus, dass die Energiequanten nicht nur eine Rechengröße sind, sondern dass die von einem Lichtstrahl ausgehende Energie, wie oben bereits beschrieben, aus einer endlichen Zahl von in Raumpunkten lokalisierten Energiequanten besteht, welche sich bewegen, ohne sich zu teilen und nur als Ganze absorbiert und erzeugt werden können.[15]

Mit dieser These geht er weit über Plancks Annahme hinaus. Nicht nur die Abgabe der Wärmestrahlung eines schwarzen Körpers erfolgt in Energiepaketen, sondern die elektromagnetische Strahlung selbst ist in Energiepakete unterteilt.

---

[15] Vgl. Aufsatz von Albert Einstein: „Über einen die Erzeugung und Verwandlung des Lichtes betreffenden heuristischen Standpunkts", S. 133, http://onlinelibrary.wiley.com/doi/10.1002/andp.19053220607/epdf, abgerufen April 2016, mit der Titelseite zu finden unter: Annalen der Physik, Verlag von Johann Ambrosius Barth, Leipzig 2005, S. 132 - 148, abgerufen über http://grundpraktikum.physik.uni-saarland.de/scripts/Einstein_1.pdf, „Nach der hier ins Auge zu fassenden Annahme ist bei Ausbreitung eines von einem Punkte ausgehenden Lichtstrahles die Energie nicht kontinuierlich auf größer und größer werdende Räume verteilt, sondern es besteht dieselbe aus einer endlichen Zahl von in Raumpunkten lokalisierten Energiequanten, welche sich bewegen, ohne sich zu teilen und nur als Ganze absorbiert und erzeugt werden können."

Einsteins Lichtquantenhypothese warf erneut die Frage über die Natur des Lichts auf. Die Beschreibung der Natur des Lichtes ist ein bedeutendes Thema der Quantenphysik und wird in mehreren Kapiteln nochmals aufgegriffen.

Zusammenfassung:

- Die Geburtsstunde der Quantenphysik geht auf die Einführung einer von Max Planck im Jahr 1900 eingeführten Konstante, dem Planckschen Wirkungsquantum, zurück.
- 1905 stellt Einstein mit seiner Lichtquantenhypothese die These auf, dass Licht in kleinste Einheiten unterteilt ist. Diese kleinsten „Energiepäckchen" nennt man Quanten.
- Im nächsten Kapitel möchte ich einen kurzen Überblick über den Fortgang der Quantenphysik geben.

4. Doppelspaltexperiment
Wo geht's denn lang?

Mit dem Doppelspaltexperiment kann aufgezeigt werden, dass sowohl Licht als auch Elektronen einen Teilchen- und Wellencharakter haben können.

Schon seit der Antike beschäftigten sich Menschen mit der Frage nach der Beschaffenheit von Licht. Mit Beginn der modernen Naturwissenschaften im 17. Jahrhundert setzten sich viele Forscher und Physiker wie Newton, Huygens, Fresnel, Faraday, Maxwell und Young, um nur einige zu nennen, mit der Natur des Lichts auseinander. Es gab zwei grundsätzlich voneinander abweichende Theorien. Licht wurde entweder ein Teilchencharakter oder ein Wellencharakter zugeschrieben. Dass Licht eine elektromagnetische Strahlung ist, war im 17. und 18. Jahrhundert noch nicht bekannt.

1846 konnte Faraday zeigen, dass Licht aus zwei miteinander verbundenen Phänomenen besteht, dem elektrischen und dem magnetischem Feld. 1864 stellte Maxwell seine nach ihm benannten Gleichungen vor, die Elektrizität und Magnetismus mathematisch in einem Modell vereinten. 1886 gelang es Hertz als Erstem, im freien Raum eine elektromagnetische Welle von einem Sender zu einem Empfänger zu übertragen.

Der Vorläufer des Doppelspaltexperiments geht auf einen Versuch zurück, über den Thomas Young im Jahre 1804 schreibt:

„Ich machte ein kleines Loch in einen Fensterladen, überdeckte es mit einem Stück dicken Papieres, in das ich mit einer feinen Nadel ein Loch stach, und benutze einen Spiegel, um den dünnen Lichtstrahl umzuleiten, der durch das Loch kam. Ich nahm die dünne, ungefähr ein dreißigstel Inch (Anmerkung: etwa 0,85 mm) breite Seite einer Spielkarte und hielt sie in den Weg des Lichtstrahls, sodass dieser zweigeteilt wurde. Ich beobachtete den Schatten: neben farbigen Streifen zu beiden Seiten des Schattens war der Schatten selbst durch ähnliche parallele Streifen geteilt."[16]

Der Versuch zeigte, dass es bei Licht zu Interferenz kommt und sich damit Licht wie eine Welle verhält. Betrachten wir zunächst die Begriffe Welle und Interferenz.

Bei Wellen unterscheidet man zwischen konstruktiver und destruktiver Interferenz. Wenn zwei identische Wellen, das heißt Wellental auf Wellental und Wellenberg auf Wellenberg aufeinandertreffen, verstärken sich die Wellen. Bei der destruktiven Interferenz trifft bei zwei Wellen der Wellenberg auf das Wellental und das Wellental auf den Wellenberg. Die Wellen heben sich gegenseitig auf. Dieses Phänomen wird z. B. im Zusammenhang mit Schallwellen zum Schallschutz eingesetzt. Man versucht z. B. bei Flugzeugen zur Lärmunterdrückung genau die gegenteiligen Schallwellen zu erzeugen. Wenn dies gelingt, heben sich die Wellen gegenseitig auf und im Fall von Schallwellen entsteht kein Geräusch oder Ton.

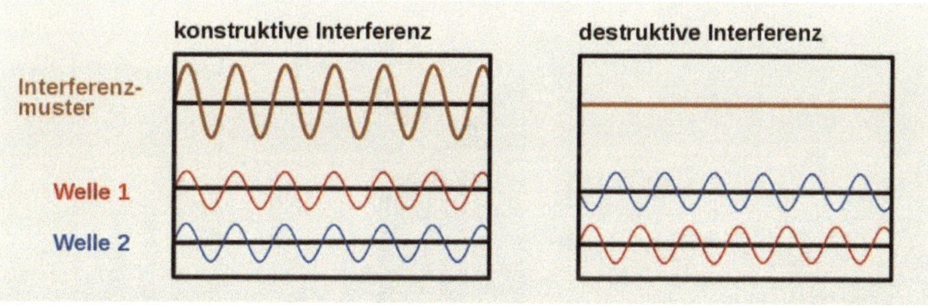

Bildnachweis: https://de.wikipedia.org/wiki/Interferenz_(Physik), https://de.wikipedia.org/wiki/Datei:Interferenz_sinus.svg, Jkrieger und MaxxL

---

[16] Übersetzung vom Karlsruher Institut für Technik, Original: T. Young 1804 Experiments and calculations relative to physical optics (The 1803 Bakerian Lecture) Philosophical Transactions of the Royal Society of London 94 1-16, http://psi.physik.kit.edu/133.php, abgerufen Mai 2016, Originaltext zu finden unter http://rstl.royalsocietypublishing.org/content/94/1.1.full.pdf+html

Die unterschiedlichen Versuchsanordnungen für dieses Experiment, die später auch für Versuche mit Elektronen verwendet wurden, entsprechen nicht immer exakt der folgenden Beschreibung, jedoch ist das Prinzip, das allen Versuchen zugrunde liegt, das gleiche und mit der folgenden Beschreibung am anschaulichsten darstellbar. Bei dem Doppelspaltexperiment mit Licht werden Lichtteilchen, auch Photonen genannt, auf eine Platte mit zwei Spalten (Spalt 1 und Spalt 2) gestrahlt. Im ersten Schritt wird nur einer der zwei Spalte geöffnet. Hält man bei dieser Versuchsanordnung Spalt 1 zu, verteilt sich das Licht auf der Projektionswand hinter Spalt 2.[17] Das zeigt sich durch einen aus kleinen Punkten bestehenden weißen Streifen auf der Projektionswand hinter Spalt 2. Hält man nun Spalt 2 zu und öffnet nur Spalt 1 verteilt sich das Licht hinter Spalt 1 auf der Projektionswand. Dieses Ergebnis würde man erwarten. Das Ergebnis ähnelt dem Verhalten eines Fußballs, wenn Sie ihn durch eine Torwand mit zwei Löchern schießen. Wenn der Fußball eingefärbt wäre und hinter der Fußballwand eine Leinwand aufgestellt wäre, entstünden Farbpunkte hinter dem jeweils getroffenen Loch.

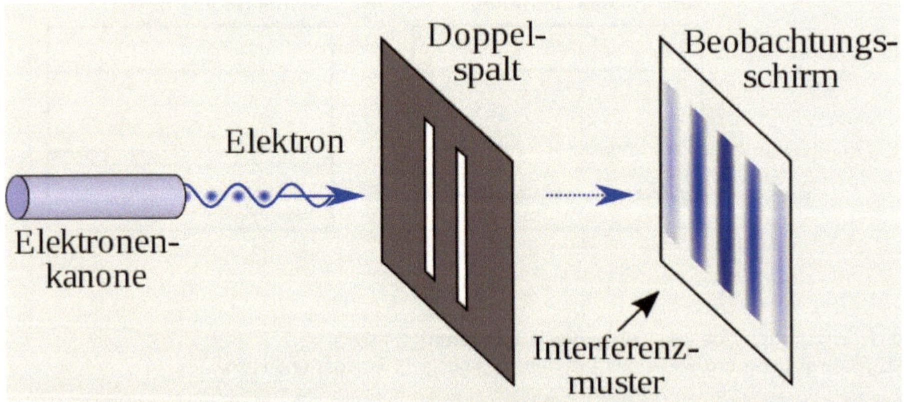

Quelle: https://de.wikipedia.org/wiki/Doppelspaltexperiment, Johannes Kalliauer

---

[17] Die Streifen sind wegen des Beugungseffekts am Rand etwas unscharf und eine Beugung findet auch schon am Spalt statt.

Was passiert nun, wenn beide Spalte geöffnet sind? Man könnte erwarten, dass ein Streifen hinter Spalt 1 und ein Streifen hinter Spalt 2 entsteht. Aber interessanterweise entspricht die Intensitätsverteilung auf dem Projektionsschirm, wenn beide Spalte geöffnet sind, nicht diesem Bild. Wenn man einen Lichtstrahl auf die Platte mit zwei geöffneten Spalten leitet, entsteht ein Streifenmuster über den ganzen Projektionsschirm hinweg und nicht nur direkt hinter den Spalten. Wie kann man sich dieses Streifenmuster erklären? Wenn man davon ausgeht, dass Licht eine Welle ist, dann sollten sich die Wellen verstärken, wenn ihre Wellenberge aufeinandertreffen (konstruktive Interferenz) und sich gegenseitig aufheben, wenn Wellenberg und Wellental aufeinanderstoßen (destruktive Interferenz). Und genau dieses Wellenverhalten zeigt das Licht durch das Streifenmuster. Bei den weißen Streifen haben sich die Wellen verstärkt und bei den schwarzen Streifen haben sich die Lichtwellen gegenseitig aufgehoben und der Projektionsschirm bleibt dunkel. Dieses Messergebnis spricht für den Wellencharakter des Lichts.

Mit Hilfe von Interferenzversuchen konnte gezeigt werden, dass auch Elektronen Wellencharakter haben können. Der erste Versuch hierzu wurde 1927 von Davisson und Germer durchgeführt.[18] Ende der 50er Jahre gab es ein Experiment mit Elektronen von Claus Jönsson, das er 1959 in seiner Dissertationsarbeit beschrieb.[19] Aufgrund der komplexen Versuchsanordnung konnte man sich lange Zeit nicht vorstellen, dass ein experimenteller Nachweis von Interferenzverhalten von Elektronen an solchen Spalten möglich sein würde. Jönsson gelang die Herstellung von Spalten durch ein galvanisches Verfahren mit einer Kupferfolie.[20]

Schematisch gesehen ist die Versuchsanordnung ähnlich wie oben beschrieben. Es wird ein Projektionsschirms verwendet, um zu zeigen, wo die Elektronen

---

[18] Ein Nickel-Einkristall wird mit Elektronen beschossen und der Streuwinkel der reflektierten Elektronen untersucht. Vgl. http://www.leifiphysik.de/quantenphysik/quantenobjekt-elektron/versuche/versuch-davisson-und-germer, abgerufen Mai 2016

[19] Der Versuch wurde 1961 in der Zeitschrift für Physik veröffentlicht. „Elektroneninterferenzen an mehreren künstlich hergestellten Feinspalten", Jönsson, C. Z. Physik (1961) 161: 454. doi:10.1007/BF01342460, abgerufen unter http://link.springer.com/article/10.1007/BF01342460

[20] Vgl. http://www.leifiphysik.de/quantenphysik/quantenobjekt-elektron/versuche/doppelspaltversuch-von-joensson

auftreffen. Auf dem Projektionsschirm entstehen Streifenmuster wie auch bei dem Versuch mit Licht. Das bedeutet, dass die Elektronen miteinander interferieren. Da Interferenz eine Eigenschaft von Wellen ist, kann man daher Elektronen einen Wellencharakter zuschreiben.

Um auszuschließen, dass die Elektronen irgendwie auf ihrem Flug miteinander kommunizieren und das eine dem anderen „zuflüstert", dass beide Spalte geöffnet sind – wenn eine Kommunikation überhaupt möglich wäre – wurden in späteren Versuchen Elektronen einzeln geschossen. Das heißt, dass das eine Elektron schon angekommen ist, bevor man das nächste abschießt. Auch bei dieser Versuchsanordnung entsteht ein Interferenzmuster. Wie jeweils einzeln abgeschossene Teilchen ein Interferenzmuster erzeugen können, da sie einzeln durch die Luft geflogen sind, ist nicht erklärbar. Ein einzelnes Teilchen kann schließlich nicht mit sich selbst interferieren. Und wie soll es gleichzeitig durch beide Spalten geflogen sein?[21]

Wenn wir versuchen mit unserem normalen Alltagsbewusstsein Quantenobjekte zu verstehen, müssen wir kläglich scheitern. Richard Feynman, ein bekannter amerikanischer Quantenphysiker, sagte auf die Frage hin, ob ein Elektron eine Welle oder ein Teilchen ist: „Es ist keins von beiden."[22] Feynman hat eine mathematische Berechnungsmethode aufgestellt, die darauf beruht, dass die Elektronen alle möglichen Wege zwischen der Elektronenquelle und der Fotoplatte gleichzeitig zurücklegen können. Das scheint auf den ersten Blick nicht nachvollziehbar. Es gilt zu verstehen, dass Quantenobjekte sich anders verhalten als alles, was wir aus unserem herkömmlichen Erfahrungskreis kennen.

Um zu verstehen, wie sich die einzelnen Quantenobjekte beim Doppelspaltexperiment genau verhalten, fanden weitere Experimente statt. Bekannt ist ein Versuch von Anton Zeilinger und seinem Team.[23] Bei diesem Experiment

---

[21] Vgl. Silvia Arroyo Camejo, Skurille Quantenwelt, S. 48
[22] Zitiert nach Silvia Arroyo Camejo, Skurille Quantenwelt, S. 70
[23] Complementarity and the Quantum Eraser, Thomas J. Herzog, Paul G. Kwiat, Harald Weinfurter, and Anton Zeilinger, Phys. Rev. Lett. 75, 3034 – Published 23 October 1995, abgerufen unter https://journals.aps.org/prl/abstract/10.1103/PhysRevLett.75.3034

konnte aufgezeigt werden, dass sich Interferenz und die Welche-Weg-Information gegenseitig ausschließen. Dazu wurden durch ein Kristall erzeugte Photonenpaare verwendet. Es wurde gezeigt, dass sich das Photon nicht mehr wie eine Welle verhält, wenn bekannt ist, welchen Weg es zurückgelegt hat.[24] Wenn die Information vorliegt, welchen Weg das Photon zurücklegt, verliert sich der Wellencharakter. Dies erscheint uns wahrscheinlich kurios, wenn wir versuchen, quantenphysikalische Gegebenheiten mit unseren vom Alltagsbewusstsein geprägten Kategorien und Denkmustern zu begreifen.

Ähnlich dem Doppelspaltexperiment, bei dem ein Quantenobjekt sich wie eine Welle verhält, wenn der Weg nicht bekannt ist (zwei Spalte) und wie ein Teilchen (keine Interferenz), wenn der Weg bekannt ist (ein Spalt), verhält sich ein Quantenobjekt in dieser Versuchsanordnung auch wie ein Teilchen, wenn sein Weg gemessen wird.

Die unterschiedlichen Versuchsanordnungen zeigen, dass es auf Quantenebene nicht möglich ist, bestimmte unterschiedliche Größen wie z. B. Ort und Impuls gleichzeitig zu messen bzw. zu bestimmen und dass sich je nach Versuchsanordnung ein Quantenobjekt wie ein Teilchen oder wie eine Welle verhält. Diesen Sachverhalt nennt man Welle-Teilchen-Dualismus. Zur Deutung des Wellen- und Teilchencharakters von Quantenobjekten wurden verschiedene Vorschläge gemacht. Die bekannteste ist die so genannte Kopenhagener Deutung. Daneben gibt es noch die Viele-Welten-Theorie und die Bohmsche Mechanik. Auf diese Theorien gehe ich in den Kapiteln 14 und 15 näher ein.

---

[24] Später hat man diesen Versuchsaufbau quasi auf die Spitze getrieben. Wenn gemessen wurde, welcher Spalt passiert wurde und diese Information vor Auftreffen des Teilchens schon wieder gelöscht wurde, dann verhielt sich das Teilchen auch wie eine Welle. Das bedeutet, dass nicht der Messvorgang an sich den Wellen- oder Teilchencharakter des Teilchens beeinflusst, sondern die Kenntnis dieser Information. Wurde die Information rechtzeitig gelöscht und war somit die Information nicht bekannt, dann hat der Messvorgang keinen Einfluss gehabt. Man nennt dies Quantenradierer. (Vgl. http://www.nasonline.org/publications/biographical-memoirs/memoir-pdfs/mandel-leonard.pdf, S. 13, abgerufen April 2016)

Das Doppelspaltexperiment wurde auch mit Teilchen durchgeführt die deutlich größer als z. B. Elektronen sind. Die Forschergruppe um Anton Zeilinger und Markus Arndt der Universität Wien führten im Jahr 2000 Versuche mit Fullerenen durch[25]. Dabei handelt es sich um Kohlenstoffverbindungen, die sich aus 60 bis 70 Atomen zusammensetzen.[26] Das Fulleren C 60 besteht aus je 360 Protonen, Neutronen und Elektronen. Aufgrund der Anordnung der Atome sieht dieses Molekül einem Fußball ähnlich.

Das C 60 Fulleren besteht aus 20 Sechsecken und 12 Fünfecken:

Quelle: http://www.wissenschaft-online.de

Darüber hinaus hat man das Experiment auch mit noch größeren Objekten, sogenannten Biomolekülen, durchgeführt. Biomoleküle sind biologisch aktive Moleküle wie z. B. Proteine. Das schwerste Biomolekül bestand aus 108 Atomen. Diese Moleküle verhielten sich dabei genauso wie die zuvor diskutierten Elektronen. Im Jahr 2005 wurde eine Variante des Doppelspaltexperiments unter Beteiligung des Max-Planck-Instituts für Quantenoptik in Garching durchgeführt. Ein Atom wurde mit Lichtpulsen im Attosekundenbereich (ein Milliardstel einer Milliardstel Sekunde (10^{-18} Sek.) beschossen und damit dem Elektron die Möglichkeit gegeben, je nach Art des Lichtimpulses über einen oder zwei Wege das Atom zu verlassen. Auch bei diesem Versuch verhielt sich das Elektron wie im

---

[25] Vgl. http://www.mikomma.de/optik/doppel/hirlinger.htm, von W. P. Hirlinger mit Genehmigung von Dr. M. Arndt zusammengestellte Folien zu Experimenten der molekularen Quantenoptik am Institut für Experimentalphysik der Universität Wien
[26] Diese Kohlenstoffverbindungen kommen auch in Schungit vor, einem Gestein, dass hauptsächlich in Russland vorkommt und dem Heilwirkungen nachgesagt werden.

klassischen Doppelspaltexperiment.[27] Wir sehen, dass sowohl in hochkomplexen Versuchsaufbauten als auch bei Versuchen mit Molekülen die Problematik der Abgrenzung von Teilchen und Welle auftritt. Zusätzlich zeigt der Versuch mit den Molekülen, dass auch die Abgrenzung von Quantenebene und unserer normalen Alltagswelt bzw. der Quantenphysik und der klassischen Physik äußert schwierig ist. Diese Problematik wird auch in dem Gedankenexperiment mit Schrödingers Katze veranschaulicht, auf die ich später eingehe.

Dass sich ein Teilchen nicht wie ein Objekt in der klassischen Physik festnageln lässt und sich unserer grundlegenden Erkenntnis teilweise entzieht, ist ein typisches Merkmal der Quantenphysik. Ein mathematisches Erklärungsmodell für dieses Verhalten liefert die Heisenbergsche Unschärferelation, auf die ich im nächsten Kapitel eingehe.

Zusammenfassung:

- Das Doppelspaltexperiment zeigt, dass Quantenobjekte Wellen- und Teilchencharakter haben.
- Ob sich ein Quantenobjekt wie ein Teilchen oder wie eine Welle verhält, hängt von der Versuchsanordnung und der jeweils durchgeführten Messung ab.

---

[27] Vgl. Max-Planck-Gesellschaft: https://www.mpg.de/502672/pressemitteilung20050810, abgerufen Mai 2016

5. Heisenbergsche Unschärferelation
Kimme auf Korn und trotzdem kein Treffer!

Mit der Heisenbergschen Unschärferelation wird mathematisch ausgedrückt, dass sich bestimmte so genannte komplementäre Größen eines Teilchens nicht gleichzeitig exakt bestimmen lassen und nicht gemeinsam einen exakten Wert besitzen können. Die letzte Formulierung soll dabei deutlich machen, dass es sich bei der Unschärferelation nicht bloß um eine Aussage über die experimentelle Bestimmbarkeit von komplementären Größen handelt. Heisenberg formulierte diese Formel im Jahr 1927 und legte als Messgrößen den Ort und den Impuls[28] eines Teilchens zugrunde. Die Formel ist eine Ungleichung, die besagt, dass Impulsunschärfe multipliziert mit der Ortsunschärfe größer oder gleich einem vom Planckschen Wirkungsquantum abgeleiteten Wert ist. Ich möchte nicht in die Mathematik einsteigen; die Formel dient nur der Veranschaulichung.

Die Heisenbergsche Unschärferelation:

$$\Delta x \cdot \Delta p \geq \frac{h}{4\pi}$$

Δx ist dabei die Unsicherheit der Ortskoordinate, Δp die Unsicherheit der Impulsangabe und h ist das Plancksche Wirkungsquantum.

Auch als Laie kann ich der Formel entnehmen, dass bei einer Verringerung des Wertes Δx, der Wert von Δp größer wird. Das heißt, je genauer man den Ort bestimmen möchte (d.h. je kleiner seine Ortsunschärfe Δx ist), desto ungenauer wird die Angabe zum Impuls. Würde man z. B. beim Doppelspaltexperiment durch Verwendung von Röntgenstrahlung den Ort des Elektrons bestimmen wollen, würde das Interferenzmuster auf dem Schirm verschwinden. Bei der Verwendung von Messgeräten, in dem Fall von Röntgenstrahlung, würde die Strahlung in Wechselwirkung mit den Elektronen treten und somit ihren Impuls beeinflussen.

---

[28] Der Impuls ist die Geschwindigkeit in eine Richtung multipliziert mit der Masse.

Wenn niederfrequente Strahlung eingesetzt werden würde, bliebe das Interferenzmuster erhalten, allerdings könnte dann keine Aussage über die Wahl des Spalts getroffen werden. Nach dem heutigen Erkenntnisstand ist das Prinzip der Komplementarität gewisser Größen ein grundlegendes Charakteristikum der Quantenphysik. Es geht dabei folglich nicht nur um die technischen Möglichkeiten eines passenden Versuchsaufbaus. Auch mathematisch ist es nicht möglich, zwei komplementäre Größen wie den Ort und Impuls eines Quantenobjekts gleichzeitig einen definierten Wert zuzuweisen. Anton Zeilinger sagt dazu:

„Es kann also auch rein mathematisch kein Elektron geben, das gleichzeitig einen wohldefinierten Ort und einen wohldefinierten Impuls besitzt. Dies gilt natürlich nur so lange, als die Grundgesetze der Quantenphysik in der Form, wie sie von Heisenberg und Schrödinger hergeleitet wurden, gültig bleiben. Wir hatten aber schon angemerkt, wie exakt die Vorhersagen der Quantenmechanik in der Natur anzutreffen sind, und haben deshalb vermutet, dass es sehr unwahrscheinlich ist, dass die quantenphysikalischen Grundgesetze sich in irgendeiner Form als falsch herausstellen könnten."[29]

Zusammenfassung:

Die Heisenbergsche Formel zeigt, dass die nicht gemeinsame, scharfe Definierbarkeit und Bestimmbarkeit von komplementären physikalischen Größen eines Quantenobjekts eine fundamentale Eigenschaft der Quantenphysik ist.

Wenn wir einen Apfel fallen lassen, wissen wir, wo er sich nach einer Sekunde befindet und wo er landen wird. Bei Quantenobjekten ist das nicht so. Ein weiteres Beispiel für die Diskrepanz zwischen unserer Alltagswelt und quantenmechanischen Prozessen zeigt sich auch in einem Gedankenexperiment namens Schrödingers Katze.

---

[29] Zeilinger, Anton, Einsteins Schleier – Die neue Welt der Quantenphysik, C. H. Beck, München 2003, S. 171

6. Schrödingers Katze
Miaut sie oder ist sie schon tot? Beides gleichzeitig geht wohl nicht!

Allen Tierschützern und Tierliebhabern sei gleich vorweg gesagt: Bei dieser Versuchsanordnung handelt es sich lediglich um ein Gedankenexperiment. Der Versuch wurde nicht tatsächlich durchgeführt. Das Gedankenexperiment geht auf Erwin Schrödinger (1887 – 1961) zurück, der auch der Begründer der Schrödingerschen Wellenmechanik und der damit verbundenen berühmten Schrödinger-Gleichung ist. Ziel dieses Gedankenexperiments war die Veranschaulichung der Problematik, dass sich quantenmechanische Sachverhalte nicht direkt auf Objekte des Makrokosmos[30] übertragen lassen.

Und so kann das Gedankenexperiment mit Schrödingers Katze bildlich veranschaulicht werden:

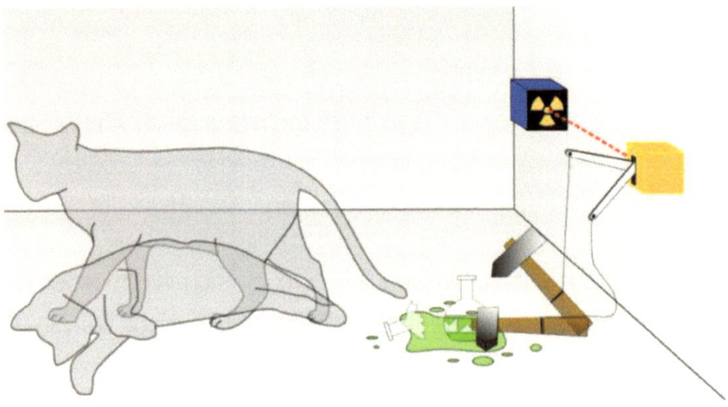

Quelle: https://de.wikipedia.org/wiki/Schr%C3%B6dingers_Katze#/media/File:Schrodingers_cat.svg, © Dhatfield

---

[30] Hiermit ist der Gegenstandsbereich von für Menschen anschaulich erfassbaren Objekten gemeint, der wissenschaftlich korrekt Mesokosmos genannt wird. Da der Begriff Makrokosmos jedoch häufig in diesem Sinn verwendet wird, wird er hier benutzt.

In einer versiegelten Kiste ist eine Katze mit einem radioaktiven Präparat, einem Geigerzähler, einem Hammer und einer Ampulle mit Cyankali eingeschlossen. Wenn das radioaktive Präparat, das wir uns als einzelnes Atom vorstellen wollen, zerfällt, wird dies von dem Geigerzähler gemessen, der dann einen Mechanismus auslösen soll, der den Hammer auf das Cyankali-Fläschchen fallen lässt, so dass das Gift entweicht und die Katze tötet. In dieser Kiste haben wir als Quantenobjekt das radioaktive Atom; die Katze gehört neben dem Geigenzähler, dem Hammer und dem Cyankali zweifellos zum Makrokosmos. Der Begriff Makrokosmos wird hier verwendet im Sinne des Gegenstandsbereichs anschaulich erfassbarer Objekte. Dieser Aufbau erscheint nicht übermäßig kompliziert.

Das Paradoxon ergibt sich, wenn wir den Aufbau genauer auf einer Quantenebene analysieren. Ein Quantenobjekt kann sich, wie wir wissen, in einem Überlagerungszustand befinden, der in Form einer Wellenfunktion dargestellt wird. Die Wellenfunktion für das Atom gibt die Wahrscheinlichkeit an, mit der sich das Atom im Zustand „zerfallen" oder „nicht zerfallen" befindet. Radioaktive Atome besitzen eine Halbwertzeit. Mit Halbwertzeit wird die Zeit bezeichnet, nach deren Verstreichen im statistischen Mittel die Hälfte der radioaktiven Substanz zerfallen ist. Das bedeutet anschaulich für radioaktive Atome: Bei einer Millionen Atomkerne mit z. B. einer Halbwertzeit von 24 Stunden sind nach 24 Stunden nur noch 500.000 Atomkerne vorhanden. Die Voraussagen zur Halbwertzeit beziehen sich auf eine Ansammlung von Atomen.

In dem Gedankenexperiment gibt es nur ein einzelnes Atom. Mathematisch kann für ein einzelnes Atom eine Aussage darüber getroffen werden, ob sich das Atom im Zustand „zerfallen" oder „nicht zerfallen" befindet, wobei beide Zustände möglich sind, bis tatsächlich nachgemessen wird.

Das bedeutet für die Katze, dass auch sie sich gleichzeitig in dem Zustand tot oder lebendig befinden muss. Für ein Objekt des Makrokosmos macht eine solche Aussage jedoch überhaupt keinen Sinn, weil wir wissen, dass die Katze nicht gleichzeitig tot und lebendig sein kann.

Dieses Gedankenexperiment veranschaulicht die Problematik der Anwendbarkeit von auf Quantenebene gültigen Aussagen auf Objekte des Makrokosmos'. **Makroobjekte können im Gegensatz zu Quantenobjekten nicht gleichzeitig zwei sich auf Makroebene ausschließende Zustände annehmen. Im Fall der Katze heißt das: Sie kann nicht gleichzeitig tot und lebendig sein.**

7. Materiewelle und Schrödinger-Gleichung
Eine Welle im mathematischen Gewand

Es ist kaum möglich, eine Gleichung zu erklären, ohne auf Mathematik einzugehen. Da es hier jedoch nur um ein grundsätzliches Verständnis der Bedeutung der Gleichung geht, wird auf mathematische Details verzichtet.

Die Schrödinger-Gleichung wurde im Jahre 1926 von dem österreichischen Physiker Erwin Schrödinger (1887 – 1961) entwickelt. Inspiriert wurde Schrödinger von dem Franzosen Louis-Victor de Broglie (1892 – 1987), einem der bedeutendsten Physiker des 20. Jahrhunderts.

Während Thomas Young zu Beginn des 19. Jahrhunderts nachweisen konnte, dass Licht Eigenschaften von Wellen zeigt, ging man noch bis zum Beginn des 20. Jahrhundert davon aus, dass Materieteilchen kein Wellencharakter zugeschrieben werden kann. Im Jahr 1924 stellte De Broglie in seiner Doktorarbeit die These auf, dass jeder bewegten Materie, also auch klassischen Teilchen wie dem Elektron, eine Frequenz und damit eine Welle zugeordnet werden kann. Für seine Theorie der Materiewellen erhielt er im Jahr 1929 den Nobelpreis für Physik. Ein experimenteller Nachweis für die Richtigkeit seiner Formel wurde erst 1927 von Clinton Davisson und Lester Germer geliefert. Bei diesem Versuch wird ein Nickelkristall mit homogenem Kristallgitter mit Elektronen beschossen und der Streuwinkel der reflektierten Elektronen untersucht. Dabei konnte ein Zusammenhang zwischen Impuls und Materiewellenlänge nachgewiesen werden.[31] Ein weiterer wichtiger Versuch erfolgte Ende der 50er Jahre durch Claus Jönsson, bei dem Elektronen auf eine Kupferfolie mit kleinen Spalten geschossen wurden.[32]

---

[31] http://www.leifiphysik.de/quantenphysik/quantenobjekt-elektron/versuche/versuch-davisson-und-germer, abgerufen Mai 2016
[32] Vgl. Teil I, Kap. 4, http://www.leifiphysik.de/quantenphysik/quantenobjekt-elektron/versuche/doppelspaltversuch-von-joensson, Mai 2016

Die Formel für die De-Broglie-Materiewelle, mit der die Wellenlänge von Materie berechnet wird, lautet:

$\lambda = h/p$

Die Wellenlänge (λ) berechnet sich aus dem Planckschen Wirkumsquantum (h) geteilt durch den Impuls (p). Damit deutlich wird, in welchen Größenordnungen wir uns hier bewegen, sei nochmals darauf hingewiesen, dass das Plancksche Wirkungsquantum $h = 6{,}626 * 10^{-34}$ Js beträgt. Wir erkennen an dieser unvorstellbar kleinen Zahl, dass die de Broglie-Gleichung für Materie in Größenordnungen von Alltagsgegenständen nicht zu direkt sichtbaren Ergebnissen führt. Spaßeshalber könnte man berechnen, wie groß die Länge der Materiewelle eines Balls wäre.

Für die Masse des Balls nehmen wir 1kg an, für seine Geschwindigkeit 10 m/s.[33]

$$\lambda = \frac{h}{p} = \frac{h}{m \cdot v} = \frac{6{,}626 \cdot 10^{-34} J \cdot s}{1 kg \cdot 10 m/s} = 6{,}626 \cdot 10^{-35} \, m = 6{,}626 \cdot 10^{-26} \, nm$$

Diese Berechnung zeigt, dass die Materiewelle, die einem Ball mit einem Gewicht von 1 kg[34], der mit 10 Metern pro Sekunde durch die Luft fliegt, eine Materiewelle von $6{,}6 * 10^{-35}$ (10^{-35} ist eine 1 geteilt durch ein 1 mit 35 Nullen) Metern zugeordnet werden kann.

Wäre die Materiewelle eines Fußballs experimentell nachweisbar? Beugung und Interferenz, die Merkmale einer Welle sind, sind nachweisbar, wenn ein Teilchenstrahl eine Öffnung durchquert, die etwas größer ist als die Wellenlänge des Strahls ist. Um das Wellenverhalten des Fußballs beobachten zu können, müsste das Fenster ein klein wenig größer als die Wellenlänge sein. Es wird wohl

---

[33] https://www.uni-ulm.de/fileadmin/website_uni_ulm/nawi.inst.251/Didactics/quantenchemie/html/e-Welle.html, abgerufen Mai 2015
[34] Nehmen wir einen Medizinball mit einem Gewicht von 1 kg, damit die Rechnung nicht so kompliziert wird.

schwer, ein solches Fenster zu finden. Und wie wollen wir Welleneigenschaften in dieser Größenordnung überhaupt an einem Ball beobachten? Die Darstellung dieser Berechnung soll aufzeigen, wie schwierig es ist, die Erkenntnisse und auch die Erkenntnismethoden der Quantenphysik auf die uns unmittelbar wahrnehmbare Welt zu übertragen. Darin besteht auch die Schwierigkeit des Verständnisses von Erkenntnismethoden und mathematischen Funktionen. Es gibt keine perfekte Analogie zur klassischen mechanischen Physik. Die Quantenmechanik vollständig mit Begriffen zu beschreiben, die sich auf der Basis unserer alltäglichen Erfahrungswelt gebildet haben, ist praktisch unmöglich. Allerdings wird die Abgrenzung von Quantenobjekten zu Objekten, die durch die klassische Physik beschrieben werden können, zusehends schwieriger. So gelang, wie bereits im Kapitel über das Doppelspaltexperiment beschrieben, Markus Arndt im Jahr 2000 der experimentelle Beweis, dass auch Molekülen aus 60 Atomen ein Wellencharakter zugeschrieben werden kann. Später konnte Arndt dank verfeinerter Versuchsaufbauten den Wellencharakter für noch größere Moleküle aus 430 Atomen nachweisen.[35]

Nach der Erläuterung der de Broglie-Materiewelle nun zurück zu Schrödinger. Die Schrödinger-Gleichung beschreibt die Dynamik des quantenmechanischen Zustands eines Systems. Mit der Schrödinger-Gleichung ermittelt man die das Quantensystem beschreibende Wellenfunktion, das heißt, die Schrödinger-Gleichung hat als Ergebnis eine Wellenfunktion. Diese Wellenfunktion kann als Wahrscheinlichkeitsamplitude begriffen werden. Dabei ist zu beachten, dass die Wellenfunktion nur in wenigen Ausnahmefällen tatsächlich im gewöhnlichen, dreidimensionalen Raum schwingt. Im Allgemeinen bezieht sich die Wellenfunktion auf einen abstrakten höherdimensionalen mathematischen Raum, der alle möglichen klassischen Zustände von Quantenobjekten beschreibt.[36] Sie gibt Aufschluss über die Wahrscheinlichkeit von Aufenthaltsorten des Quantenobjekts.

---

[35] Stefan Gerlich, Sandra Eibenberger, Mathias Tomandl, Stefan Nimmrichter, Klaus Hornberger, Paul J. Fagan, Jens Tüxen, Marcel Mayor, Markus Arndt: Quantum interference of large organic molecules. In: Nature Communications 2, 2011, Article 263, doi:10.1038/ncomms1263, http://www.nature.com/ncomms/journal/v2/n4/full/ncomms1263.html, abgerufen Mai 2015
[36] Vgl. Silvia Arroja Camejo, Skurille Quantenwelt, S. 125

Mit ihr lassen sich Aussagen darüber treffen, ob sich ein Elektron mit z. B. 90 %iger Wahrscheinlichkeit an diesem Ort und mit z. B. 50 %iger Wahrscheinlichkeit an jenem Ort aufhält. Die Berechnungen im Rahmen der Schrödinger-Gleichung bewegen sich in einem abstrakten, mathematischen Konfigurationsraum. Die Schrödinger-Gleichung ist entgegen ihrer Bezeichnung „Wellengleichung" keine Wellengleichung, wie man sie aus der Schwingungslehre kennt. Vielmehr kann man sie als quantenmechanisches Analogon einer klassischen, mechanischen Wellengleichung sehen.[37]

Zusammenfassung:

Die Schrödinger-Gleichung ist eine fundamentale Gleichung der Quantenphysik. Die Lösung der Schrödinger-Gleichung ist eine Wellenfunktion, mit der sich alle Eigenschaften von Quantenobjekten, z. Bsp. die Aufenthaltswahrscheinlichkeit, berechnen lassen.

---

[37] Vgl. Camejo, Silvia Arroyo, Skurrile Quantenwelt, Springer 2006, S. 121

8. Verborgene Variable
Hat sich die Variable versteckt?

Im Allgemeinen werden mit verborgen Variablen in der Quantentheorie Größen oder Parameter bezeichnet, die unbekannt sind und sich der direkten Beobachtung oder Messung entziehen. Der Begriff wird in drei unterschiedlichen Zusammenhängen verwendet:

Gedankenexperiment von Einstein, Rosen und Podolsky

Wie bereits oben beschrieben, konnten sich viele Physiker nicht mit den Erkenntnissen der Quantenphysik anfreunden. Auch Einstein gehörte zu den bekannten Kritikern und er sah die Quantenmechanik nicht als vollständige Beschreibung an. Es stellte und stellt sich die Frage, ob die Welt deterministisch ist, das heißt, ob Ereignisse bei Kenntnis der Vorbedingungen eindeutig bestimmbar und vorhersagbar sind. Wird der Zustand eines Quantenobjekts erst durch die Messung festgelegt? Oder ist der Zustand schon vor der Messung festgelegt und gibt es lediglich eine noch nicht entdeckte verborgene Variable.

Ob sich Quantenobjekte deterministisch verhalten und es lediglich noch nicht entdeckte verborgene Variablen gibt oder ob Quantenobjekte dem Zufall unterliegen, kann nicht mit Bestimmtheit gesagt werden.

Einstein ging er davon aus, dass Quantenzustände in zwei unterschiedlichen und räumlich getrennten Systemen vollkommen unabhängig voneinander beschrieben werden können. Es konnte nachgewiesen werden, dass diese Unabhängigkeit jedoch nicht besteht. Dieser Sachverhalt wird als Nicht-Lokalität bezeichnet. Korrelationen zwischen Zuständen von Quantenobjekten – das heißt, die Messung an einem Quantenobjekt hat einen Einfluss auf den Zustand eines anderen Quantenobjekts – ist eine grundlegende Eigenschaft in der Quantenphysik. Diesbezüglich gibt es folglich keine verborgenen Variablen.

Solche Theorien, die zugrundlegen, dass der Zustand eines Teilchens keinen Einfluss auf den Zustand eines anderen räumlich(lokal) getrennten Teilchens hat und dass eine Größe ein Element der physikalischen Realität ist, wenn sie objektiv von einer Beobachtung existiert und störungsfrei gemessen werden kann, nennt man lokal-realistisch.[38]

Deterministischen Theorien

Deterministische Interpretationen der Quantenphysik gehen davon aus, dass Quantenzustände lediglich nur deshalb nicht exakt vorausgesagt werden können, weil die Anfangsbedingungen nicht bekannt sind. Dieser Ansatz wird in der De-Broglie-Bohm-Theorie verfolgt, die später erläutert wird. Diese nicht bekannten Anfangsbedingungen werden manchmal als verborgene Variable bezeichnet. In diesem Sinne gibt es verborgene Variablen. Theorien, die einen Determinismus annehmen, aber gleichzeitig die Nicht-Lokalität von Quantenzuständen anerkennen, werden als realistische, nicht-lokale Theorien bezeichnet.

Kopenhagener Deutung

Die Kopenhagener Deutung ist eine nicht-deterministische Interpretation von Quantenphänomen. Sie geht davon aus, dass Quantenzustände dem Zufall unterliegen. Gemäß dieser Deutung gibt es keine verborgenen Variablen.

Wenn es heißt, dass es keine verborgene Variablen gibt, ist damit nicht gemeint, dass alle Phänomene der Quantenphysik hinlänglich geklärt sind und es nichts mehr gibt, dass verborgen ist und sich der Erkenntnis entzieht.

---

[38] Ibid, S. 182

Zusammenfassung:

Die Frage, ob es verborgene Variable gibt, kann je nach Bedeutung und Kontext mit ja oder nein beantwortet werden.

- Es ist eine grundlegende Eigenschaft der Quantenphysik, dass eine Zustandsänderung an Teilchen A eine Zustandsänderung an Teilchen B bewirken kann. Quantenobjekte verhalten sich nicht-lokal und insofern gibt es keine lokalen verborgenen Variablen.
- Mit der Bohmschen Mechanik gibt es eine deterministische Interpretation von Quantenphänomenen. Voraussagen lassen sich nur deshalb nicht treffen, weil es verborgene Variablen (Parameter) gibt.

9. Einstein-Podolsky-Rosen-Gedankenexperiment
Hier geht es nicht um Blumen und auch nicht um Fußball

Zeit seines Lebens konnte Einstein die Quantenphysik nicht als eine vollständige Beschreibung physikalischer Abläufe im Mikrokosmos betrachten. Er war der Ansicht, dass die Eigenschaften eines Quantenobjekts voraussagbar sein müssten und dass man lediglich noch nicht zu einem tieferen Verständnis der Mechanismen gelangt sei. Er wollte nicht glauben, dass gewisse physikalische Zustände dem Zufall unterliegen. Bekannt ist der Ausspruch von ihm, dass Gott nicht würfelt. Einstein, Podolsky und Rosen [39] wollten in ihrem berühmten Aufsatz vom Mai 1935 „Can quantum-mechanical description of physical reality be considered complete?"[40] (Kann die quantenphysikalische Beschreibung der physikalischen Realität als vollständig betrachtet werden?) und dem darin formulierten Gedankenexperiment (später als EPR-Paradoxon bezeichnet) aufzeigen, dass die Quantenphysik nicht vollständig ist.[41]

Bevor wir tiefer in die Materie einsteigen, halten wir uns nochmals einen Grundsatz der Quantenphysik vor Augen. Man kann an einem Quantenobjekt gemäß der Heisenbergschen Unschärferelation nicht gleichzeitig Ort und Impuls genau bestimmen. Das EPR-Gedankenexperiment[42] legt die zwei Größen Ort und Impuls

---

[39] Hier sei nur angemerkt, dass sich der bekannte Fußballer Podolski schreibt.

[40] http://journals.aps.org/pr/abstract/10.1103/PhysRev.47.777, abgerufen Sep. 2014

[41] Dieser Artikel wurde, wie aus späterem Schriftverkehr hervorgeht, von Podolsky verfasst und ohne Einsteins vorheriges Einverständnis veröffentlicht. Einstein kritisierte den EPR-Aufsatz in einen Brief an Schrödinger im Juni 1935. Er war von der Art und Weise der Präsentation durch Podolsky enttäuscht. Jedoch hat sich Einstein nicht öffentlich von dem Aufsatz distanziert. Vgl. Jammer, zitiert nach Amos Drobisch, http://llp.ilt.fhg.de/skripten/hausarbeit_drobisch.pdf, Seite 14, abgerufen Sep. 2014

[42] Das Gedankenexperiment wird auch von EPR-Paradoxon genannt. Der Begriff Paradoxon könnte auf den Sachverhalt zurückzuführen sein, dass es paradox erscheint, dass der Zustand eines Quantenobjekts mit dem eines anderen verbunden sein könnte.

an zwei Teilchen zugrunde. Die drei Wissenschaftler stellten zwei Behauptungen auf, von denen sich ihrer Meinung nach nur eine als wahr erweisen kann.

Die zwei Behauptungen lauten:

1. Die Quantenphysik bietet keine vollständige Beschreibung.

2. Die beiden physikalischen Größen sind nicht gleichzeitig Elemente der Realität.

Was verstanden sie unter Vollständigkeit und Realität? Hierzu die zwei Definitionen:

Vollständigkeit:

Eine Theorie ist vollständig, wenn einem Element in der Realität genau ein Element in der physikalischen Theorie zugeordnet werden kann.

Realität:

Eine physikalische Größe erfüllt das Realitätskriterium, wenn sie, ohne dass das System gestört wird, voraussagbar ist.

Einstein, Rosen und Podolsky schreiben den Einzelzuständen Ort und Impuls an Teilchen A und B eine Realität zu. Die Einzelzustände werden als voneinander unabhängig gesehen. Bei einer Messung kann das andere Teilchen nicht „wissen", was gemessen wurde.

Wenn beide Teilchen weiter als Lichtgeschwindigkeit voneinander entfernt wären, könnten sie keine Informationen weitergegeben, da sich nichts schneller als Lichtgeschwindigkeit bewegen kann. Da die Werte von Ort und Impuls der beiden Teilchen unabhängig voneinander existieren, kann beiden eine Realität zugesprochen werden.

Der Begriff der Realität ist dabei mit dem Begriff der Trennbarkeit verbunden. Die drei Physiker gingen davon aus, dass die Zustände eines Teilchens unabhängig von denen des anderen Teilchens sind. In dem Aufsatz heißt es dazu (P und Q sind Impuls und Ort):

… wird der Realitätsanspruch von P und Q vom Vorgang der Messung abhängig, die am ersten System ausgeführt wird und die auf keine Weise das zweite System beeinflußt. Man darf nicht erwarten, daß dies irgendeine vernünftige Definition der Realität zuläßt."[43]

Auch an einer anderen Stelle betont Einstein, dass es „ungereimt" ist, dass der Zustand an einem Teilchen abhängig von der Messung an einem anderen Teilchen sein soll.

„…Da es aber ungereimt ist, anzunehmen, daß der physikalische Zustand von B davon abhängig sei, was für eine Messung ich an dem von ihm getrennten System A vornehme, so heißt dies, daß zu demselben physikalischen Zustande von B zwei verschiedene ψ-Funktionen gehören. Da eine vollständige Beschreibung eines physikalischen Zustandes notwendig eine eindeutige Beschreibung sein muß … , so kann die ψ-Funktion nicht als die vollständige Beschreibung des Zustandes aufgefaßt werden."[44]

Genau in der Annahme der Trennbarkeit von Zuständen liegt der Fehler. Es konnte auf der Grundlage der Bellschen Ungleichung experimentell nachgewiesen werden, dass zwischen den Zuständen von Quantenobjekten eine Korrelation besteht und die Messung an einem Quantenobjekt Rückschlüsse auf den Zustand des anderen Quantenobjekts erlaubt.

Dazu bedurfte es einiger Erweiterungen des Gedankenexperiments, die im nächsten Kapitel näher erläutert werden. An dieser Stelle sei nochmals darauf hingewiesen, dass das ursprüngliche Gedankenexperiment auf den zwei Zuständen

---

[43] Zitiert nach H. Lyre, https://www.itp.uni-hannover.de/fileadmin/arbeitsgruppen/ag_flohr/lectures/qm-philo/EPR-Bell.pdf, abgerufen Sep. 2014

[44] Brief an Karl Popper vom 11.9.193, abgedruckt in Popper 1935, 2. Auflage 1966, Anhang XII, zitiert nach Lyre, H., Das EPR-Gedankenexperiment, https://www.itp.uni-hannover.de/~flohr/lectures/qm-philo/EPR-Bell.pdf, abgerufen Sep.2014

Ort und Impuls beruht. EPR schlagen eine Impulsmessung an Teil A vor, und können, so das Gedankenexperiment, aufgrund des Ergebnisses voraussagen, welches Ergebnis sie für den Impuls von B gewonnen hätten. Daraus schlussfolgern sie: Der Impuls von B ist real im obigen Sinne. Dasselbe gilt für eine Ortsmessung an A. Das heißt, dass Ort und Impuls des Teils B real sein müssen. Oft wird das Gedankenexperiment mit Hilfe von Spins veranschaulicht, ohne dass darauf hingewiesen wird, dass der Spin eine Weiterentwicklung des Gedankenexperiments ist.

Auch ist im Zusammenhang mit dem Gedankenexperiment die Rede von Verschränkung, die in Kapitel 14 näher erläutert wird. An dieser Stelle sei kurz erklärt, dass mit Verschränkung eine Korrelation zwischen Zuständen verschiedener Teilchen gemeint ist.

Die Teilchen verhalten sich abhängig voneinander. Verschränkungszustände ließen sich in den 30er Jahren noch nicht erzeugen, auch wenn manche Beschreibungen des Experiments zu dieser Annahme verleiten mögen. Die drei Autoren verwenden diesen Begriff noch nicht. Erstmals wird er einige Monate später von Schrödinger verwendet:

„Wenn zwei getrennte Körper, die einzeln maximal bekannt sind, in eine Situation kommen, in der sie aufeinander einwirken, und sich wieder trennen, dann kommt regelmäßig das zustande, was ich eben Verschränkung unseres Wissens um die beiden Körper nannte."[45]

Wie wir sehen, ist von Verschränkung des Wissens die Rede und nicht von Verschränkung von Teilchen oder Zuständen. Einstein wies darauf hin, dass die Aufgabe des Grundsatzes, dass die äußere Beeinflussung von A keinen unmittelbaren Einfluss auf B hat, die Existenz abgeschlossener Systeme unmöglich machen würde und damit wären auch keine nachprüfbaren Gesetze im geläufigen Sinne mehr aufstellbar.

---

[45] Schroedinger, E. Naturwissenschaften 23, 807–812 (1935), zitiert nach http://llp.ilt.fhg.de/skripten/hausarbeit_drobisch.pdf, abgerufen Sep. 2014

Zusammenfassung:

Mit dem Gedankenexperiment sollte gezeigt werden, dass die Quantenmechanik eine unvollständige Beschreibung der Quantenobjekte ist. Es beruht auf der Annahme voneinander trennbarer Systeme oder Zustände von Quantenobjekten. Genau diese Annahme hat sich als nicht zutreffend erwiesen.

10. Die Bellsche Ungleichung
2 x 3 macht 4 Widdewitt und 3 macht Neune oder was wir aus einer Ungleichung lernen können

Die im Jahr 1964 von John Bell entwickelte Bellsche Ungleichung setzt die statistische Verteilung von Korrelationen in Form einer Ungleichung ins Verhältnis. Da sie eine Aussage über quantitative Verteilungen trifft, ist sie experimentell überprüfbar. Auf der Grundlage dieser Ungleichung ließ sich nachweisen, dass die Quantenmechanik nicht durch Hinzufügen von verborgenen Variablen zu einer realistischen und lokalen Theorie vervollständigt werden kann. Die Bellsche Ungleichung zeigt, dass die Quantenmechanik nicht das gleichzeitige Bestehen von Realismus und Lokalität erlaubt.

Hintergrund für die Entwicklung dieser Formel war die Fragestellung, die durch das EPR-Gedankenexperiment aufgeworfen wurde:

Ist die Quantenmechanik eine vollständige Beschreibung der physikalischen Realität und bestehen Quantenzustände unabhängig voneinander? Wie bereits erläutert, muss eine vollständige Beschreibung die Kriterien der Lokalität und Realität erfüllen. Hier nochmals die Definition:

Lokalität:

Die Messung eines Zustandes eines Quantenobjekts A hat keinen Einfluss auf ein von ihm getrenntes Quantenobjekt B.

Realität:

Eine physikalische Größe erfüllt das Realitätskriterium, wenn sie, ohne dass das System gestört wird, voraussagbar ist. Messungen erlauben Aussagen über Zustände, die unabhängig von der Messung bestehen. Das Ergebnis einer Messung steht schon vor der Messung fest, ist jedoch wegen ungenügender Kenntnis verborgener Parameter nicht vorher bekannt.

Um diese Fragen zu beantworten, bedurfte es einer mathematischen Formel, auf deren Grundlage Experimente entwickelt werden konnten, deren Ergebnisse aufzeigen, ob die Korrelationen zwischen Quantenzuständen denen einer lokal-realistischen Theorie entspricht. Eine Verletzung der Ungleichung bedeutet, dass es eine unerwartete Korrelation zwischen Quantenzuständen gibt und die Quantenmechanik nicht-lokal und daher eine vollständige Beschreibung der physikalischen Realität ist. Bells Ungleichung beruhte auf rein theoretischen Gedankengängen und stützte sich auf eine EPR-Variante von Bohm und Aharonov aus dem Jahr 1957. Bei dieser Variante werden Spinwerte betrachtet.

Im Folgenden soll der Gedankengang Bells zum besseren Verständnis nur schematisch auf der Grundlage einer Erweiterung des ursprünglichen Modells dargestellt werden. [46]

Der Gesamtspin des ursprünglichen Teilchens beträgt Null, wobei es in zwei kleinere Teilchen zerfallen kann, die einen Spin von 1/2 haben. Ein Teilchen hat den Spin -1/2 und das anderer +1/2, da der Gesamtspin Null ergeben muss. Der Spin ist entlang der verschiedenen Achsen messbar. Beispielsweise wird der Spin von Teilchen A entlang der x-Achse und der Spin von Teilchen B entlang der Y-Achse gemessen. Durch die Messung an Teilchen A entlang der x-Achse kennt man aufgrund des Gesamtspins den Wert des Spins von Teilchen B entlang der x-Achse. Wenn Teilchen A auf der x-Richtung z. B. den Spin + 1/2 hat, dann muss Teilchen B auf der x-Richtung den Spin -1/2 haben. Durch die Messung an Teilchen B entlang der Y-Achse kennt man den Wert von Teilchen A entlang der Y-Achse. Die theoretisch möglichen Kombinationen werden auf eine dritte Achse erweitert.

---

[46] Sein Aufsatz kann abgerufen werden unter http://www.drchinese.com/David/Bell_Compact.pdf, abgerufen Mai 2016

Wenn man jetzt alle möglichen Kombinationen berücksichtigt, kommt man auf genau 8 Varianten.[47]

Varianten	Teilchen A			Teilchen B		
1	x+	y+	z+	x-	y-	z-
2	x+	y+	z-	x-	y-	z+
3	x+	y-	z+	x-	y+	z-
4	x-	y+	z+	x+	y-	z-
5	x+	y-	z-	x-	Y+	z+
6	x-	y+	z-	x+	y-	z+
7	x-	y-	z+	x+	y+	z-
8	x-	y-	z-	x+	y+	z+

Daraus folgt dann, dass statistisch die Varianten auf der linken Seite der Gleichung kleiner gleich den Varianten auf der rechten Seite auftreten müssten.

Die Bellsche Ungleichung lautet:

$$P\,(x+;\ y+) \leq P\,(x+;\ z+) + P\,(z+;\ y+)$$

wobei P die Wahrscheinlichkeit bezeichnet. Hiermit war eine Formel erstellt, die man quantitativ überprüfen konnte.

---

[47] Vgl. Arroy Cameja, Silvia, ibid. S. 174 ff.

Im Jahr 1972 wiesen Stuart Freedman und John Clauser nach, dass die Bellsche Ungleichung verletzt wird.[48] Die Korrelationen zwischen den Messergebnissen waren höher als dies gemäß einer lokal-realistischen Theorie zu erwarten gewesen wäre.

Die ersten Experimente enthielten noch Messungenauigkeiten, so genannte Schlupflöcher.[49] Im Jahr 1982 bewiesen Aspect, Dalibard und Roger mit einer ausgefeilteren Versuchsanordnung, dass die Bellsche Ungleichung nicht erfüllt wird.[50] Sie untersuchten die Schwingungsrichtung (Polarisation) von Photonen. Ein anderer Versuch von Gregor Weihs und seinen Mitarbeitern im Jahr 1998 führten zu den gleichen Ergebnissen. Weitere Versuche von anderen Quantenphysikern folgten und führten alle zu der gleichen Schlussfolgerung:

Quantenobjekte erfüllen das Lokalitätskriterium nicht. Es gibt eine Korrelation zwischen räumlich getrennten Quantenzuständen. Aufgrund einer Messung an einem Quantenobjekt A kann eine Aussage über den Zustand eines anderen beliebig weit entfernten Quantenobjekts B getroffen werden.

Bis heute ist diese Abhängigkeit von Quantenobjekten nicht erschöpfend erforscht. Da noch immer kein wissenschaftlicher Beweis erbracht werden konnte, auch wenn manchmal das Gegenteil behauptet wird, dass sich etwas – folglich auch Information – schneller als Lichtgeschwindigkeit bewegen kann, kann eine Informationsübertragung zwischen den Teilchen ausgeschlossen werden.

---

[48] Sie bauten auf der CHSH-Ungleichung (1969 von **C**lauser, **H**orne, **S**himony und **H**olt entwickelt) auf, die experimentell einfacher zu überprüfen ist. Vgl. Beschreibung des Versuchs, https://journals.aps.org/prl/abstract/10.1103/PhysRevLett.28.938, abgerufen Juni 2014

[49] Damit meint man Ungenauigkeiten bei der Durchführung des Versuchs. Sie können auf drei Ebenen entstehen: Detektoreneffizienz, Wahrung der Korrelation der Zustände der Teilchen und räumliche Entfernung der Detektoren, damit sie sich nicht „absprechen" können. Die verschiedenen Methoden sind sehr detailliert in der Hausarbeit beschrieben: http://llp.ilt.fhg.de/skripten/hausarbeit_drobisch.pdf

[50] Sowohl S. J. Freedman und J. F. Clauser als auch Aspect und seine Mitarbeiter verwendeten Calciumatome, die angeregt wurden und dann über mehrere Stufen in den Grundzustand übergingen und dabei ein verschränktes Photonenpaar emittierten. Bei anderen Versuchen in den 70er Jahren wurden Quecksilberatome verwendet. Vgl. Beschreibung des Versuchs von Aspect, https://journals.aps.org/prl/abstract/10.1103/PhysRevLett.49.1804, abgerufen Juni 2014

Wie verhält es sich mit dem Realitätskriterium?

Ob die physikalische Größe eines Quantenobjekts das Realitätskriterium erfüllt, kann nicht eindeutig beantwortet werden. Die meisten Quantenphysiker gehen davon aus, dass der physikalischen Größe, das heißt der Eigenschaft eines Quantenobjekts vor der Messung keine Realität zuzuordnen ist. Es wird davon ausgegangen, dass die Eigenschaft nicht schon vor der Messung feststeht. Sie gehen von dem objektiven Zufall aus. Objektiv zufällig sind Eigenschaften und Ereignisse, deren Ursachen uns nicht nur wegen beschränkter Kenntnisse unbekannt sind, sondern weil es für sie keinen objektiven Grund gibt. Diese Interpretation der Quantenmechanik nennt man nicht-lokal und nicht-realistisch oder auch kurz nicht lokal-realistisch. Diese Annahme liegt auch der Kopenhagener Deutung zugrunde, auf die ich im nächsten Kapitel näher eingehe. Sie geht davon aus, dass der Messvorgang die Eigenschaft nicht abliest, sondern die Eigenschaft durch die Messung sozusagen erst herstellt. Dies steht im Gegensatz zu deterministischen Ansätzen wie beispielsweise der De-Broglie-Bohm-Theorie, die davon ausgehen, dass Vorhersagen nur deshalb nicht möglich sind, weil die Anfangsbedingungen nicht bekannt sind.

Zusammenfassung:

- Die Bellsche Ungleichung trifft eine Aussage über die Verteilung von Quantenzuständen.
- Auf der Grundlage dieser Ungleichung konnte experimentell nachgewiesen werden, dass es eine Korrelation zwischen Quantenzuständen von zwei beliebig weit entfernten Quantenobjekten gibt und ihre Eigenschaften voneinander abhängig sind. Dies bezeichnet man als Nicht-Lokalität.
- Zu der Frage, ob Quantenzuständen eine Realität zugeschrieben werden kann, gibt es unterschiedliche Auffassungen:
  - Die De-Broglie-Bohm-Theorie geht davon aus, dass Quantenobjekte zumindest *einen* vor der Messung festgelegten Zustand haben (Ort).
  - Anderen Theorien liegt die Auffassung zugrunde, dass der Zustand durch die Messung festgelegt wird (Kopenhagener Deutung).

Obwohl die Bohmsche Mechanik mathematisch genau zu den gleichen Ergebnissen führt wie andere nicht-realistische Ansätze, hat sie nur wenige Anhänger. Schon John Bell kritisierte die mangelnde Verbreitung und Akzeptanz der Bohmschen Mechanik. John Bell sagte einmal, dass der Bohmsche Ansatz der Quantenmechanik alle Romantik raubt. Bohm selbst erklärte Jahrzehnte später, dass es ihm vor allem darum ging, aufzuzeigen, dass es Theorien mit verborgenen Variablen und damit einhergehend eine deterministische Interpretation der Quantenphysik geben kann, da vorher der weit verbreitete Eindruck bestand, dass Theorien verborgener Variablen grundsätzlich nicht möglich sind.[51] Neben den mathematischen Ansätzen ist es letztendlich auch eine philosophische Frage, was man unter Realität versteht. Hierzu einige Zitate:

Der bekannte Quantenphysiker Anton Zeilinger sagt: „Wir müssen uns wohl von dem naiven Realismus, nach dem die Welt an sich existiert, ohne unser Zutun und unabhängig von unserer Betrachtung, irgendwann verabschieden."[52]

Für den französischen Physiker und Philosoph D'Espagnat ist das, „von dem die Physik handelt, (...) nur eine empirische Realität, nicht die sogenannte ontologische Realität, also die „Wirklichkeit, wie sie wirklich ist".[53]

Der Wissenschaftsphilosoph Holger Lyre gibt in einem Interview[54] zu bedenken, dass eine messungsunabhängige Realität bisher nur für verschränkte Teilchen experimentell ausgeschlossen werden konnte.

Letztendlich muss jeder selbst entscheiden, wie er für sich die Frage beantwortet, die Einstein einst seinem Freund A. Pais stellte: „Glaubst Du wirklich, dass der Mond nur existiert, wenn Du hinschaust?"

---

[51] Bohm, David, Wholeness and the Implicate Order, Routledge, London 1980, zitiert nach https://en.wikipedia.org/wiki/Implicate_and_explicate_order#CITEREFBohm1980, abgerufen Juni 2016
[52] Interview von Andrea Naica-Loebell (heise online) mit Prof. Dr. Anton Zeilinger http://www.heise.de/tp/artikel/7/7550/1.html
[53] http://www.faz.net/aktuell/wissen/physik-chemie/bernard-d-espagnat-die-realitaet-ist-nicht-in-den-dingen-1924250-p2.html?printPagedArticle=true
[54] http://www.faz.net/aktuell/wissen/physik-chemie/weltbild-der-physik-die-wirklichkeit-die-es-nicht-gibt-1436113.html

11. Kopenhagener Deutung
Erklärungen und doch keine Klarheit

Die Kopenhagener Deutung ist eine Interpretation der Quantenphysik. Sie beschäftigt sich mit Deutung des Zufalls und des Realitätsbegriffs. Mit ihr werden quantenphysikalische Phänomene, die mathematisch abgebildet werden können, in einen weltanschaulichen Kontext gebracht.

Die Kopenhagener Deutung ist keine einheitliche Interpretation. Sie geht auf von Nils Bohr und Werner Heisenberg 1927 in Kopenhagen formulierte Auffassungen zurück und erfuhr in der Folge Erweiterungen, so dass der Begriff heute unterschiedliche Positionen umfasst. Kernpunkte der Deutung sind folgende Aspekte, die anschließend etwas genauer erläutert werden sollen:

*   Wahrscheinlichkeitsinterpretation
    -   Ganzheitlichkeit (Welle/Teilchen-Dualismus)
    -   Komplementarität (Kausalität und Raumzeitdarstellung)
*   Notwendigkeit von klassischen Begriffen
    -   Korrespondenzprinzip

Wahrscheinlichkeitsinterpretation

Die Kopenhagener Deutung baut auf der von Max Born vorgeschlagenen Wahrscheinlichkeitsinterpretation der Wellenfunktion auf. Wie bereits oben beschrieben, ist die Lösung der Schrödinger-Gleichung die das Quantensystem beschreibende Wellenfunktion. Dieser Wellenfunktion wird gemäß der Bornschen Wahrscheinlichkeitsinterpretation keine Realität zugeschrieben in dem Sinn, dass sich das Quantenobjekt im dreidimensionalen Raum wie eine Welle fortbewegt. Mit der Funktion wird vielmehr beschrieben, mit welcher Wahrscheinlichkeit sich bei der Durchführung einer Messung ein bestimmter Wert ergibt. Für den Ort eines Teilchens bedeutet das, dass mit der Wellenfunktion eine Aussage getroffen wird, dass sich das Quantenobjekt mit einer z. B. 80%igen Wahrscheinlichkeit an Ort A oder mit einer z. B. 90%igen Wahrscheinlichkeit an Ort B befindet.

Wenn durch den Messvorgang ein Quantenobjekt auf einen bestimmten Zustand reduziert wird und die ursprüngliche Wellenfunktion das System nicht mehr beschreibt, spricht man in der Kopenhagener Deutung von einem Kollaps der Wellenfunktion. Dies ist bedingt durch die Wechselwirkung zwischen einem makroskopischen Objekt (Versuchsanordnung) und einem Quantenobjekt (z. B. Elektron).

Bohr spricht von der „Unmöglichkeit einer scharfen Trennung zwischen dem Verhalten atomarer Objekte und der Wechselwirkung mit den Meßgeräten, die zur Definition der Bedingungen dienen, unter welchen die Phänomene erscheinen."[55] Dies wird auch als Ganzheitlichkeit bezeichnet.[56]

Dass Quantenobjekte in bestimmten Fällen mit einer Wellenfunktion und in anderen als Teilchen beschrieben werden, wird auch Welle-/Teilchen-Dualismus genannt.

Nach der Kopenhagener Deutung sind Wahrscheinlichkeitsaussagen kein Zeichen für die Unvollkommenheit der Theorie. Sie sind vielmehr Ausdruck des nicht-deterministischen Charakters von Quantenphänomen. Real wird der Zustand, über den durch die Messung eine konkrete Aussage getroffen werden kann. Das bedeutet nicht zwingend, dass Nicht-Gemessenes unreal ist.

---

[55] N. Bohr, Diskussion mit Einstein über erkenntnistheoretische Probleme in der Atomphysik, in: Albert Einstein als Philosoph und Naturforscher, hrsg. von P. A. Schilpp, Stuttgart 1955, zitiert nach Rainer Müller, Bernhard Schmincke und Hartmut Wiesner, Atomphysik und Philosophie – Niels Bohrs, Interpretation der Quantenmechanik, S. 7, https://www.tu-braunschweig.de/Medien-DB/ifdn-physik/quant3.pdf

[56] Manchmal wird dafür auch der Begriff der Individualität gebraucht im Sinne von Unteilbarkeit und Nichtanalysierbarkeit. Vgl. Rainer Müller, Bernhard Schmincke und Hartmut Wiesner, Atomphysik und Philosophie – Niels Bohrs, Interpretation der Quantenmechanik, S. 7, https://www.tu-braunschweig.de/Medien-DB/ifdn-physik/quant3.pdf

Friedrich von Weizäcker sagt dazu:

„Was beobachtet wird, existiert gewiss; bezüglich dessen, was nicht beobachtet worden ist, haben wir jedoch die Freiheit, Annahmen über dessen Existenz oder Nichtexistenz einzuführen."[57]

Nach Bohr schließen sich im Gegensatz zur klassischen Physik eine kausale und raumzeitliche Beschreibung von Quantenobjekten aus. Dies wird auch als Komplementarität bezeichnet.

Mit Komplementarität wird auch der Sachverhalt bezeichnet, dass sich bestimmte Zustände nicht gleichzeitig genau bestimmen lassen.

Notwendigkeit von klassischen Begriffen

Bohr betonte, dass zwischen der klassischen Physik und der Quantenmechanik eine formale Analogie besteht, die auch deshalb notwendig ist, damit die Quantenmechanik für makroskopische Zustände in die klassische Mechanik übergehen kann. Daher ist die Verwendung von klassischen Begriffen in der Quantenmechanik notwendig.

Auch sind klassische Begriffe notwendig, da die Messapparatur mit klassischen Begriffen beschrieben werden muss. Klassische Begriffe sind beispielsweise Ort und Impuls, die in der Quantenmechanik nicht gleichzeitig einen scharfen Wert haben können.

Die Kopenhagener Deutung wird in einer ihrer Varianten in den meisten Lehrbüchern vertreten. Mit der Bornschen Wahrscheinlichkeitsdeutung kann die Verteilung von Messwerten ermittelt und verglichen werden, so dass sie sich sozusagen in der Praxis bewährt.

---

[57] https://de.wikipedia.org/wiki/Kopenhagener_Deutung, Carl Friedrich von Weizsäcker: Die Einheit der Natur. Hanser, 1971, S. 226

Zusammenfassung:

- Die Quantenmechanik trifft auf der Grundlage einer Wellenfunktion Wahrscheinlichkeitsaussagen über Quantenzustände wie z. B. den Aufenthaltsort. Erst die Messung führt zu einem konkreten Ergebnis.

- Wird der konkrete Aufenthaltsort gemessen, hat das Quantenobjekt keinen Wellencharakter mehr, was als Kollaps der Wellenfunktion bezeichnet wird. Es kann nach der Messung nur noch als Teilchen beschrieben werden. Dies wird Welle-/Teilchen-Dualismus genannt.

- Komplementarität ist ein zentraler Begriff in der Quantenmechanik. Komplementär zueinander sind Wellen- und Teilchencharakter, Quantenzustände wie Ort und Impuls sowie eine deterministische und eine raumzeitliche Beschreibung von Quantenobjekten.

- Da erst die Messung zu einer konkreten Aussage führt, wird das Quantenobjekt erst durch den Messvorgang zu einem realen Objekt. Dies bedeutet nicht zwangsweise, dass nicht gemessene Quantenobjekte nicht real sind. Lediglich besteht nicht die Möglichkeit von konkreten Aussagen über ein nicht gemessenes Teilchen.

- Diese Einschränkung wird nicht als Unvollkommenheit der Theorie gesehen. Vielmehr wird der Nicht-Determinismus als grundlegende Eigenschaft der Quantenmechanik betrachtet.

- Die Kopenhagner Deutung ist umstritten, weil es wenig galant erscheint, wenn eine mathematische Funktion kollabiert. Das Messproblem ist mit der Kopenhagener Deutung nicht gelöst. Es gibt andere Theorien, die mathematisch zu richtigen Ergebnissen führen und die keinen Kollaps der Wellenfunktion zugrunde zu legen bzw. ihm eine andere Bedeutung zuordnen. Diese Erklärungsmodelle, die jedoch nicht so zahlreiche Anhänger haben, sind die De-Broglie-Bohm-Theorie und die Viele-Welten-Theorie, auf die ich in den nächsten Kapiteln eingehe.

12. De-Broglie-Bohm-Theorie
Deterministisch oder nicht, das ist hier die Frage

Wie wir wissen, baut die Quantenmechanik auf der Schrödinger-Gleichung auf, mit der die Aufenthaltswahrscheinlichkeiten eines Teilchens angegeben werden. [58] Die Ortsmessung führt dann zu einem so genannten Kollaps der Wellenfunktion, da das Teilchen sich nun an einem bestimmten Ort befindet.

Die Bohmsche Mechanik (oder De-Broglie-Bohm-Theorie) baut auf der Schrödinger-Gleichung auf, erweitert sie jedoch durch Bewegungsgleichungen für die Teilchen. Diese Bewegungsgleichungen ermöglichen es, einem Objekt einen definierten Aufenthaltsort zuzuordnen. In diesem Konzept wird die Wellenfunktion auch Führungswelle genannt, denn sie leitet die Bewegung der Teilchen. Dieser mathematische Ansatz ist eine deterministische Beschreibung der Quantenwelt und führt mathematisch gesehen nicht zu dem Kollaps der Wellenfunktion. Sie geht von dem subjektiven Zufall aus. Damit ist gemeint, dass zumindest der Ort eine real existierende physikalische Größe ist, die lediglich aufgrund der Unkenntnis nicht exakt vorhergesagt werden kann.

> **Die De-Broglie-Bohm-Theorie ist eine deterministische Interpretation der Quantenphysik.**

Die De-Broglie-Bohm-Theorie führt mathematisch zu den gleichen Ergebnissen wie die Standardinterpretation der Quantentheorie.[59]

---

[58] Mit der Schrödinger-Gleichung lassen sich auch andere Zustände wie z. B. Energie und Impuls beschreiben. Das Beispiel des Ortes wurde hier verwendet, weil die De-Broglie-Bohm-Theorie den Ort explizit auszeichnet. Auch die Teilchengeschwindigkeit wird durch reelle Daten beschrieben. Alle anderen Größen (Spin, Energie, Impuls usw.) haben lediglich einen abgeleiteten Status. Man spricht auch von kontextualisierten Größen.

[59] Das heißt Theorien, die davon ausgehen, dass Quantenzustände nicht lokal und nicht realistisch sind.

Zusammenfassung

- In der De-Broglie-Bohm-Theorie hat der Ort der Teilchen jederzeit einen definierten Wert und ein Objekt wird in der Theorie erst durch das Paar aus Wellenfunktion und den Teilchenorten beschrieben. Dadurch wird der willkürliche Kollaps der Wellenfunktion unnötig, denn die Teilchenorte zeichnen den Teil der Wellenfunktion aus, der dem beobachteten Messergebnis entspricht. Wo die übliche Deutung die Teile der Wellenfunktion, die nicht-beobachteten Eigenschaften entsprechen, durch den Kollaps ad-hoc verschwinden lässt, bietet die De-Broglie-Bohm-Theorie eine Erklärung an.
- Sie ist deterministische Interpretation der Quantenphysik.
- Da die Anfangsbedingungen nicht bekannt sind, können mit ihr trotz deterministischen Ansatzes nur Wahrscheinlichkeiten berechnet werden.

13. Viele-Welten-Interpretation
Ich mach mir die Welt, wie sie mir gefällt

Ein weiteres Erklärungsmodell des quantenmechanischen Formalismus ist die Viele-Welten-Interpretation.[60] Dieser Ansatz wurde 1957 von Hugh Everett entwickelt, wobei der Begriff der Welten auf Bryce DeWitt zurückgeht. Bryce DeWitt schlug vor, die unterschiedlichen Zustände des Quantensystems nach einer Messung als Welten zu bezeichnen. Everett ging es in seinem Ansatz darum, dass die Wellenfunktion nicht kollabiert. Die von der Schrödinger-Gleichung abgeleitete Wellenfunktion gibt die Aufenthaltswahrscheinlichkeit von Teilchen an. Durch eine Messung trifft man das Teilchen an einem konkreten Ort an, wodurch die Wellenfunktion sich offensichtlich verändert hat. Für alle anderen Orte, an denen zuvor ebenfalls eine endliche Wahrscheinlichkeit für das Antreffen des Teilchens bestand, ist nach der Messung die Wahrscheinlichkeit schließlich auf null geschrumpft. Dies wird als Kollaps der Wellenfunktion bezeichnet. Die Viele-Welten-Interpretation geht nun davon aus, dass sich die Wellenfunktion in unterschiedliche, nicht untereinander agierende Abschnitte, die als getrennte Zustände in einem Zustandsraum anzusehen sind, verzweigen. Everett selbst spricht von relativen Zuständen und bezeichnet seinen Ansatz ursprünglich als „Correlation Interpretation".[61] Übertragen und in der Terminologie von DeWitt heißt das, dass in der einen Welt mit einem Messgerät ein bestimmter Zustand gemessen wird und in einer anderen Welt ein anderer Zustand gemessen werden könnte. Es gibt folglich alle Zustände gleichzeitig, sie werden lediglich in unterschiedlichen Welten realisiert. Der Physiker David Deutsch, ein Anhänger der Viele-Welten-Theorie geht von Paralleluniversen aus, die auch einen Einfluss auf unsere Welt haben. Ob man sich diese Welten als wirkliche räumliche physikalische Welten vorstellen soll oder als voneinander getrennte Zustände, ist sicherlich eine

---

[60] Sein Aufsatz ist zu finden unter: https://www-tc.pbs.org/wgbh/nova/manyworlds/pdf/dissertation.pdf
[61] https://de.wikipedia.org/wiki/Viele-Welten-Interpretation, Motivation und grundlegende Konzepte

Frage der persönlichen Anschauung. Sich gemäß Richard Feynmans mathematisch korrekter These vorzustellen, dass ein Photon im Doppelspaltexperiment von der Quelle bis zur Fotoplatte gleichzeitig alle Wege zurücklegt, ist schwer. Und ebenso ergeht es wahrscheinlich den meisten bei der Vorstellung, dass es für alle Quantenzustände Parallelwelten gibt. Für jeden Quantenzustand müsste es folglich nach einer Messung eine eigene Welt geben. In dieser Parallelwelt wäre bis auf diesen einen Quantenzustand alles identisch. Der gleiche Physiker, der gleiche Aufbau, das gleiche Messgerät etc. Das würde eine gigantische hohe Anzahl an Parallelwelten zur Folge haben. In der Stringtheorie gibt es ein Modell, das von 10^{500} Welten ausgeht. Es wäre interessant zu berechnen, ob diese theoretisch ermittelte Zahl ausreichen würde, wenn wir davon ausgehen, dass jeder einzelne mögliche Quantenzustand in einer Parallelwelt existiert. Die Zahl an Kombinationsmöglichkeiten wäre extrem hoch.

Zusammenfassung:

Die Viele-Welten-Interpretation ist ein Erklärungsmodell für nebeneinander bestehende Quantenzustände in unterschiedlichen Zustandsräumen oder Parallelwelten. Everett postuliert die Existenz paralleler Welten, in denen jeder Zustand tatsächlich realisiert ist. Diese Interpretation trifft keine Vorhersagen, die über jene der üblichen Quantenmechanik hinausgehen. In diesem Sinne kann auch keine experimentelle Bestätigung für diese Interpretation, das heißt die Existenz dieser unzählig vielen Parallelwelten, erbracht werden.

14. Quantenverschränkung
Verbunden oder verschränkt?

Mit Verschränkung wird der Sachverhalt bezeichnet, dass zwei oder mehrere Teilchen nicht unabhängig voneinander beschrieben werden können, obwohl sie sich in beliebig großen Abstand zueinander befinden können. Dass die Eigenschaften des einen Teilchens an dem einen Ort (Lokalität) nicht unabhängig von den Eigenschaften des anderen Teilchens an einem anderen Ort sind, nennt man Nichtlokalität. Dabei spielt die Entfernung der beiden verschränkten Teilchen nicht die geringste Rolle. Obwohl die beiden Teilchen miteinander verschränkt sind, stehen die Eigenschaften jedoch vor der Messung der beobachteten Eigenschaften nicht fest. Es konnte auf der Grundlage der Bellschen Ungleichung experimentell nachgewiesen werden, dass eine Korrelation zwischen ihren Eigenschaften besteht; die Eigenschaften selbst sind jedoch nicht bekannt. Der Begriff Verschränkung ist ein klar definierter Begriff in der Quantenphysik und nicht identisch mit dem allgemeinsprachlichen Begriff des Verbundenseins. In einem gewissen Sinn sind Teilchen miteinander verbunden, weil alle Teilchen aus einer extrem verdichteten Masse aus dem Urknall hervorgegangen sind. Das ist jedoch mit Verschränkung nicht gemeint.

Zur Untersuchung von Verschränkungszuständen müssen Teilchen einem Verfahren zur Verschränkung unterzogen werden. Eine Verschränkung ist zwischen Photonen, Elektronen und Atomen möglich. Es gibt Untersuchungen, die zeigen, dass Verschränkungszustände von Tieren und Pflanzen genutzt werden. Diese lassen sich jedoch nicht direkt in freier Natur beobachten und erforschen.

Verfahren zur Erzeugung verschränkter Teilchen

Die ersten Teilchen, die im Labor miteinander verschränkt wurden, waren Photonen. Man verschränkte ihre Polarisation. Dazu wurde ein Kristall mit einem Laser beschossen. Dieses Verfahren nennt man parametrische Fluoreszenz. Photonen haben bestimmte Schwingungsrichtungen, auch Polarisation genannt.

Diese Schwingungen erfolgen senkrecht zu ihrer Ausbreitung. Bei einer linearen Polarisation ist die Richtung der Schwingung konstant.[62] Die Summe der Einzelenergie der beiden durch Verschränkung erzeugten Teilchen entspricht jedoch immer der Energie des Ausgangsteilchens. Bei der Verschränkung von Photonen haben die beiden erzeugten verschränkten Photonen jeweils die doppelte Wellenlänge des Ausgangsteilchens. Mittlerweile gibt es auch Versuche, bei denen die zwei verschränkten Teilchen nicht genau die Hälfte der Energie, das heißt die gleiche Wellenfrequenz haben müssen. Dies wird weiter unten beschrieben.

Bei der Verschränkung steht noch nicht fest, welche Polarisation die beiden Teilchen haben. Misst man nun an einem Teilchen die vorher noch nicht festgelegte Polarisation, steht automatisch fest, welche Polarisation das andere Teilchen im Moment der Messung hat. Dies geschieht ohne Zeitverzögerung, was man als instantan bezeichnet. Es findet jedoch keine nachweisbare Informationsübertragung statt. Daher ist die Lichtgeschwindigkeit als schnellste Form der Informationsübertragung nicht in Frage gestellt. Dieses Phänomen ist wie so vieles in der Quantenphysik sehr kurios und obwohl schon viele Versuche angestellt und immer neue Entdeckungen gemacht wurden, gibt es immer noch Forschungsbedarf.

Eine weitere später entwickelte Form der Verschränkung ist die Verschränkung von Elektronen. Elektronen haben einen Eigendrehimpuls, den sogenannten Spin. Diesen Spin kann man miteinander verschränken. Bei einer Messung des Spins des einen Elektrons nimmt das andere ohne Zeitverzögerung den entgegengesetzten Spin (+1/2 und -1/2) an. Auch ganze Atome wurden miteinander verschränkt. Auch das Atom als Ganzes besitzt wie die Elektronen einen Spin. Der Spin der Atome kann verschränkt werden. Das Verfahren sieht folgendermaßen aus: Man

---

[62] Es ist nachgewiesen, dass sich Insekten an Polarisationsmustern orientieren. Polarisationsmuster bilden sich durch unterschiedlich polarisiertes Licht, das sich von dem unpolarisierten Licht der Umgebung abhebt. Versuche wurden mit z. B. Schmetterlingen, Ameisen und Bienen angestellt. Der Mensch kann polarisiertes Licht im Allgemeinen nicht wahrnehmen. Die Sonne strahlt unpolarisiertes Licht ab. Durch Reflektionen oder Filter, die z. B. auch beim Fotografieren benutzt werden, kann polarisiertes Licht erzeugt werden. Vgl. http://www.spektrum.de/magazin/der-himmelskompass-der-wuestenameisen/824947

regt ein zweiatomiges Molekül mit einem Laser an, so dass es zerfällt. Die beiden freiwerdenden Atome sind dann hinsichtlich ihres Spins verschränkt.[63]

Wie wir sehen, werden zur Untersuchung der Verschränkung Quantenobjekte im Labor entsprechend präpariert. Es gibt jedoch auch Verschränkungsprozesse in der Natur, die von Tieren und Pflanzen genutzt werden, die sich jedoch auch nicht direkt in der Natur beobachten lassen. Wann welche Teilchen in der Natur miteinander verschränkt sind, lässt sich jedoch nicht bestimmen. Halten wir zusammenfassend fest, dass bei quantenphysikalischen Versuchen zur Verschränkung von Teilchen folglich nicht einfach zwei beliebige Teilchen untersucht werden können, bei denen dann zufällig eine Verschränkung festgestellt wird.

Ein weiteres Verfahren zur Verschränkung erfolgt durch eine indirekte Manipulation.

Indirekte Verschränkung

Eine indirekte Verschränkung findet folgendermaßen statt. Es gibt zwei Paare von Photonen, wobei jeweils die zwei Teilchen eines Paares miteinander verschränkt sind. Ich habe z. B. ein verschränktes Paar A-B und ein Paar X-Y. Nun trenne ich räumlich B und Y und führe an A und X eine Polarisationsmessung durch. Diese Messung gibt Auskunft darüber, in welchem Verhältnis die Photonen zueinander schwingen, ohne dass man die genaue einzelne Schwingungsrichtung kennt.

Durch diese Polarisationsmessung werden A und X miteinander verschränkt. Dadurch wird die ursprüngliche Verschränkung zwischen x und y auf eine Verschränkung zwischen B und Y teleportiert. Das heißt B und Y sind miteinander verschränkt, obwohl die Teilchen nicht ursprünglich aus einer Quelle stammen. Die verbreitete Vorstellung, dass Verschränkung dann entsteht, wenn eine

---

[63] Eine Verschränkung findet auch durch eine sogenannte Bell-Zustandsmessung statt. Diese spielt bei der Quantenteleportation eine Rolle.

Wechselwirkung zwischen zwei Teilchen besteht oder sie aus einer Quelle stammen, ist damit überholt.

Ich werde später noch weitere technische Details zur Verschränkung aufzeigen. Jetzt erst einmal einige Informationen zur Geschichte der Verschränkung. Einstein, Rosen und Podolsky wollten in ihrem berühmten Aufsatz „Can quantum-mechanical description of physical reality be considered complete?"[64] (Kann die quantenphysikalische Beschreibung der physikalischen Realität als vollständig betrachtet werden?) und dem darin formulierten Gedankenexperiment aufzeigen, dass die Quantenphysik nicht vollständig ist. Dieser Artikel wurde, wie aus späterem Schriftverkehr hervorgeht, von Podolsky verfasst und ohne Einsteins vorheriges Einverständnis veröffentlicht.

Den Begriff Verschränkung verwenden Einstein und seine Kollegen in dem Aufsatz nicht. Er wurde von Schrödinger erst einige Monate später eingeführt. Es ist lediglich die Rede von der Beziehung von zwei interagierenden Systemen. Dieses Gedankenexperiment, das in Kapitel 6 bereits näher beschrieben wurde, war Antrieb für die Entwicklung von Experimenten zur Untersuchung von Korrelationen zwischen Teilchen. Die Versuche lehnten sich an die Bellsche Ungleichung an. Die 1964 von John Bell aufgestellte Ungleichung ist eine mathematische Formulierung der statistischen Verteilung von Korrelationen zwischen Messungen. Mit den Versuchsanordnungen sollten nicht nur die Verschränkungszustände erzeugt werden, sondern auch die Verletzung der Bellschen Ungleichung belegt werden, wie im Kapitel „Die Bellsche Ungleichgung" beschrieben. Erst 30 Jahre nach dem berühmten Gedankenexperiment konnten tatsächlich verschränkte Zustände erzeugt und untersucht werden.[65] Der von Schrödinger eingeführte Begriff und viele Darstellungen lassen den Eindruck

> **Den Begriff Verschränkung verwendete Einstein noch nicht.**

---

[64] http://journals.aps.org/pr/abstract/10.1103/PhysRev.47.777, abgerufen Sep. 2014
[65] Dabei gibt es einen Unterschied: Beim EPR-Gedankenexperiment wird von einer Messung an A auf den Zustand an B geschlossen. Bei Bell geht es hingegen um die Korrelation der Messergebnisse an A und B.

entstehen, dass man schon in den 30er Jahren fähig war, in Experimenten Verschränkungszustände zu erzeugen und zu messen.

Exkurs zur Entwicklung von immer ausgefeilteren Methoden zur Erzeugung von verschränkten Teilchen und Beobachtung von Quantenzuständen

Die folgenden Ausführungen sind für das Grundverständnis der Quantenverschränkung nicht notwendig und können auch übersprungen werden. Die Versuchsanordnungen zur Verschränkung und Beobachtung von Quantenzuständen wurden in den letzten Jahrzehnten immer ausgefeilter. Im Folgenden wird diese Entwicklung und die mit den Versuchen verbundenen Schwierigkeiten näher erläutert.

Wie wir im Kapitel über die Bellsche Ungleichung erfahren haben, müssen bei den Experimenten zum Nachweis der Verletzung der Bellschen Ungleichung und der Untersuchung von Verschränkung so genannte Schlupflöcher vermieden werden. Es muss ausgeschlossen werden, dass die Teilchen miteinander „kommunizieren" können, die Verschränkung zwischen den Photonen muss aufrechterhalten werden und die Detektoren müssen genau genug sein.[66] Darüber hinaus hat man versucht, die Effizienz zur Erzeugung von verschränkten Photonen zu verbessern. Einige Verfahren zur effizienteren Erzeugung und Detektion von Quantenobjekten werden im Folgenden vorgestellt.

Ein neues Verfahren ist die Nutzung von sogenannten Quantenpunkten. Quantenpunkte sind mit Hilfe verschiedener Verfahren eingebrachte winzig kleine Löcher in Halbleitern. Sie sind so klein, dass die in den Löchern befindlichen Elektronen nur bestimmte Zustände annehmen können. Anzahl, Größe und Form der Elektronen kann man in diesen Quantenpunkten genau manipulieren. Mit Hilfe dieser Quantenpunkte lassen sich auch verschränkte Photonenpaare erzeugen, und

---

[66] Zur Vermeidung des Kommunikationsschlupflochs wurden die Detektoren in einem Abstand von 400 Metern aufgebaut und die Versuchsmessung durfte nicht länger als etwa ein Millionstel einer Sekunde dauern, damit sichergestellt ist, dass Informationen nicht mit Lichtgeschwindigkeit zwischen A und B ausgetauscht werden können. Vgl. http://llp.ilt.fhg.de/skripten/hausarbeit_drobisch.pdf

zwar deutlich effizienter als mit Parametrischer Fluoreszenz. Der Nachteil des Verfahrens besteht darin, dass die Photonenpaare in alle Richtungen abstrahlen.

Adrien Dousse vom Laboratoire de Photonique et de Nanostructures in Marcoussis und seine Kollegen haben 2010 eine Methode entwickelt, mit der man die erzeugten Photonenpaare effektiv sammeln kann.[67] Eine Weiterentwicklung erfolgte 2014 durch Prof. Dr. Peter Michler, der mit dem neuen Verfahren auch ein einzelnes Photonenpaar erzeugen konnte.[68]

Ein internationales Forscherteam unter Leitung des Physikers Prof. Dr. Jian-Wei Pan von der Universität Heidelberg hat 2010 eine Methode entwickelt, mit der das Auftreten polarisations-verschränkter Photonenpaare durch indirekte Messungen nachgewiesen werden kann. Dazu werden gleichzeitig drei polarisations-verschränkte Photonenpaare aus einer einzigen parametrischen Fluoreszenzquelle erzeugt. Vier der sechs erzeugten Teilchen dienen dabei als „Hilfsteilchen". Sie werden gemessen, was Voraussagen über die anderen zwei Teilchen erlaubt, deren quantenmechanische Zustand unverändert bleibt, da sie nicht direkt gemessen werden.[69]

Mit den zwei genannten Verfahren konnte die Ausbeute von polarisations-verschränkten Photonen erhöht und der Nachweis von polarisationsverschränkten Photonenpaare durch indirekte Messungen erbracht werden.

Eine Methode zur Manipulation von Atomen ist die so genannte Ionenfalle. Durch elektrische und magnetische Felder könnten elektrisch geladene Atome (Ionen) und Moleküle festgehalten werden. Durch die Auswahl der einwirkenden Felder kann man Ionen einer bestimmten Masse in der Falle halten. [70] Außerdem wurden Fallen für elektrisch geladene Teilchen entwickelt. Dafür erhielten Hans G. Dehmelt

---

[67] http://www.pro-physik.de/details/news/prophy13103news/news.html?laid=13103

[68] Das geschieht durch einen sogenannten resonanten Zweiphoton-Anregungsprozess. (http://www.uni-stuttgart.de/hkom/presseservice/pressemitteilungen/2014/011_photonen.html?__locale=de)

[69] http://www.uni-heidelberg.de/presse/news2010/pm20100910_lichtteilchen.html

[70] http://www.spektrum.de/lexikon/physik/atom-und-ionenfallen/885, abgerufen Okt. 2014

und Wolfgang Paul 1989 den Nobelpreis für Physik.[71] Sie entwickelten unabhängig voneinander Ionenfallen.[72] 2005 gelang den Wissenschaftlern um Rainer Blatt und Hartmut Häffner von der Universität Innsbruck ein interessantes Experiment. Kalzium-Ionen wurden mit elektromagnetischen Feldern in einer Ionenfalle eingefangen, in einer Reihe nebeneinander angeordnet und mit Hilfe von Lasertechnologie verschränkt. Die Ionen wurden mit einem kurzen Laserimpuls beschossen. Dadurch stößt das Ion auch die Nachbarionen an. Alle Teilchen machen die gleiche Bewegung, ohne dass klar ist, von welchem der Impuls ausging. Anschließend wird der Impuls durch einen Laser neutralisiert und die Atome nehmen wieder den Grundzustand ein. Zwei Quantenphysiker und ihre Teams entwickelten die Ionenfalle weiter: der Amerikaner Dave Wineland und der Franzose Serge Haroche. Dafür erhielten beide 2012 den Nobelpreis für Physik.

Dave Wineland und seine Kollegen von der University of Colorado in Boulder nutzen Laserstrahlen, um dem in der Ionenfalle gefangenen Teilchen – in seinem Fall Berylliumatome – genau so viel Energie zuzuführen, das es sich in einer von zwei Energiestufen befinden könnte. Über die Messung der zugeführten Energie lassen sich Rückschlüsse auf die quantenphysikalischen Eigenschaften ziehen. Serge Haroche und sein Team vom Collège de France und der Ecole Normale Supérieure in Paris setzten Spiegel aus supraleitendendem Material ein. Ein Photon wird bei Temperaturen knapp über dem Nullpunkt zwischen Spiegeln reflektiert. Das Photon legt dabei in einer Zehntelsekunde 40.000 km zurück. Beim Flug kreuzen Atome den Weg des Photons, was zu einer Wechselwirkung und einer Veränderung des Quantenzustands des Photons führt. Messungen an dem austretenden Atom lassen Rückschlüsse auf das Photon zu, ohne dass es gemessen wurde.[73]

---

[71] Paul und Dehmelt erhielten je ein Viertel des Preises, die andere Hälfte ging an Norman F. Ramsey

[72] Hans G. Dehmelt arbeitete schon seit den 50er an einer solchen Falle, die bis zum Jahre 1987 so ausgefeilt war, dass sich mit ihr der sogenannte g-Faktor von Elektron und Positron messen ließ. Der g-Faktor sagt aus, inwieweit das gemessene magnetische Moment zu dem magnetischen Moment, das bei dem vorliegenden Drehimpuls nach der klassischen Physik theoretisch zu erwarten wäre, abweicht.

[73] http://www.scinexx.de/wissen-aktuell-15207-2012-10-09.html

Im Jahr 2010 gelang der Physikerin Lene Vestergaard Hau ein wichtiger Versuch. Ein Lichtstrahl konnte für eineinhalb Sekunden angehalten werden. Das Spannende dabei ist, dass der Lichtstrahl wieder in Gang gesetzt werden konnte und er seine Eigenschaften wie Wellenlänge, Phase und Polarisation nicht verlor. Was wurde bei diesem Versuch genau gemacht? Eine Ansammlung von Natriumatomen wurde bis knapp über den absoluten Nullpunkt abgekühlt. Durch einen optischen Effekt lassen sich lichtundurchlässige Substanzen in eine transparente Substanz verwandeln. Ein Laserstrahl wird auf eine Art Wolke aus drei Millionen Natriumatomen gerichtet, wodurch ein Lichtpuls in die normalerweise undurchlässige Wolke eindringen kann. Wenn der Lichtpuls sich komplett in der Wolke befindet, wird der Laserstrahl ausgeschaltet und damit ist die Wolke wieder lichtundurchlässig und das eingesperrte Licht kann nicht nach außen dringen. Die Wolke ist etwa 0,1 Millimeter groß und das eingedrungene Licht ist enorm komprimiert. In den Elektronenspins der Atome werden die Eigenschaften des Lichtpulses wie z. B. Polarisation, Phase und Wellenlänge gespeichert. Stellt man den Laserstrahl wieder

Die in den Atomen gespeicherten Informationen des Lichtpulses gehen nicht verloren.

an, kann der Lichtpuls die Wolke verlassen, als sei nichts geschehen. Damit der Lichtpuls unbeschadet die Wolke verlassen kann, müssen Störungen ausgeschaltet werden, die durch Kollisionen der Natriumatome entstehen könnten. Auch wenn bei den niedrigen Temperaturen von über minus 200 Grad Celsius sich die Atome kaum bewegen, kann es trotzdem zu Kollisionen kommen, was zu einer Zerstörung der in den Atomen gespeicherten Informationen des Lichtpulses führen könnte. Das wird durch den Einsatz eines variablen Magnetfeldes unterbunden. Die Feldstärke wird so eingestellt, dass die über den Lichtpuls Informationen tragenden Natriumatome von den übrigen Atomen getrennt werden. Wenn man bedenkt, dass das Licht während der Versuchsdauer zehn Mal um die Erde hätte kreisen können, dann wird deutlich, wie beeindruckend dieser Versuch ist.

Der Versuch hat aufgezeigt, dass Informationen auch unter extremen Umständen nicht verloren gehen. Diese Erfahrung musste auch Stephan Hawking machen. Er wettete mit einem Kollegen, dass aus einem Schwarzen Loch, also aus einer extrem verdichteten Masse, keine Informationen dringen können. Alles, was in die

Nähe eines Schwarzen Lochs gelangt durch die enorme Anziehungskraft eingesaugt wird. Hawking und viele andere gingen davon aus, dass aus einem Schwarzen Loch nichts entweichen kann. 1997 schloss er mit John Preskill eine Wette ab, dass Informationen ein Schwarzes Loch nicht verlassen können. 2004 musste Hawking aufgrund des von den Quantentheoretikern Donald Marolf und Juan Maldacena vorgelegten Beweises, dass die Information tatsächlich mit der Hawking-Strahlung entweicht, seinen Standpunkt revidieren. Er löste die Wette ein und übergab Preskill die Enzyklopädie, um die sie gewettet hatten.[74]

Auch wenn die oben genannten Experimente und Erkenntnisse wegweisend sind, sollten wir uns vergegenwärtigen, dass die viele Experimente bei mehr als winterlichen Temperaturen durchgeführt werden. Einige fast beim absoluten Nullpunkt. Das sind -273 Grad Celsius. Bei den Experimenten von Peter Michler gab es auch bei 30 Kelvin (-243 Grad Celsius) noch einen hohen Verschränkungsgrad. Für einen großflächigen technischen Einsatz der dargestellten Methoden müssten die Temperaturen deutlich steigen.

Eine bahnbrechende Erkenntnis, die kurzfristig zum technischen Einsatz kommen kann, machte das Team um Gabriela Barreto Lemos, zu dem auch Anton Zeilinger gehörte. Wie wir wissen, kann man durch die Bestrahlung eines Kristalls zwei Photonen miteinander verschränken. Normalerweise haben die zwei entstehenden verschränkten Photonen die gleiche Wellenlänge, und zwar jeweils die doppelte Wellenlänge des ursprünglichen Photons. Es ist jedoch gelungen, Photonen miteinander zu verschränken, die nicht die gleiche Wellenlänge haben. Diese Möglichkeit machte man sich in dem folgenden Jahr 2014 durchgeführten Experiment zu nutze. Man hat verschränkte Photonenpaare erzeugt, bei denen ein Photon eine Wellenlänge besitzt, die im Infrarotbereich liegt und das andere im sichtbaren Bereich. Mit den langwelligen Infrarotphotonen wird ein Objekt abgetastet und durchleuchtet, das Bild dieses Objekts wird durch die Verschränkung mit Hilfe der Photonen, die sichtbares Licht erzeugen, dargestellt.

---

[74] Vgl. http://www.spiegel.de/wissenschaft/weltall/hawking-verliert-wette-schwarze-loecher-erinnern-sich-an-ihre-opfer-a-289599.html, abgerufen April 2017

Diese Technik könnte man in Kameras einsetzen.[75] Hochsensible Objekte können mit den Infrarotphotonen durchleuchtet werden und der Sensor der Kamera nimmt das Bild von den verschränkten Photonen auf.

Die Experimente auf Quantenebene werden immer raffinierter und es ist nur eine Frage der Zeit, bis man sich Quanteneffekte in der Technik in großem Maßstab zu Nutze macht.

Quantenverschränkung bei normalen Temperaturen werden von der Tier- und Pflanzenwelt genutzt. Bevor ich näher auf die Pflanzen eingehe, möchte ich noch auf ein spannendes Experiment eingehen.

Normalerweise stammen die verschränkten Photonen aus einer Quelle. Aber auch in der Quantenphysik scheint die Devise zu herrschen: Keine Regel ohne Ausnahme. Wie bereits oben erläutert, gelang es im Jahr 1993 dem Team von Anton Zeilinger Teilchen miteinander zu verschränken, die nicht aus einer Quelle stammen. Dieses Verfahren nennt sich Austausch der Verschränkung oder entanglement swapping.

Wir erinnern uns: Man erzeugt mit einem Laser und einem Kristall zwei Paare von verschränkten Photonen an unterschiedlichen Orten. Man führt das zweite Photon von dem ersten verschränkten Paar und das erste Photon vom zweiten verschränkten Paar zusammen und führt eine bestimmte Messung durch, durch die wiederum diese beiden Photonen miteinander verschränkt werden. Dadurch sind auch das erste und das vierte Photon miteinander verschränkt. Obwohl die beiden Teilchen keinen direkten Kontakt hatten und nicht direkt miteinander verschränkt wurden, korrelieren ihre Quantenzuständen. Die Arbeitsgruppe um Anton Zeilinger hat mit dieser Anordnung sozusagen so lange gespielt und am Zeiträdchen gedreht, dass man den Eindruck haben könnte, dass alle klassischen physikalischen Gesetze auf den Kopf gestellt werden. Warum?

---

[75] Nature, 512, 409–412Quantum imaging with undetected photons, 28.8.2014,Gabriela Barreto Lemos, Victoria Borish, Garrett D. Cole, Sven Ramelow, Radek Lapkiewicz und Anton Zeilinger, http://www.nature.com/nature/journal/v512/n7515/full/nature13586.html, abgerufen Okt. 2014

Man hat mit der verschränkenden Messung an dem zweiten und an dem dritten Photon so lange gewartet, bis die Einzelmessungen an Photon 1 und 4 zur Untersuchung von Korrelationen vollzogen wurden. Die Messergebnisse zeigten, dass das erste und das vierte Photon miteinander verschränkt waren, obwohl sie noch gar nicht „wissen" konnten, dass sie miteinander verschränkt sein werden.[76]

> **Den Quantenzustand eines Photons sollte man nicht als reales physikalisches Objekt betrachten.**

Diese scheinbare Aufhebung von Kausalität wurde von der Gruppe von Hagai Eisenberg von der Hebräischen Universität Jerusalem auf die Spitze getrieben. Das zweite Photonenpaar wird nach der Polarisationsmessung am ersten Photon erzeugt. Das zweite Photon wird in das Glasfaserkabel eingeführt und dann findet die verschränkende Messung an Photon zwei und drei statt, durch die eine Verschränkung von Photon eins und vier bewirkt wird, obwohl das Photon eins durch die Polarisationsmessung nicht mehr in seinem ursprünglichen Zustand ist und sein ursprüngliche Zustand schon gemessen wurde. Als dann auch die Messung am vierten Photon durchgeführt wurde, konnte man eine Korrelation zwischen dem ersten und dem vierten Photon nachweisen[77].

Wie kann man diese kuriose Situation erklären?

Eine Messung (Photon eins) beeinflusst ein Photon (vier), von dem zum Zeitpunkt der Messung noch nicht feststand, dass es erzeugt wird. Oder umgekehrt beeinflusst die Messung am vierten Photon rückwirkend den Zustand des ersten Photons. Renato Renner von der ETH Zürich sieht in den Messungen reine Korrelationsmessungen, denen keine kausale Grundlage zugeordnet werden sollte.

Die Gruppe um Anton Zeilinger kommentiert die paradoxe Situation, dass künftige Ereignisse einen Einfluss auf bereits registrierte Messergebnisse haben, anders:

---

[76] Vgl. auch Entanglement Swapping between Photons that have Never Coexisted, 2013, http://journals.aps.org/prl/abstract/10.1103/PhysRevLett.110.210403
[77] Verschränkung von Teilchen, die niemals koexistiert haben, http://www.nzz.ch/wissen/wissenschaft/verschraenkung-von-teilchen-die-niemals-koexistiert-haben-1.18088666, abgerufen Oktober 2014

Das Paradoxon entstehe nur dann, wenn man den Quantenzustand der Photonen als reales physikalisches Objekt betrachte. Sehe man in dem Zustand lediglich einen Katalog des Wissens, der jedem möglichen Ergebnis eine Wahrscheinlichkeit zuordne, dann lasse sich die Situation vermeiden. Die zeitliche Ordnung der Messungen sei dann irrelevant.

Zur Erklärung des Experiments seien keine in die Vergangenheit rückwirkenden Wechselwirkungen nötig. Welches Erklärungsmodell man auch immer bevorzugt, eines ist wieder einmal deutlich geworden. Quantenphysikalische Prozesse nach vom klassischen Weltbild geprägten Denkstrukturen zu verstehen, ist oft nicht möglich.

Einen weiteren Erfolg bei der Verschränkung von Photonen erreichte ein Team der Universität Wien unter Beteiligung von Mario Krenn und Anton Zeilinger Anfang 2014.[78] Sie haben eine Methode gefunden, um Verschränkungszustände hoher Komplexität zu erzeugen. Photonen, die räumliche Strukturen bilden können, wurden mit Hilfe eines speziellen Kristalls miteinander verschränkt wurden. Die Forscher haben mehr als 200.000 Messungen an über 750 Millionen Photonenpaaren vorgenommen. Sie konnten nachweisen, dass Verschränkungszustände erzeugt wurden, für die vorher anstelle von zwei Photonen 13 benötigt wurden. Mario Krenn spricht von einer mehr als 100-dimensionalen Verschränkung. Wie kann man sich eine 100-dimensionale Verschränkung vorstellen? Krenn erklärt das folgendermaßen:

„Man kann sich das wie zwei Würfel vorstellen, die mindestens 100 unterschiedliche Seiten haben und trotzdem beim Wurf immer die gleiche Augenzahl zeigen, wobei die einzelnen Würfel vor der Messung keine definierte Augenzahl haben".[79]

---

[78] http://medienportal.univie.ac.at/uniview/forschung/detailansicht/artikel/quantenverschraenkung-in-100-dimensionen/, abgerufen Oktober 2015
[79] http://science.orf.at/stories/1735577, Artikel vom 25.3.2014, abgerufen November 2015

Krenn sagt, dass es noch ungeklärt ist, ob die Menge an Information, welche räumlich getrennte Teilchen durch Verschränkung teilen können, fundamental beschränkt ist. Es wäre wünschenswert, wenn weitere Versuche zu einer Beantwortung dieser Frage führen würden.

Die in den letzten Jahrzehnten gewonnenen Erkenntnisse sind beeindruckend. Praktisch einsetzbar sind die Forschungsergebnisse für die Entwicklung von Quantencomputern und zur sicheren Verschlüsselung von Nachrichten.

Auch wenn die Erzeugung von Verschränkungszuständen sehr komplex sein kann, werden sie auch von Pflanzen und Tieren genutzt. Versuche wurden u. a. mit Algen durchgeführt, wobei die Alge botanisch nicht von allen Wissenschaftlern als Pflanze betrachtet wird.

Quantenverschränkung bei Bakterien und Algen

Nicht nur Bäume betreiben Photosynthese sondern auch Algen und Bakterien. Diese haben Forscher an einem Grünen Schwefelbakterium untersucht.[80] Wie läuft die Photosynthese in Bakterien ab? Das Grüne Schwefelbakterium nimmt über das in Chlorosomen enthaltene Bakteriochlorophyll Licht auf. Die Chlorosome bilden eine sogenannte Lichtsammelantenne. Durch die Aufnahme der Photonen entsteht eine Anregungsenergie, die in elektrischer Form an ein Reaktionszentrum weitergeleitet wird, in dem die Photosynthese stattfindet. Der Transport der Energie läuft über einen sogenannten Fenna-Matthews-Olson-Komplex, der aus drei gleichen Proteinen mit 7 Chromophoren besteht. Als Chromophor bezeichnet man den Teil eines Farbstoffes, in dem angeregte Elektronen zur Verfügung stehen. In dem Versuch wurden Chromophor 1 und 6 angeregt und innerhalb kürzester Zeit befanden sich alle Chromophoren in einem verschränkten Zustand. Der Anregungszustand könnte auf jedem Chromophor sitzen. Wo er sich tatsächlich befand, blieb dabei unbestimmt.

---

[80] http://newscenter.lbl.gov/2010/05/10/untangling-quantum-entanglement/

Betrachten wir in diesem Zusammenhang einmal Entfernung und Dauer. Eine Verschränkung von Teilchen fand über eine Entfernung von 2,8 nm statt. Das sind 2,8 Milliardstel Meter oder 0,000 000 0028 Meter. Der Zustand der Verschränkung hielt 2 Picosekunden an. Das sind 2 Billionstel Sekunden oder 0,000 000 000 002 Sekunden. Bei tieferen Temperaturen waren es sogar 5 Picosekunden.[81] Das ist nicht besonders lang, aber dennoch sensationell, da man nicht davon ausgegangen ist, dass ein Verschränkungszustand in der Natur bei normalen Temperaturen so lange anhalten könnte. Ähnliche Versuche wurden mit einer Meeresalge und Proben von grünem Spinat durchgeführt.[82] Es gibt Theorien und erste Forschungsergebnisse, die nahelegen, dass Anregungszustände durch bestimmte Vibrationsmoden aufrechterhalten werden und die Effizienz der Ladungstrennung vom Grad der „elektronischen Kohärenz" abhängt. Das heißt, dass bestimmte Schwingungsarten und Kohärenz[83] die Effizienz in biologischen Systemen erhöhen[84]. Dass elektronische Kohärenz die Effizienz von Prozessen beeinflussen kann, scheint nicht erstaunlich, wenn man sie mit der Wirkung von Schwingungen in unserer Alltagswelt vergleicht. So dürfen Soldaten nicht im Gleichschritt über eine Brücke gehen, weil die Gefahr besteht, dass die Schwingungsfrequenz der Schritte mit der Resonanzfrequenz der Brücke übereinstimmt und sie damit zum Einstürzen bringen kann.[85] Ähnliches kennt man von Glas, das durch bestimmte Töne zum Zerspringen gebracht werden kann. Die beiden Beispiele veranschaulichen die Wirkung von zueinander in Resonanz stehender Schwingungen und welche enorme Kraft von Schwingungen ausgehen kann.

---

[81] http://www.pro-physik.de/details/news/1111925/Photosynthese_quantenmechanisch_ver-schraenkt.html, abgerufen Okt. 2015

[82] http://www.wissenschaft-aktuell.de/artikel/Quanteneffekt_laesst_Pflanzen_wach-sen1771015589602.html, abgerufen Okt. 2015

[83] Kohärente Wellen haben die gleiche Frequenz und eine Phasendifferenz, die zeitlich konstant ist.

[84] http://www.nature.com/ncomms/2014/140109/ncomms4012/full/ncomms4012.html, abgerufen Okt. 2015

[85] Schwingfähige Systeme (z.B. Dinge wie eine Brücke oder ein Glas) haben eine Eigenfrequenz. Man kann dieses System zur Schwingung anregen, wenn man es mit Schwingungen, die seiner Eigenfrequenz entsprechen, anregt. Dies nennt man Resonanz.

Quantenverschränkung bei Tieren

Vögel orientieren sich bei ihrem Flug an der Sonne, dem Nachthimmel und/oder dem Erdmagnetfeld. Bei dem Erdmagnetfeld spielen sowohl die Neigung der Feldlinien als auch die Änderungen des magnetischen Flusses eine Rolle. Bei manchen Vögeln wie z. B. Tauben wird davon ausgegangen, dass sie über einen Magnetfeldrezeptor im Schnabel verfügen. Bei vielen Vögeln findet man eine hohe Anzahl an eisenoxidhaltigen Magnetit-Teilchen im Schnabel. Versuche zeigen, dass es auch im Auge der Vögel Rezeptoren gibt. Und da kommt das Rotkehlchen ins Spiel. Rotkehlchen können sich nur bei Licht, und zwar bei hinreichend kurzwelligem Licht, am Magnetfeld orientieren.

Dies erklärt man sich mit einem sogenannten Radikal-Paar-Mechanismus. Ein Radikal-Paar besteht aus zwei Molekülhälften mit jeweils einem ungepaarten Elektron. Diese beiden ungepaarten Elektronen befinden sich in einem gemeinsamen Zustand. Das heißt, die beiden können sich in einem sogenannten Singulettzustand oder Triplettzustand befinden. Beim Singulettzustand sind ihre Spins entgegengesetzt, beim Triplettzustand sind ihre Spins parallel. (Es gibt 3 Möglichkeiten der parallelen Ausrichtung, deshalb

Der Orientierungssinn von Vögeln hängt mit den Spins von Elektronen zusammen.

spricht man von Triplett.) Die Kernspins der Atome und die Spins der Elektronen wechselwirken, so dass die Elektronen ständig zwischen Singulett- und Triplettzustand hin- und herwechseln. Ihr jeweiliger Zustand hat einen Einfluss darauf, ob das Molekül in seinen ursprünglichen Zustand zurückverfällt oder einen neuen Zustand annimmt. Diesen neuen Zustand kann der Vogel wahrnehmen. Wo und wie häufig der Vogel in der Netzhaut diesen neuen Zustand wahrnimmt, könnte ihm als Indikator dienen, wie die Richtung des Magnetfelds verläuft. Man hat die Vögel einem hochfrequent oszillierenden magnetischen Feld ausgesetzt und festgestellt, dass sich die Vögel nicht mehr orientieren können.[86] Berechnungen zeigen, dass dieser Radikal-Paar-Mechanismus nur funktionieren kann, wenn die Quantenverschränkung und das damit verbundene Hin- und Herwechseln zwischen

---

[86] Dies zeigt, wie einflussreich hochfrequente magnetische Strahlung sein kann.

Singulett- und Triplettzustand eine gewisse Zeit anhält, bevor sie durch äußere Wechselwirkungen, das heißt Dekohärenz zerstört wird. Diese Zeitspanne beträgt 100 Mikrosekunden. Das sind 0,0001 Sekunden. [87] Das mag Ihnen nicht lang vorkommen. Auf Quantenebene ist das eine halbe Ewigkeit. Und erstaunlich ist auch hier wieder, dass dieser Zustand so lange Zeit bei normalen Temperaturen aufrechterhalten werden konnte.

Auch wenn die Forschung voranschreitet und nachweislich Verschränkungszustände in biologischen Prozessen eine Rolle spielen, so muss man doch sagen, dass sich auf der Grundlage unseres klassischen Weltbilds Verschränkungsprozesse nicht hinreichend erklären lassen. Der bekannte Quantenphysiker Anton Zeilinger sagte 2012 in einem Interview mit der Wiener Zeitung:

„Wenn man ein Teilchen misst, nimmt es bei der Messung eine Eigenschaft an, und das andere, beliebig weit weg, nimmt im selben Moment ebenfalls die entsprechende Eigenschaft an, obwohl zwischen den Teilchen keine Verbindung besteht. Man kann dafür keine Erklärung geben im Rahmen des üblichen Weltbildes. Das ist ein rein quantenphysikalisches Phänomen. Mathematisch kann man es hervorragend beschreiben, es ist kein Problem der Theorie. Das Problem ist das konzeptive Verständnis: Was erzählt uns das über die Welt?"[88]

Zusammenfassung:

- Teilchen sind miteinander verschränkt, wenn sie nicht unabhängig voneinander beschrieben werden können. Die Beeinflussung eines Teilchens hat Auswirkungen auf ein anderes beliebig weit entferntes Teilchen.
- Verschränkte Zustände werden im Labor erzeugt und untersucht und können nicht direkt ohne Eingriffe beobachtet werden.
- Pflanzen und Tiere nutzen Verschränkung zur Optimierung von Abläufen.

---

[87] http://scienceblogs.de/hier-wohnen-drachen/2011/07/17/die-quantenverschrankung-im-auge-des-vogels, abgerufen Dezember 2015

[88] http://www.wienerzeitung.at/themen_channel/wissen/natur/506880_Das-Loch-im-Verstaendnis-der-Welt.html, Interview mit Anton Zeilinger im Jahr 2012, abgerufen Okt. 2015

15. Quantenteleportation und No-Cloning-Theorem
Wo lasse ich mich hinbeamen? Ich bin doch einmalig, oder?

Unter Quantenteleportation versteht man die sofortige (instantane) Übertragung der in einem unbekannten Quantenzustand enthaltenen Informationen an einen Empfänger unter Ausnutzung der Verschränkung. Dabei sind eine zusätzliche Übertragung von Informationen zwischen Sender und Empfänger über einen klassischen Kommunikationskanal (max. Lichtgeschwindigkeit) und unter bestimmten Umständen eine Manipulation eines Quantenzustands notwendig. Der Begriff Teleportation ist vielleicht etwas irreführend. Portieren stammt aus dem lateinischen Begriff portare und bedeutet tragen. Bei der Teleportation wird keine Materie transportiert sondern lediglich nach der Vornahme gewisser Eingriffe Information übertragen.[89] Diese Übertragung findet aufgrund der Verschränkung von Teilchen statt. Dennoch ist bei der Übertragung der Information noch ein klassischer Übertragungskanal notwendig.

Das Markante an der Teleportation ist, dass Informationen übertragen werden, die bei der Übertragung weder dem Sender noch dem Empfänger bekannt sind. Daher könnte die Quantenteleportation zur Übertragung von verschlüsselten Informationen z. B. von Geheimdiensten genutzt werden. Da sich das Teilchen, dessen Informationen übertragen wird, in keinem eindeutig festgelegten Zustand befindet und daher mehrere sich überlagernde Informationen gleichzeitig übertragen werden können, ist die Nutzung der Quantenteleportation in Computersystemen ein interessantes Forschungsgebiet.[90] Computer könnten

---

[89] Streng genommen wird auch wörtlich gesehen, keine Information oder Zustände übertragen. Vielmehr führen gewisse Eingriffe zu Korrelationen.
[90] Der israelisch-britischer Physiker David Deutsch hat auf dem Gebiet der Quanteninformationstheorie viel geforscht.

dadurch deutlich mehr Informationen verarbeiten. Die erste Quantenteleportation wurde 1997 von dem Wiener Physikprofessor Anton Zeilinger durchgeführt. Im Jahr 2012 schaffte das Team um Anton Zeilinger den Quantenzustand eines Lichtteilchens von La Palma nach Teneriffa zu übertragen. Das ist eine Strecke von 143km.

Der Versuchsaufbau ist der folgende. Man nehme

- 3 Photonen (Originalteilchen 0, Photon A und Photon B)
- 2 Personen, die den Versuch durchführen (sie werden in der Literatur immer Alice und Bob genannt)
- 2 Übertragungskanäle (einen klassischen Informationskanal wie Telefon und ein Glasfaserkabel)
- ein Aufbau zur Verschränkung von Photonen (EPR-Quelle[91] z. B. mit einem nichtlinearen Kristall)
- ein Aufbau zur Durchführung einer sogenannten Bell-Messung

---

[91] EPR steht für Einstein, Podolsky und Rosen. Sie haben sich mit dem Thema „spukhafte Fernwirkung" beschäftigt. Eine EPR-Quelle ist eine Vorrichtung zur Erzeugung verschränkter Teilchen z. B. mittels eines Laserpulses, der auf ein Kristall geschossen wird.

Schematischer Aufbau

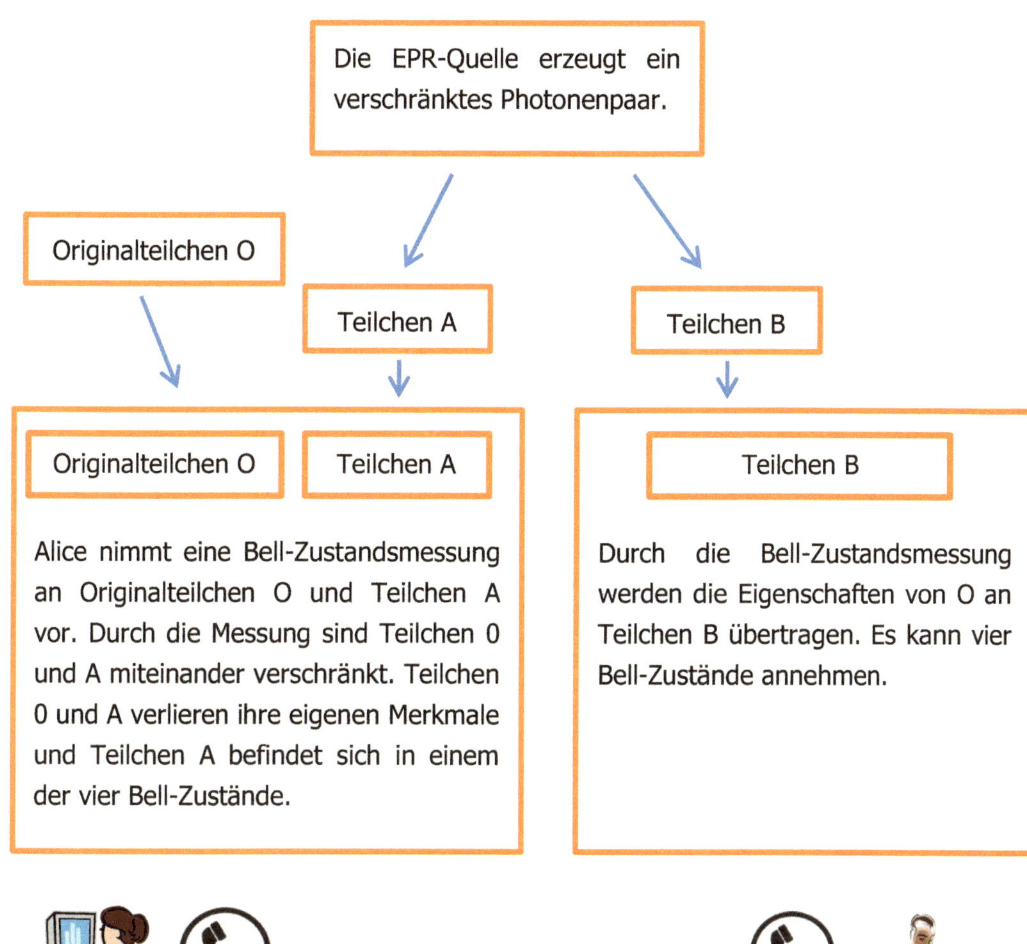

Alice

Bob

Alice teilt Bob das Ergebnis der Bell-Zustandsmessung per Telefon mit.	Bob nimmt nach Erhalt der Information von Alice bei Bedarf noch eine Änderung an Teilchen B vor.

Man mische alles folgendermaßen:

Der Zustand des Originalteilchens O soll an Bob übertragen werden. Dazu werden Photon A und Photon B miteinander verschränkt. Das kann z. B. dadurch erfolgen, dass man ein Kristall z. B. Bariumborat mit einem Laser bestrahlt. Aus dem ankommenden Photon entstehen zwei mit einander verschränkte Photonen. Bei einem bestimmten Austrittswinkel sind die beiden austretenden Photonen, die wir A und B nennen, hinsichtlich ihrer Polarisation (Schwingungsrichtung) miteinander verschränkt. Zur Beschreibung dieses Vorgangs hat sich die Benennung mit Alice und Bob für die beiden Personen, die den Versuch durchführen, durchgesetzt. Diese Nomenklatur wird auch hier verwendet. Photon A bleibt bei Alice, Photon B wird über ein Glasfaserkabel zu Bob geleitet. Die eigentliche Teleportation hat noch nicht stattgefunden. Deshalb kann das Versenden von Photon B zu Bob nicht als Teleportation betrachtet werden. Jetzt wird eine sogenannte Bell-Zustands-messung an dem Originalteil O und dem Teilchen A, das mit Teilchen B verschränkt und bei Alice ist, durchgeführt. Durch diese Messung sind Teilchen das Originalteilchen O und Teilchen A miteinander verschränkt. Man spricht von einer Bell-Zustandsmessung, jedoch ist das angewandte Verfahren mehr als eine einfache Messung. Es werden halbdurchlässige Spiegel eingesetzt, um die Teilchen so zu manipulieren, dass sie sich in einem der 4 Bell-Zustände[92] befinden können. Durch die Verschränkung zwischen A und B befindet sich Teilchen B in einem der 4 Bell-Zustände. Die Verschränkung findet hinsichtlich 4 verschiedener Zustände statt. Durch die Bell-Zustandsmessung ist der Bell-Zustand an Teilchen A bekannt. Der Zustand von Teilchen A wird über einen klassischen Kommunikationskanal an Bob kommuniziert. Das kann z. B. ein Anruf von Alice an Bob sein. In einem Fall hat Teilchen B direkt diesen Zustand, in den anderen 3 Fällen muss Bob einen durch Alices Messresultat vorgegebenen Eingriff vornehmen, damit Teilchen B den ursprünglichen Zustand von Teilchen 0 erhält. Durch die Bell-Zustandsmessung an Teilchen A und O und die damit einhergehende Verschränkung verlieren Teilchen O und A ihre eigenen persönlichen Merkmale.

---

[92] Mit Bell-Zustand bezeichnet man die maximal verschränkten Zustände in einem Zweizustandssystem (z. B. 0 oder 1).

Wenn Sie das jetzt gerade verdaut haben und eine Vorstellung haben, was Teleportation ist, sind Sie vielleicht enttäuscht. Bei dem Begriff Teleportation denkt man an das Beamen im Raumschiff Enterprise. Ein Mensch zerrieselt zu Staub und wird an anderer Stelle aus diesem Staub wieder zusammengesetzt. Bei den bisherigen Experimenten wurden nur einzelne Quantenzustände teleportiert und Teilchen O verschwindet nicht auf mysteriöse Weise und das teleportierte Teilchen B befand sich schon vor der eigentlichen Teleportation an einem anderen Ort. Ein Teilchen ist durch seine Quantenzustände definiert. Wenn man es schaffen würde, die Gesamtheit aller Quantenzustände eines Teilchens auf ein anderes zu übertragen, dann wäre das Teilchen, auf das man diese Quantenzustände übertragen würde, komplett identisch mit dem Originalteilchen O. Es wäre damit O. Das ursprüngliche Teilchen O hätte seine ursprünglichen Eigenschaften verloren. Es bestünden folglich nicht zwei identische Exemplare. Dies wäre nicht möglich. Dies bezeichnet man als No-Cloning-Theorem. Nach diesem Theorem ist es nicht möglich ist, einen Quantenzustand zu kopieren oder zu übertragen, ohne den Zustand des ursprünglichen Teilchens zu verändern. Wenn man sich vorstellt, dass man einen Menschen teleportieren könnte, was wahrscheinlich nicht möglich sein wird, dann würde das bedeuten, dass es nie eine exakte Kopie geben könnte. In dem Moment, in dem man die Grundbestandteile aller Atome eines Menschen scannen würde, würden die Zustände so verändert werden, dass sie nicht mehr mit dem Original identisch wären.

In einem Interview wurde ein bekannter Quantenphysiker befragt, ob er sich, wenn man alle Quantenzustände eines Menschen teleportieren könnte, in so eine Art Maschine, die alle Zustände scannt und teleportiert, stellen würde. Mit einem Grinsen antwortete er, dass er das wohl nicht machen würde. Abgesehen davon, dass es nicht sehr wahrscheinlich ist, dass man je einen ganzen Menschen teleportieren kann, hat man intuitiv das Gefühl, dass ein Mensch, der an anderer Stelle mit den gleichen – aber nicht denselben – Atomen zusammengebaut wird, nicht mehr das Original ist. Außerdem stellt sich natürlich auch die Frage, ob alles, was einen Menschen ausmacht, sein Charakter, seine Emotionalität, seine Gedanken und Erinnerungen in Quantenzuständen innerhalb des Körpers gespeichert sind. Würden alle Informationen, die zur Beschreibung eines Menschen notwendig sind, auf CDs gespeichert, würde der Stapel von der Erde bis zum Zentrum unserer Milchstraße reichen.

Auch wenn die Teleportation einen Meilenstein in der Quantenphysik darstellt, da sich irgendwann in der Zukunft auf dieser Grundlage Informationen verschlüsselt übertragen oder Quantencomputer herstellen lassen, so scheint es nicht so spektakulär, wie es sich vielleicht manche Science Fiction-Anhänger vorstellen. Zum einen ist ein klassischer Kommunikationskanal notwendig, zum anderen muss an dem verschränkten Teilchen B noch je nach Messergebnis an A ein Eingriff vorgenommen werden. Anton Zeilinger sagt in einem Interview zur Teleportation von Menschen:

„Derzeit gibt es mehrere Probleme, warum Teleportation eines Menschen nach wie vor reine Science Fiction ist und nichts mit naturwissenschaftlicher Experimentation zu tun hat. Eines der Probleme ist die große Datenmenge, das zweite ist, dass völlig unklar ist, ob es je gelingen wird, komplexe makroskopische Systeme in einen Quantenzustand zu setzen."[93]

Zusammenfassung:

Mit Quantenteleportation bezeichnet man die sofortige Übertragung von einem unbekannten Quantenzustand unter Ausnutzung der Verschränkung zusammen mit der zusätzlichen Übertragung von Informationen zwischen Sender und Empfänger über einen klassischen Kommunikationskanal (max. Lichtgeschwindigkeit) und einer gegebenenfalls notwendigen Manipulation des teleportierten Quantenzustands.

---

[93] Interview mit Anton Zeilinger im Jahr 2001, http://www.heise.de/tp/artikel/7/7550/1.html, abgerufen Juni 2016

16. Das Standardmodell der Teilchenphysik
Alles Quark oder was?

Alle Teilchen und ihre Wechselwirkungen sind in dem so genannten Standardmodell der Teilchenphysik zusammengefasst, das in den 1970er Jahren entstand. Wir alle wissen sicherlich noch aus unserer Schulzeit, dass Materie aus Atomen besteht und Atome aus Protonen, Elektronen und Neutronen. Anfang des 19. Jahrhunderts glaubte man jedoch noch, dass ein Atom das kleinste Teilchen sei. Im Laufe der letzten zwei Jahrhunderte hat man erkannt und experimentell nachgewiesen, dass sich das Atom aus kleineren Teilen, den Elementarteilchen, zusammensetzt. Als Elementarteilchen werden die kleinsten bekannten Bausteine der Materie bezeichnet. Die Schwierigkeiten einer genauen Definition des Begriffs Materie werden weiter unten erläutert.

Das Elektron konnte erstmals im Jahre 1897 durch den Briten Joseph John Thomson nachgewiesen werden. Im Gegensatz zu vielen anderen Teilchen, die man für Elementarteilchen hielt und die man im Laufe der Zeit in weitere Bestandteile untergliedern konnte, ist das Elektron nicht aus weiteren Bestandteilen zusammengesetzt. Protonen und Neutronen sind sich aus kleineren Teilchen zusammengesetzt, den so genannten Quarks. Allerdings kommen diese Quarks nie isoliert sondern immer im Verbund vor.

Materie, die nach außen so stabil aussieht, unterliegt zahlreichen Wechselwirkungen. Gemäß dem Standardmodell der Elementarteilchenphysik werden diese Wechselwirkungen durch bestimmte Austauschteilchen übertragen. Es gibt vier Wechselwirkungen, die so genannten Grundkräfte, wobei die Gravitation als eine der Grundkräfte nicht im Standardmodell beschrieben wird. Man vermutet als Austauschteilchen für die Gravitation das Graviton, das jedoch noch nicht experimentell nachgewiesen werden konnte.

Die vier Grundkräfte, auf die ich später detaillierter eingehe, sind:

- die starke Wechselwirkung,
- die schwache Wechselwirkung und
- die elektromagnetische Wechselwirkung
- die Gravitation

Alle Elementarteilchen haben innere unveränderbare Eigenschaften wie z. B. den Spin, eine Art Eigendrehimpuls, und die Ruhemasse. Mit Ruhemasse wird die Masse eines Körpers in einem Bezugssystem bezeichnet, in dem sich der Körper in Ruhe befindet.[94] Merkmale von Teilchen, die bei der Klassifizierung eine Rolle spielen, sind u. a. ihre Zusammensetzung und ihr Spin.[95] Für das Standardmodell gibt es zwei Unterteilungsebenen.

Zum einen wird zwischen Fermionen und Bosonen als Untergruppe der Hadronen unterschieden.

<u>Fermionen:</u>

Alle Fermionen haben den Spin ½ oder ein halbzahliges Vielfaches (3/2 etc.) und können nie die gleichen Quantenzahlen haben (Pauli-Prinzip). Dadurch wird der Aufbau der Atome bestimmt. Im Standardmodell der Teilchenphysik gibt es keine elementaren Fermionen mit einem Spin größer als 1/2. Eine Eigenschaft von Fermionen mit dem Spin 1/2 ist, dass ihre quantenmechanische Wellenfunktion nach einer Rotation um 360° das Vorzeichen ändert; erst nach einer Rotation um 720° (also zweimal komplett gedreht) der Ausgangszustand wiederhergestellt ist.

Zu der Gruppe der Fermionen gehören die weiter unten genannten Baryonen, die Quarks und die Leptonen mit der Untergruppe der Neutrinos.

---

[94] Der Begriff Ruhemasse ist in der Physik mit der Relativitätstheorie entstanden, nach der die Masse eines Körpers in einem ruhenden Bezugssystem mit der Geschwindigkeit zunimmt.
[95] Der Spin wird mit einer vom Planckschen Wirkungsquantum hergeleiteten Zahl multipliziert (reduziertes Plancksches Wirkungsquantum). Es entspricht der üblichen Schreibweise das Symbol dafür wegzulassen.

Quarks: Sie gelten als die fundamentalen Bausteine der Materie. Sie kommen jedoch nicht isoliert vor. Sie haben eine sogenannte Farbladung (damit bezeichnet man eine bestimmte Eigenschaft, die Ähnlichkeiten mit der elektrischen Ladung hat). Es gibt 6 Sorten, wobei nur die up- und down-Quarks die uns vertraute Materie bilden. Quarks unterliegen allen 4 Grundkräften.

Leptonen: Der Begriff ist von dem griechischen Wort für leicht abgeleitet und soll die Teilchen von den schwereren Mesonen und Baryonen abgrenzen. Allerdings hat man später Teilchen entdeckt, die zu dieser Gruppe gehören, aber nicht als leicht bezeichnet werden können. Zu den Leptonen gehört der elementare Baustein unserer Materie, das Elektron. Verwandt mit dem Elektron sind das Myon und das Tauon. Das Myon kommt in der sekundären (durch Teilchenreaktionen entstehenden) kosmischen Strahlung vor. Seine Lebensdauer beträgt ca. zwei Mikrosekunden. Das Tauon hat eine sehr kurze Lebensdauer von dreihundert millionstel billionstel Sekunden. Die drei Teilchen unterliegen der schwachen und der elektromagnetischen Wechselwirkung sowie der Gravitation.

Eine Untergruppe der Leptonen sind die Neutrinos.

Neutrinos:

Der Name Neutrino bedeutet kleines Neutron. Neutrinos haben diesen Namen erhalten, da sie elektrisch neutral und extrem klein sind. Im Standardmodell der Teilchenphysik werden die Neutrinos als masselos angesehen. Es gibt allerdings Erweiterungen des Standardmodells, die Neutrinos eine – wenn auch extrem kleine – Masse zuordnen. Sie unterliegen nur der schwachen Kraft und der Gravitation. Da die Gravitation bei ganz kleinen Teilchen keinen großen Einfluss hat und die schwache Kraft, wie der Name schon sagt, nicht so stark ist, können Neutrinos mit (nahezu) Lichtgeschwindigkeit ohne große Hindernisse durch den Raum sausen.[96] Etwa 70 Milliarden solare Neutrinos bewegen sich pro Sekunde im Mittel durch

---

[96] Masselose Teilchen können Lichtgeschwindigkeit erreichen. Da nicht abschließend geklärt ist, ob Neutrinos Masse haben, fliegen sie eventuell nur mit annähernd Lichtgeschwindigkeit.

einen Quadratzentimeter der Erdoberfläche.[97] Ständig fliegen Milliarden von Neutrinos durch unseren Körper und den ganzen Globus hindurch. Neutrinos wurden von der theoretischen Physik vorausgesagt, da beim Betazerfall, einem radioaktiven Prozess, Energie sozusagen verschwand. Nach dem Energieerhaltungssatz, der besagt, dass Energie nicht erzeugt und auch nicht vernichtet sondern nur umgewandelt werden kann, musste diese verschwundene Energie eine andere Form angenommen haben. 1956 konnte man das erste Neutrino experimentell nachweisen. Es gibt drei Neutrino-Arten. Die Neutrinos sind kommen jeweils gemeinsam mit Elektron, Myons oder Tauon vor und heißen deshalb Elektron-Neutrino, Myon-Neutrino und Tauon-Neutrino.

Bosonen: Sie haben den Spin 1 (oder ein ganzzahliges Vielfaches) und können den gleichen Zustand einnehmen und sind damit ununterscheidbar.

Eichbosonen:

Sie sind eine Untergruppe der Bosonen. Mit Eichbosonen werden alle Austauschteilchen der drei Grundkräfte bezeichnet. Das Graviton als Austauchteilchen der Gravitation konnte noch nicht nachgewiesen werden und wird, wie bereits erwähnt, im Standardmodell nicht beschrieben.

Außerdem werden die Hadronen in die zwei Untergruppen Baryonen und Mesonen unterteilt.

Hadronen: Der Begriff ist von dem griechischen Wort für stark abgeleitet und bezeichnet Elementarteilchen, die der starken Wechselwirkung unterliegen.

Baryonen: Sie sind eine Untergruppe der Hadronen. Der Begriff wurde von dem griechischen Wort für schwer abgeleitet. Sie haben einen halbzahligen Spin oder ein halbzahliges Vielfaches. Sie setzen sich aus drei Quarks zusammen. Sie unterliegen neben der starken Wechselwirkung auch der schwachen

---

[97] http://www.chemie.de/lexikon/Neutrino.html, abgerufen Juni 2016, dort Bezug auf Claus Grupen: Astroteilchenphysik. Vieweg Verlag, Braunschweig/Wiesbaden 2000, S. 69.

Wechselwirkung, der Gravitation und, sofern sie geladen sind, auch der elektromagnetischen Kraft. Das Neutron und das Proton, die Teilchen unserer gewöhnlichen Materie sind, gehören zu den Baryonen.

Mesonen: Sie sind eine Untergruppe der Hadronen. Der Begriff wurde vom griechischen Wort für mittel abgeleitet, da die ersten entdeckten Teilchen dieser Gruppe mittelschwer waren. Sie haben einen ganzzahligen Spin oder ein Vielfaches davon. Sie setzen sich aus einem Quark-Antiquark-Paar zusammen.[98] Mesonen entstehen in Teilchenbeschleunigern und sind instabil. Sie unterliegen neben der starken Wechselwirkung auch der schwachen Wechselwirkung, der Gravitation und, sofern sie geladen sind, auch der elektromagnetischen Kraft.

Zu guter Letzt sei noch das Higgs-Teilchen genannt. Das Standardmodell geht davon aus, dass dieses Teilchen dafür verantwortlich ist, dass Teilchen eine Masse besitzen. Es hat den Spin 0 und unterliegt der schwachen Wechselwirkung und dem Higgs-Mechanismus, der besagt, dass andere Teilchen über den Austausch des Higgs-Teilchens mit Masse behaftet werden. Die Wirkung der Schwerkraft auf Higgs-Teilchen muss noch erforscht werden.

`Das Higgs-Boson wird experimentell nachgewiesen.`

Im Juli 2012 hat man aufgrund von zahlreichen Experimenten im LHC am CERN[99], dem weltweit leistungsstärksten Teilchenbeschleuniger, die Entdeckung des Higgs-Bosons verkündet. Weitere Experimente deuteten auf den tatsächlichen Nachweis des Higgs-Bosons hin, so dass François Englert und Peter Higgs für die theoretische Entwicklung des Higgs-Mechanismus im Jahr 2013 den Nobelpreis für Physik erhielten.

---

[98] Antiteilchen werden weiter unten erläutert.
[99] CERN steht für Conseil Européen pour la Recherche Nucléaire (Europäische Organisation für Kernforschung) und befindet sich im Kanton Genf. LHC steht für Large Hadron Collider (großer Hadronen-Speicherring).

Jetzt haben Sie alle Elementarteilchen kennen gelernt. In einer grafischen Übersicht, die nicht alle Untergruppen umfasst, sieht das folgendermaßen aus:

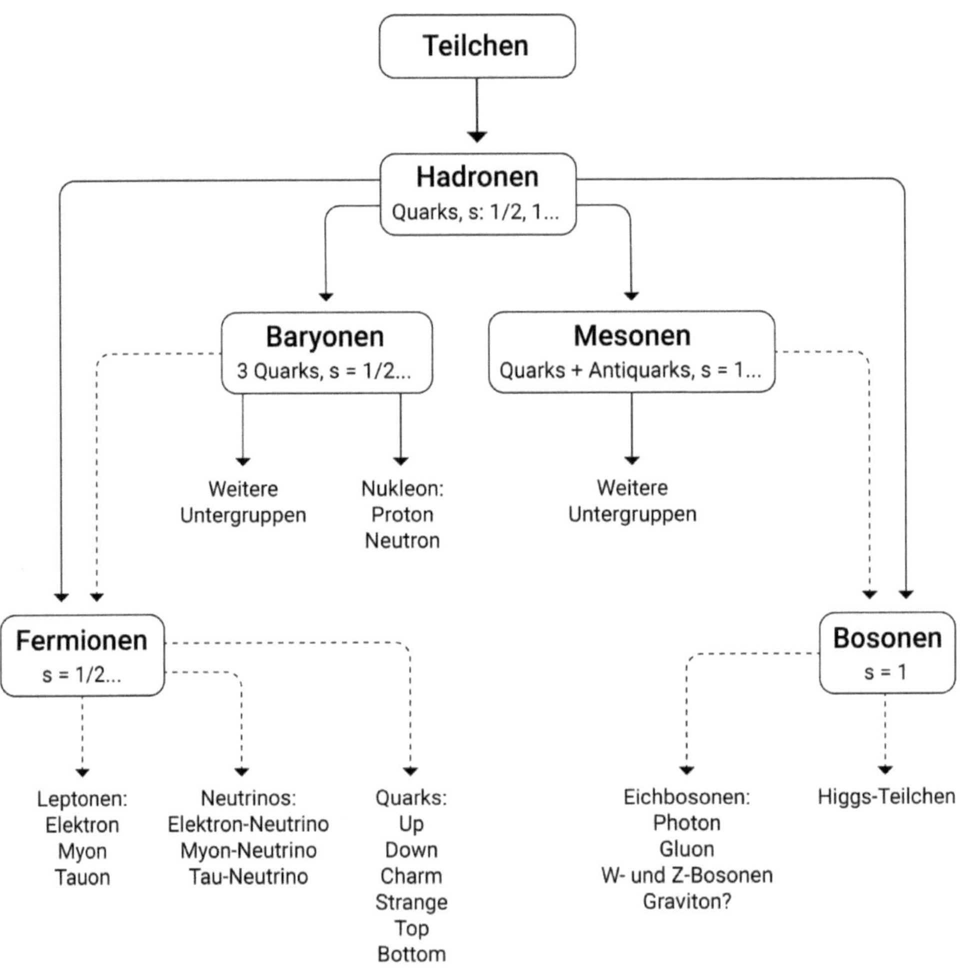

Quelle: © Ute Marth/Christophe Hamdaoui

Für jedes Teilchen gibt es ein so genanntes Antiteilchen. Sicherlich kennen Sie den Begriff Antimaterie, die aus Antiteilchen besteht. Antiteilchen kommen, so scheint es, im Allgemeinen in der uns umgebenden Natur nicht vor. Bei der Entstehung des Universums haben sie eine Rolle gespielt.[100] Das Antiteilchen, das sich am besten nachweisen lässt, ist das Antiteilchen des Elektrons, das man Positron nennt. Es tritt bei radioaktiven Zerfallsprozessen auf.

Antiteilchen sind fast identisch mit ihrem zugehörigen Teilchen. Sie haben nur die entgegengesetzte Ladung oder entgegengesetzte Werte ladungsähnlicher Quanteneigenschaften. Antimaterie und Antiteilchen können folglich durchaus aus Materie bestehen. Dadurch erhöht sich die Anzahl der Elementarteilchen enorm. Wenn die Summe der das Teilchen charakterisierenden Quantenzahlen gleich null ist, dann ist das Teilchen sein eigenes Antiteilchen. Das ist der Fall für das Photon, Z-Boson, Higgs-Boson und zwei Gluonenarten.

Wie so oft, wurden Antiteilchen von der theoretischen Physik vorausgesagt und später experimentell nachgewiesen. Paul Dirac war der erste, der 1928 die Existenz von Antiteilchen postulierte. Das Positron konnte 1932 experimentell nachgewiesen werden. Folgender Gedankengang liegt Diracs Theorie zugrunde: Eine Quantenfeldtheorie, die auch die spezielle Relativitätstheorie berücksichtigt, muss folglich auch ihren Gesetzen unterliegen. Teilchen bewegen sich im Raum vorwärts und rückwärts. Vereinfacht gesagt, müssten sie sich laut spezieller Relativitätstheorie auch in der Zeit vorwärts und rückwärts bewegen. Teilchen, die sich zur Wahrung der Schlüssigkeit der Theorie in der Zeit zurückbewegen, müssten durch identische genau entgegengesetzt geladene Teilchen ersetzt werden. Klingt abstrus und hätte sich kein Science Fiction-Autor besser ausdenken können. Die Wellenfunktion eines Elektrons mit negativer Energie entspricht der Wellenfunktion eines Positrons, das sich in einem gespiegelten Raum rückwärts in der Zeit bewegt. Das heißt, Antiteilchen haben die gleiche Wirkung wie Teilchen, die sich in der Zeit zurückbewegen würden. Das klingt sehr erstaunlich und veranschaulicht, wie befremdlich dem Nicht-Physiker gewisse Erklärungsmodelle erscheinen können. Jedoch konnten trotz der für Laien schwer nachvollziehbaren

---

[100] Nach der Urknalltheorie gab es zu Beginn des Universums Materie und Antimaterie, die sich gegenseitig vernichtet haben. Es gab jedoch mehr Materie, aus der dann das Universum entstanden ist.

Ansätze der theoretischen Physiker viele Vorhersagen zum Teil Jahre später experimentell nachgewiesen werden.

Beim Zusammentreffen von realen Teilchen und Antiteilchen zerstören sich diese gegenseitig und neue Teilchen entstehen. Diesen Prozess nennt man auch Paarzerstörung oder Annihilation. Dabei bleiben Energie, Impuls und Drehimpuls in der Summe erhalten. Treffen zum Beispiel ein Elektron und sein Antiteilchen das Positron aufeinander entstehen Photonen. Die Energie des ursprünglichen Teilchenpaares (Ruheenergie und Bewegungsenergie) wird laut Energieerhaltungssatz nicht vernichtet sondern tritt in anderer Form wieder auf. Diese Wechselwirkungen werden gut in den von Richard Feynman entwickelten nach ihm benannten Feynman-Diagrammen dargestellt.

Paarvernichtung durch das Zusammentreffen von einem Elektron mit seinem Antiteilchen, dem Positron. Es entstehen zwei Photonen (die zeitliche Komponente verläuft von unten nach oben und die räumliche von links nach rechts).

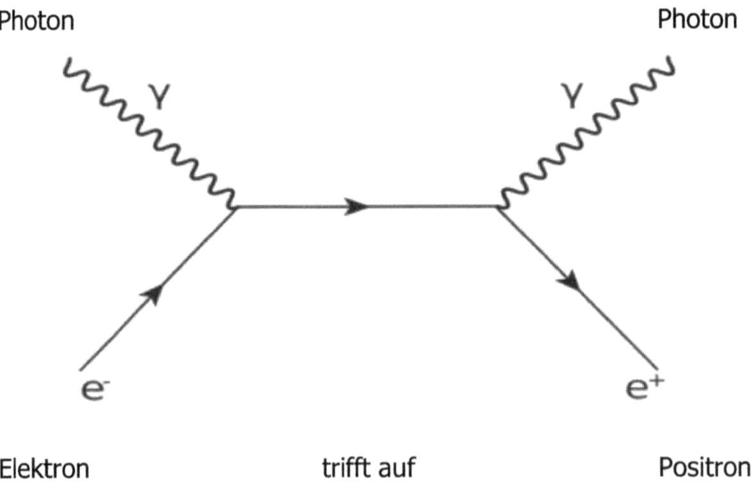

Quelle: https://en.wikipedia.org/wiki/Annihilation#/media, Manticorp

Antiteilchen unterscheiden sich von den zugehörigen Teilchen durch entgegengesetzte Ladung oder ladungsähnliche Eigenschaften. Sie können sich gegenseitig vernichten, wodurch andere Teilchen entstehen.

Jetzt haben wir die wichtigsten Teilchen und einige ihrer wichtigsten Eigenschaften kennengelernt. Betrachten wir noch einige elementare Eigenschaften, damit wir uns nochmals vergegenwärtigen, in welchen Dimensionen wir uns auf der Quantenebene bewegen. Vor allem interessiert uns die Energie und Masse der Teilchen. Erklärungen zu Hochzahlen und Vorsätzen zu Maßeinheiten finden sich am Ende Buches. An dieser Stelle sei nur angemerkt, das G die Abkürzung für giga ist und eine Zahl mit der Vorsilbe giga mit 1.000.000.000 multipliziert werden muss. Die Energie von Teilchen wird nicht in Joule, wie wir das von Nahrungsmitteln kennen, oder in Kilowattstunden (kWh), die uns aus der Stromrechnung bekannt sind, angeben. Die Energie von Teilchen wird in Elektronenvolt berechnet. Ein Elektronenvolt ist die Energiemenge, um welche die kinetische Energie eines Elektrons zunimmt, wenn es eine Beschleunigungsspannung von 1 Volt durchläuft. Sein Wert beträgt ca. 1 eV = 1,6 x 10^{-19} Joule.

Betrachten wir einmal, wie groß die Energie der folgenden drei Elementarteilchen ist:

Up-Quark: 0,0023 GeV
Down-Quark: ca. 0,0048 GeV
Elektron: 0,0005 GeV (= 500.000 eV)

Ein Elektron hat umgerechnet 500.000 Elektronenvolt. Das klingt nach viel. Aber was bedeutet diese Zahl in uns vertrauten Einheiten ausgedrückt?

500.000 Elektronenvolt = 0,0000000000008 Joule = 2,2 * 10^{-20} kWh

Um es etwas anschaulicher zu sagen. Um die Energie von einer Schokolade mit 600 kcal zu erbringen, wären 30 * 10^{18} (30 Milliarden Milliarden) Elektronen notwendig. Wie Sie sehen, ist das eine ganze Menge. Damit man auch eine

Vorstellung der Größenordnung in Form von Metern bekommt, sei hier gesagt, dass der Durchmesser eines Protons etwa $1{,}7 * 10^{-15}$ m (=0,0000000000000017 Meter) beträgt. Zur Veranschaulichung ein Beispiel mit einem Gegenstand aus unserem Alltag. Ein Stecknadelkopf besteht aus 10^{22} Elektronen und 10^{23} Quarks.

Wenn ein Teelicht leuchtet, entstehen in der Flamme jede Sekunde etwa 10^{20} Photonen.[101] Aufgrund der geringen Größe lassen sich diese Teilchen nicht einfach mit einem Mikroskop beobachten. Viele Erkenntnisse gehen auf Versuche in Teilchenbeschleunigern zurück. Teilchen werden mit Hilfe elektrischer Felder beschleunigt und auf andere Teilchen geschossen, wodurch neue Teilchen entstehen. Die Prozesse werden aufgezeichnet, wobei die Auswertung der Aufzeichnungen sehr aufwändig ist.

In der unten stehenden Tabelle sind die Quarks und Leptonen mit ihren jeweiligen Eigenschaften aufgeführt. Sie werden in so genannte Generationen bzw. Familien aufgeteilt. Nur die Teilchen der Generation 1 sind Bestandteile unserer normalen Alltagsumgebung, wobei Elektron-Neutrinos beim radioaktiven Betazerfall und Vorgängen in der Sonne entstehen.[102]

	Quarks		**Leptonen**	
Familie 1/ **Generation 1**	Up 2,3 MeV	Down 4,8 MeV	Elektron 0,511 MeV	Elektron-Neutrino < 2 eV
Familie 2/ **Generation 2**	Charm 1,275 GeV	Strange 95 MeV	Myon 105,7 MeV	Myon-Neutrino < 0,19 MeV
Familie 3/ **Generation 3**	Top 173,07 GeV	Bottom 4,18 Gev	Tau 1,777 Gev	Tau-Neutriono < 18,2 MeV

---

[101] https://de.wikipedia.org/wiki/Elementarteilchen, abgerufen Juni 2016
[102] Hauptsächlich entstehen sie, wenn zwei Protonen aufeinanderstoßen. Dabei entstehen Deuterium, ein Positron und ein Elektron-Neutrino.

Weitere wichtige Teilchen sind die sogenannten Austauschteilchen. Bei der Erläuterung folgen wir der in der Literatur üblichen Darstellung. Es soll an dieser Stelle darauf hingewiesen werden, dass die Erklärung der Kraftübertragung mittels Austauschteilchen eher metaphorisch zu verstehen ist und der Anschaulichkeit dient.

Die vier Grundkräfte, auch fundamentale Wechselwirkungen genannt, spielen einzeln oder in Kombination eine Rolle bei allen auf der Erde und im Weltraum bekannten physikalischen Prozessen zwischen kleinsten Teilchen und Materie mit makroskopischen Ausmaßen. Eine Wechselwirkung findet statt, weil die Kraft über die jeweiligen Austauschteilchen übertragen wird.

Die vier Grundkräfte sind, wie bereits oben beschrieben:

- die starke Wechselwirkung
- die schwache Wechselwirkung
- die elektromagnetische Wechselwirkung
- die Gravitation

Die Gravitation wird im Standardmodell nicht berücksichtigt. Sie wird hier trotzdem genannt, weil sie die vierte neben den drei im Standardmodell behandelten Kräften ist. Der menschliche Körper und die Gegenstände, die uns umgeben, bestehen aus Elektronen und up- und down-Quarks. Auf die Elektronen wirken die schwache und die elektromagnetische Kraft sowie die Gravitation. Auf die Quarks wirken alle 4 Kräfte. Unser Körper wird folglich von diesen vier Kräften beeinflusst. Was bewirken diese vier Grundkräfte?

Die starke Wechselwirkung

Die starke Wechselwirkung ist die Bindungsenergie in den Atomkernen. Sie bewirkt, dass die einzelnen Quarks und die Protonen und Neutronen, die jeweils aus drei Quarks bestehen, miteinander verbunden sind. Das Austauschteilchen, das diese Kraft überträgt, nennt sich Gluon. Dieser Begriff ist an das englische Wort für Kleber, glue, angelehnt. Die Gluonen übertragen eine so genannte Farbladung.

Quarks können drei unterschiedliche Farbladungen haben, wobei damit eine abstrakte Eigenschaft gemeint ist, und es sich nicht um die optische Farbe handelt. Die Gluonen werden in Abhängigkeit von ihrer Farbladung in acht Arten unterteilt. Die starke Wechselwirkung ist, wie der Name schon sagt, sehr viel stärker als die anderen Kräfte; allerdings hat sie nur eine geringe Reichweite (ca. 10^{-15} m), die nicht über den Atomkern hinausreicht. Durch die Wechselwirkung mit Gluonen entstehen im Atomkern Bindungsenergien, die Masse erzeugen. Weil die Kraft so stark ist, wäre sehr viel Energie notwendig, um einzelne Quarks voneinander zu trennen. Bei dem Versuch einer solchen Trennung würden zahlreiche Wechselwirkungen entstehen, so dass sie nicht als freie Teilchen beobachtet werden können. Gluonen können auch untereinander wechselwirken. Auf Elektronen haben sie jedoch keine Wirkung. In den 1970er Jahren, nachdem entdeckt wurde, dass sich viele Teilchen aus zwei oder drei Quarks zusammensetzen, wurde starke Wechselwirkung eingehender beschrieben. Diese Beschreibung erfolgte im Rahmen der Quantenchromodynamik, wobei die Silbe chromo von dem griechischen Wort für Farbe kommt. Auf sie gehe ich im Kapitel 20 ein.

Die schwache Wechselwirkung

Die schwache Wechselwirkung ist, auch wenn sie so heißt, nicht so schwach oder gar unscheinbar, wie man aufgrund des Namens meinen könnte. Denn sie ist für Prozesse in der Sonne und für die Radioaktivität verantwortlich. Sie bewirkt den radioaktiven Zerfall von Atomkernen (Betastrahlung), indem sie Quarks in andere Quarks umwandelt. So entstehen aus einem Neutron ein Proton, ein Elektron und ein Anti-Neutrino. Die schwache Wechselwirkung wird über die Austauschteilchen W(+) und W(-)-Bosonen und über Z-Bosonen übertragen. Sie wirkt auf Quarks und Leptonen wie z. B. das Elektron. Ihre Reichweite beträgt ca. 10^{-16} m.

Allerdings gibt es bei der Übertragung dieser Kraft ein sehr spezielles Phänomen: Sie unterscheidet zwischen rechts und links. Wie wir wissen, haben Teilchen einen Spin. Die gleiche Teilchensorte kann sowohl einen rechtsgerichteten als auch einen linksgerichteten Spin haben. Man spricht von Händigkeit oder als Fachbegriff von Chiralität. Nur die Teilchen, die sich links herum drehen, sind für die schwache

Wechselwirkung empfänglich. Das ist sehr kurios. Stellen Sie sich vor, dass ein Stein, der auf Ihren rechten Fuß fällt, keine Schmerzen verursacht, bei Ihrem linken Fuß aber schon. Bei einem Neutronenzerfall entstehen z. B. nur linksdrehende Elektronen. Diese würden auf die schwache Wechselwirkung reagieren. Dass sich Teilchen in einer spiegelverkehrten Variante nicht identisch verhalten, nennt sich Paritätsverletzung. Eine Theorie der Paritätsverletzung wurde in den 1950 Jahren von zwei Physikern formuliert. 1957 konnte die chinesisch-amerikanische Physikerin Chien-Shiung Wu, die einzige Frau, die an der Entwicklung des Standardmodells beteiligt war, die Paritätsverletzung experimentell nachweisen. Die zwei Physiker bekamen einen Nobelpreis. Die Frau ging leer aus.

Die Gravitation

Die Gravitation bewirkt die gegenseitige Anziehung von Massen. Sie nimmt mit zunehmender Entfernung der Massen ab, besitzt aber unbegrenzte Reichweite. Auf der Erde bewirkt sie, dass Gegenstände auf den Boden fallen; und sie ist die Kraft hinter der Struktur unseres Sonnensystems. Isaac Newton hat sie im 17. Jahrhundert beschrieben und sie wurde von Albert Einstein im Rahmen seiner allgemeinen Relativitätstheorie Anfang des 20. Jahrhunderts weiterentwickelt. Die Gravitationskraft erscheint uns in unserem Alltag recht stark, da sie für uns direkter spürbar ist als z. B. die starke Kraft. Allerdings ist die Gravitation auf der Erde nur deshalb so stark, weil ihre Kraft von der Masse abhängig ist und die Erde groß ist und viel Masse hat. Außerdem wirkt die Gravitation immer durch Anziehung, während die elektromagnetische Kraft Anziehung und Abstoßung kennt. Dadurch sind fast alle Körper in unserer Umgebung elektrisch neutral, was zur Folge hat, dass sich diese eigentlich viel stärkere Kraft nicht bemerkbar macht.

Die Gravitationskraft nimmt mit der Entfernung ab, hat aber eine unendliche Reichweite. Die Gravitation wirkt auf alle Elementarteilchen, wobei aufgrund der geringen Masse der Elementarteilchen ihre Wirkung auf diese kleinen Teilchen nicht sehr stark ist. Nach Albert Einsteins allgemeiner Relativitätstheorie ist Gravitation die Krümmung der Raumzeit. Als Trägerteilchen postuliert man das Graviton, das jedoch noch nicht nachgewiesen werden konnte. Eine

Quantenfeldtheorie der Gravitation wurde noch nicht entwickelt, so dass die Gravitation nicht Teil des Standardmodells der Elementarteilchen ist. An einer Vereinheitlichung der Quantenfeldtheorien des Standardmodells mit der Gravitation versuchen sich verschiedene Theorien wie die Stringtheorie, die M-Theorie, die Supergravitation oder die Schleifenquantentheorie, auf die ich im Kapitel über die sogenannte Weltformel näher eingehe.

Die elektromagnetische Wechselwirkung

Die elektromagnetische Wechselwirkung ist der Mechanismus, der die Entstehung elektromagnetischer Wellen erklärt. Das Austauschteilchen der elektromagnetischen Kraft ist das Photon. Die elektromagnetische Kraft setzt sich aus einer elektrischen und einer magnetischen Kraft zusammen. Schon Anfang des 19. Jh. vermutete man, dass es sich um zusammenhängende Kräfte handelt. James Maxwell entwickelte Mitte des 19. Jh. eine auf den Ergebnissen von Michael Faraday aufbauende Theorie, die die nach ihm benannten Maxwell-Gleichungen beinhalten. Er beschrieb die wechselnden magnetischen und elektrischen Felder und ihre Wechselwirkung mit Materie.

Die elektromagnetischen Wellen umfassen das für uns sichtbare Licht einschließlich der Farben als auch nicht sichtbare und schädliche Strahlen wie Röntgenstrahlen. Die elektromagnetische Kraft wirkt auf alle geladenen Objekte (also Quarks, geladene Leptonen (z. B. Elektronen) und die W-Bosonen). Die Reichweite der elektromagnetischen Kraft ist unendlich. Die klassische Maxwelltheorie wurde Mitte des 20 Jhd. zu einer Quantentheorie namens Quantenelektrodynamik verallgemeinert. Auch im Kapitel „Was ist Energie" im Teil I und im Kapitel „Alles ist Licht" im Teil II gehe ich noch auf das Thema ein, da die elektromagnetische Wechselwirkung für uns so deutlich spürbar ist und Licht eine beinahe magische Anziehungskraft auf viele Menschen ausübt.

Hier die vier Grundkräfte in tabellarischer Form:

Kraft	Starke Kraft	Elektro-magnetische Kraft	Schwache Kraft	Gravitations kraft
Träger-teilchen	Gluonen (masselos)	Photonen (masselos)	W(+)-, W(-), Z-Bosonen (massebe-haftet)	Graviton ? (theoretisch masselos)
Wirken auf	Quarks, Gluonen	Quarks, geladene Leptonen und W-Bosonen	Quarks und Leptonen	Alle Teilchen mit Masse
Verant-wortlich für	Zusammenhalt des Protons, des Neutrons und der Atomkerne	Bindung zwischen Kern und Hülle im Atom, Elektrizität und Magnetismus	Radioaktivität, Prozesse in der Sonne, Zerfalls-prozesse	Zusammen-halt der Erde, der Sonne, des Planeten-systems
Reichweite	10^{-15} m	Unendlich	10^{-16} m	Unendlich
Relative Stärke der Kraft	1	10^{-2}	10^{-13}	10^{-39}

Nachdem wir nun alle Elementarteilchen mit den vier Grundkräften kennen gelernt haben, kommen wir nochmals zurück auf den Begriff Materie. Mit der Erkenntnis des subatomaren Aufbaus, der wirkenden Grundkräfte und der Herstellung instabiler Teilchen in Teilchenbeschleunigern ist eine sinnvolle Definition des Begriffs Materie zusehends schwieriger geworden.

In der klassischen Physik bezeichnete man als Materie das, woraus physikalische Körper (z. B. Materialien und chemische Stoffe) aufgebaut sind. Ein Körper wiederum ist definiert als etwas, das Masse und Raum einnimmt.

Aufgrund der Schwierigkeiten einer klaren Abgrenzung findet man unterschiedliche Definitionen von Materie:

„Die Fermionen des Standardmodells und nichtelementare Teilchen, die aus ihnen aufgebaut sind, sind per Konvention die Teilchen, die als „Materie" bezeichnet werden."[103]

Da Fermionen auch die instabilen Teilchen der 2. und 3. Generation umfasst, erscheint diese Definition nicht zufriedenstellend.

Eine andere Definition:

„Die sechs Quarks sind zusammen mit den Leptonen und den Eichbosonen die Grundbausteine der Materie."[104]

Bei dieser Definition werden die Austauschteilchen (Eichbosonen) mit zur Materie gezählt. Damit würde einigen Teilchen eine Eigenschaft fehlen, die man klassischerweise Materie zuschreibt: massebehaftet sein

Daher gibt es eine Definition von Materie, nach der all das als Materie bezeichnet wird, was über eine Ruhemasse verfügt. Diese Definition mag dem intuitiven Verständnis von Materie - im Sinne der Bausteine der Materie widersprechen – erlaubt aber eine klare Abgrenzung.

Unabhängig von einer schlüssigen Definition von Materie kann man zu den Bausteinen, aus denen der Mensch und die ihn umgebenden Dinge bestehen, folgenden Teilchen zählen:

Elektronen und up- und down quarks

Da diese Bausteine Wechselwirkungen unterliegen, könnte man auch noch die Austauschteilchen, die für den Menschen und die ihn umgebenden Dinge,

---

[103] https://de.wikipedia.org/wiki/Standardmodell
[104] https://de.wikipedia.org/wiki/Quark_(Physik)

besonders relevant sind, zu den wichtigen Bausteinen zählen. Da die Funktionsweise der Gravitation auf Quantenebene noch nicht erforscht ist und die schwache Wechselwirkung nur bei radioaktiven Prozessen eine Rolle spielt, ergeben sich folgende Teilchen:

Up- und down quarks, Elektronen, Gluonen und Photonen

Je tiefer wir – wörtlich gesehen – in die Materie eindringen, desto mehr Fragen entstehen. Die Problematik der Definition von Materie entsteht auch dadurch, dass klassische Eigenschaften wie „einen Ort haben" oder „unterscheidbar" auf Quantenebene keine Gültigkeit mehr haben. Die Zukunft wird sicherlich noch viele Antworten liefern. Im Folgenden sind nochmals die wichtigsten aktuellen Erkenntnisse aufgeführt.

Zusammenfassung:

- Die Vorstellungen über Elementarteilchen und ihre Wechselwirkungen werden im Standardmodell der Teilchenphysik beschrieben.
- Die Grundkräfte werden in einer eher metaphorisch aufzufassenden Sprechweise durch Austauschteilchen übertragen.
- Alle Teilchen haben Antiteilchen, die entgegengesetzte ladungsähnliche Eigenschaften haben, aber ansonsten identisch mit dem zugehörigen Teilchen sind. Teilchen und Antiteilchen vernichten sich gegenseitig, wodurch neue Teilchen entstehen.
- Alle Elementarteilchen besitzen unveränderliche innere Eigenschaften wie z. B. die Ruhenergie (Masse) oder den Spin.

Auch wenn das Standardmodell der Teilchenphysik Schwächen aufweist, gilt es doch als das derzeit schlüssigste Modell zur Erklärung der Wechselwirkungen von Teilchen.[105]

Nach diesem elementaren Thema kommen wir nun zum Thema Energie, das ich umfassend und nicht nur in Bezug auf die Quantenphysik behandeln möchte, da es sich um einen ganz zentralen Begriff handelt.

---

[105] Hauptkritikpunkte sind, dass die Kopplungskonstanten, welche die Stärke der fundamentalen Wechselwirkungen festlegen, nur für bestimmte Energieskalen gelten und renormiert, das heißt auf eine entsprechende Energieskala angepasst werden müssen, und dass nicht alle Teilchen CP-invariant sind. CP steht für charge conjugation und parity und bedeutet Ladungskonjugation und Parität. Mit Ladungskonjugation ist gemeint, dass sich ein Antiteilchen bis auf ladungsähnliche Zustände wie das zugehörige Teilchen verhält und mit Parität das symmetrische Verhalten bei Spiegelung. Die Teilchen sind nicht CP-invariant bzw. es findet eine CP-Verletzung statt, wenn sich physikalische Zusammenhänge und Gesetzmäßigkeiten ändern, wenn ein Teilchen durch sein Antiteilchen ersetzt und gleichzeitig die Raumkoordinaten gespiegelt werden. Diese Asymmetrie ist noch nicht hinreichend geklärt.

17. Was ist Energie?
Der Fluss der Kräfte und die Unmöglichkeit der Vernichtung

In diesem Kapitel möchte ich den Begriff Energie erläutern, da dieser Begriff für spätere Betrachtungen relevant ist. Die Beschreibung von Eigenschaften von Energie und vor allem die Berechnung sind von dem jeweiligen Teilgebiet der Wissenschaft abhängig.

Ganz allgemein bezeichnet man mit Energie eine Kraft, die längs eines Weges auf einen Körper wirkt. Die übertragene Energie wird auch verrichtete Arbeit genannt. Im Allgemeinen wird mit Arbeit die mechanisch übertragene Energie bezeichnet. In der Thermodynamik, die sich mit durch Temperaturänderungen hervorgerufenen Energiezuständen befasst, wird Arbeit in zwei Formen unterteilt. Arbeit durch Wärmezufuhr und durch mechanische Einwirkung

Energie ist die Antriebskraft für eine Veränderung z. B. für die Beschleunigung eines Körpers, die Erwärmung einer Substanz, den Fluss von elektrischem Strom, die Abstrahlung von elektromagnetischen Wellen oder die Entstehung von Teilchen.[106] Menschen, Tiere und Pflanzen brauchen Energie, um leben zu können. Ein Auto oder Zug muss mit Energie angetrieben werden. Um Wärme zu erzeugen, benötigen wir Energie.

Energie unterliegt dem Energieerhaltungssatz, der besagt, dass die Gesamtenergie eines abgeschlossenen oder isolierten Systems sich nicht verändert. Ein abgeschlossenes System ist ein System ohne Wechselwirkung mit der Umgebung. Da es faktisch ein isoliertes System nicht gibt, wird dies als idealisierte Vorstellung angenommen. Innerhalb des Systems können Energieformen umgewandelt

---

[106] Im 17. Jh. hat Isaac Newton den Begriff als zeitliche Änderung eines Impulses definiert und als Ursache für die Veränderung eines Bewegungszustands eines Körpers benannt.

werden. Es ist jedoch nicht möglich, innerhalb eines abgeschlossenen Systems Energie zu erzeugen oder zu vernichten: Energie ist eine so genannte Erhaltungsgröße. Beispiele für Umwandlungen von Energie sind z. B. das Verbrennen von Kohle. Dabei wird chemische Energie in Wärmeenergie umgewandelt. Mit einem Fahrraddynamo wird mechanische Energie, das heißt kräftiges Treten, in elektrische Energie und anschließend in Licht umgewandelt. Spätestens am Berg merkt man, wie viel Energie dafür notwendig ist. Manchmal finden ungewollte Umwandlungen statt. Das hat z. B. zur Abschaffung von Glühbirnen geführt. Die elektrische Energie wurde in konventionellen Leuchtmitteln nicht nur in Licht sondern auch in Wärme umgewandelt. Bei Energiesparlampen ist die Wärmeerzeugung geringer und somit die Energieeffizienz deutlich höher. Energie wird in unterschiedliche Formen unterteilt.

Um die Einheit der Energie einzuführen, müssen wir zunächst die Einheit der Kraft behandeln:

Ein Newton ist die Größe der benötigten Kraft, um einen ruhenden Körper der Masse 1 kg innerhalb von einer Sekunde gleichförmig auf die Geschwindigkeit 1 m/s zu beschleunigen. Daraus ergibt sich folgende Einheit: $N = 1kg * m/s^2$. Wirkt diese Kraft längs eines Weges von 1 m erhalten wir einen Newtonmeter. Dieser entspricht einem Joule, der Einheit für Energie:[107]

$$1 \text{ Joule} = 1 \text{ N} * \text{m} = 1 \text{ kg} * m^2/s^2$$

Die Einheit Joule ist bekannt aus Nährwert- oder Kalorientabellen. Eine Tafel Schokolade hat 2365 Kilojoule, was 565 Kilokalorien entspricht. Meist wird im umgangssprachlichen Gebrauch die Vorsilbe Kilo weggelassen. Die Einheit Joule in Nährwerttabellen gibt an, wie viel Energie Ihrem Körper nach der Verstoffwechselung zur Verfügung steht. Sie kennen die Einheit Newtonmeter oder Joule aber auch aus einem anderen Zusammenhang: Ihrer Stromrechnung. Dort finden Sie als Einheit für Ihren Strom Kilowattstunde. Ein Vierpersonenhaushalt

---

[107] Laut Definition wirkt die Kraft längs eines Weges. Beim Drehmoment wirkt eine Kraft senkrecht zum Weg. Die Formel zur Berechnung beträgt auch 1 Nm.

verbraucht etwa 4000 Kilowattstunden pro Jahr. Eine Kilowattstunde entspricht 3.600 kJ. Oder anders ausgedrückt: Der Jahresstromverbrauch eines Vierpersonenhaushalts entspricht dem physiologischen Brennwert von 6100 Schokoladen. Mit diesem Beispiel sei veranschaulicht, dass man Energiegrößen welcher Art auch immer mathematisch ins Verhältnis setzen kann.

Es wird im Allgemeinen zwischen fünf Energieformen unterschieden, die sich in Untergruppen unterteilen lassen.

Mechanische Energie

- Kinetische Energie
- Potentielle Energie

Thermische Energie

Kernenergie

Chemische Energie

Elektrische und magnetische Energie

- Elektrische Energie
- Magnetismus
- Elektromagnetische Schwingungen

Außerdem betrachten wir, was mit Energie in der Quantenmechanik und der Relativitätstheorie gemeint ist:

Energiebegriff in der Quantenmechanik

Energiebegriff in der Relativitätstheorie

Beginnen wir mit der kinetischen Energie als eine Form der mechanischen Energie:

Kinetische Energie

Die kinetische Energie ist Bewegungsenergie. Sie ist die Energie, die ein Objekt aufgrund seiner Bewegung enthält. Das heißt, alles, was sich bewegt, verfügt über Bewegungsenergie z. B. ein fliegender Fußball oder ein fahrendes Auto. Um die entsprechende Bewegung zu verursachen, muss die entsprechende Energie aufgebracht werden).

Um die kinetische Energie zu berechnen, benutzt man die Formel:

$E(kin) = \frac{1}{2} * m * v^2$

(Die kinetische Energie ist gleich ein Halb mal Masse m multipliziert mit der Geschwindigkeit v im Quadrat).

Hier ein kleines Beispiel mit einem kleinen Ball. Die Masse m ist gleich 0,2 kg. Dazu ein Hinweis: In unserer Alltagssprache unterscheiden wir oft nicht zwischen Gewicht und Masse. Physikalisch wird zwischen Gewichtskraft und Masse unterschieden. Die Gewichtskraft wird durch das Schwerefeld bestimmt. Die Kraft des Schwerefeldes setzt sich aus der Gravitation und der Trägheitskraft zusammen und wird in Newton gemessen. Die Masse wird in Kilogramm angegeben.

Und nun weiter mit dem Versuch: Wir werfen den Ball mit einer konstanten Geschwindigkeit von 5 Metern pro Sekunde. Im praktischen Fall wäre der Ball am Anfang schneller und würde dann an Geschwindigkeit abnehmen und zu Boden fallen. Damit die Formel nicht so kompliziert wird, nehmen wir an, dass er während des Flugs mit einer konstanten Geschwindigkeit von 5 m/sec unterwegs ist. Setzt man nun die Werte in die Formel ein, ergibt sich:

$E(kin) = \frac{1}{2} \times 0{,}2kg * (5m/sec)^2 = 0{,}1 \text{ kg} \times (5 \text{ m/sec})^2 = 0{,}1 \text{ kg} \times 25 \text{ m}^2/sec^2 = 2{,}5 \text{ kg} \times sec^2/m^2 = 2{,}5 \text{ J}$

Der Ball hat eine Energie von 2,5 Joule. Oder anders gesagt: Damit der Ball mit dieser Geschwindigkeit fliegen kann, muss eine Energie von 2,5 Joule aufgebracht werden.

Ein anderes Beispiel für Energie ist die Hubenergie. Das ist die Energie, die man aufbringen muss, um einen Gegenstand im Schwerefeld der Erde anzuheben. Wenn Sie einen Gegenstand zusammendrücken oder anheben, verfügt er über potenzielle Energie, wie im nächsten Abschnitt erläutert wird.

Potentielle Energie

Mit potentieller Energie wird die Energie eines physikalischen Systems bezeichnet, die durch seine Lage in einem Kraftfeld oder durch seine aktuelle System-Konfiguration bestimmt wird.[108] Daher spricht man auch von Lageenergie. Mit potentieller Energie bezeichnet man z. B. die Energie, die ein Körper durch seine Lage in einem Gravitationsfeld hat. Wenn eine Kugel ganz oben auf einer Kugelbahn liegt, kann sie hinunterrollen. Wenn sie unten angekommen ist, hat sie ihre potenzielle Energie in kinetische Energie umgewandelt. Wenn Sie einen Stein anheben, verfügt er über potenzielle Energie, da er herunterfällt, wenn Sie ihn nicht mehr halten. Ein Stausee hat potenzielle Energie. Beim Herunterfließen des Wassers kann in einem Kraftwerk diese Energie in elektrische Energie umgewandelt werden.

Eine andere Form der potenziellen Energie ist die Spannenergie. Sie ist die Energie, die in einem Körper aufgrund dessen elastischer Verformung steckt. Bei einer gespannten Feder kann die potenzielle Energie, auch elastische Energie genannt, in kinetische Energie umgewandelt werden, wenn sich die Spannung entladen kann. Ein weiteres schönes Beispiel ist auch ein Pendel, das Lageenergie und Bewegungsenergie ineinander umwandelt. Wenn ein Pendel ausschlägt und sich am höchsten Punkt befindet, verfügt es im höchsten Punkt über Lageenergie. Das Pendel bewegt sich anschließend nach unten. Am tiefsten Punkt ist die

---

[108] Vgl. https://de.wikipedia.org/wiki/Potentielle_Energie

Geschwindigkeit, das heißt die kinetische Energie, am größten. Durch die Reibungskraft wird die Bewegung langsamer und dabei wandelt sich eine Energie in eine andere Energieform um, und zwar die kinetische Energie in Reibungswärme.

Thermische Energie

Dabei handelt es sich um die Energie der ungeordneten Bewegung der atomaren oder molekularen Bestandteile der Materie. Thermische Energie beinhaltet folglich kinetische und potentielle Energie, allerdings bei ungeordneter Bewegung vieler kleiner Teilchen. Eine Wärmezufuhr steigert die kinetische Energie der Moleküle und damit die thermische Energie, eine Wärmeabfuhr verringert sie. Thermische Energie, die häufig auch Wärmeenergie genannt wird, darf jedoch nicht direkt mit Temperatur gleichgesetzt werden. So hat der Glühfaden in einer Glühbirne beim Leuchten eine hohe Temperatur, die darin gespeicherte thermische Energie ist gering. Thermische Energie ist das Produkt aus Masse, Temperatur und spezifischer Wärmeenergie. Mit spezifischer Wärmeenergie ist die Energie gemeint, die man erbringen muss, um ein Kilo eines Stoffes um ein Kelvin zu erhöhen. Das bedeutet, dass ein größerer oder wärmerer Körper des gleichen Materials mehr thermische Energie besitzt als ein kleiner.

Kernenergie

Kernenergie (nukleare Energie) entsteht bei Umwandlungen von Atomkernen. Das sind Prozesse der Kernspaltung und der Kernfusion. Diese Energie setzt hochenergetische Strahlung frei. Die Kernspaltung wird zur Stromerzeugung eingesetzt.

Chemische Energie

Als chemische Energie wird die Energieform bezeichnet, die in Form einer chemischen Verbindung in einem Energieträger gespeichert ist und bei chemischen Reaktionen freigesetzt werden kann. Als chemische Verbindung bezeichnet man einen Stoff, der aus zwei oder mehreren chemischen Elementen besteht.

Chemische Reaktionen sind immer mit Energieumwandlungen verbunden. Bei chemischen Reaktionen wird die chemische Energie der Ausgangsstoffe in thermische Energie, Lichtenergie, elektrische oder mechanische Energie umgewandelt und als Wärme, elektromagnetische Schwingung, elektrische Energie oder mechanische Arbeit abgegeben. Wenn bei einer Reaktion thermische Energie als Wärme zugeführt werden muss, spricht man von endothermer (endo = nach innen) Reaktion. Bei Abgabe von Wärme liegt eine exotherme Reaktionen (ex = nach außen, therm= Wärme) vor. Die Energie, die notwendig ist, um eine chemische Reaktion auszulösen, heißt Aktivierungsenergie. Neben Wärme können auch elektromagnetische Schwingung und mechanische Energie chemische Reaktionen auslösen. Das kennen wir alle von Silvester, wenn Kinder kleine Knallblättchen oder Knallerbsen auf den Boden werfen. Deshalb befindet sich in der Packung Sägespänne, damit die Reaktionen nicht schon in der Packung ausgelöst werden.

Die chemische Energie ist nicht identisch mit chemischer Bindungsenergie. Die chemische Bindungsenergie sagt etwas aus über die Festigkeit einer chemischen Bindung. Bindungsenergie muss aufgebracht werden, um ein gebundenes System aus mehreren Bestandteilen (z. B. Molekül, Atom), die durch Anziehungskräfte zusammengehalten werden, in seine Bestandteile zu zerlegen. Die chemische Bindungsenergie ist die Energie, die man aufbringen muss, um zwei Atome eines Moleküls aufzuspalten. In der Atomphysik ist die Bindungsenergie die Energie, die benötigt wird, um ein Atom aufzuspalten z. B. in ein Ion und ein Elektron und in der Kernphysik ist es die Energie zur Spaltung des Nukleons, des Atomkerns, in Neutronen und Protonen.

Elektrische und magnetische Energie

- Elektrische Energie

Elektrische Energie ist die Energie, die durch Elektrizität übertragen oder in elektrischen Feldern gespeichert wird. Elektrizität ist ruhende oder bewegte elektrische Ladung. Jede Ladungsmenge ist ein ganzzahliges Vielfaches der Elementarladung. Die Elementarladung ist die kleinste frei existierende elektrische

Ladungsmenge.[109] Sie ist eine Naturkonstante und beträgt e = 1,602 176 6208 * 10^{-19} Coulomb. Elektrische Ladung ist, wie bereits im Kapitel Elementarteilchen beschrieben, die Eigenschaft atomarer Teilchen wie der negativ geladenen Elektronen und der positiv geladenen Protonen und wird in der Einheit Coulomb gemessen. Elektrische Energie kann durch elektrischen Strom übertragen werden, der durch die Bewegung elektrischer Ladungsträger entsteht. Strom erzeugt magnetische Felder. Dass es sich bei der elektrischen und magnetischen Energie um zusammenhängende Kräfte handelt, vermutete man schon Anfang des 19. Jahrhunderts. James Maxwell baute auf bestehende Annahmen auf und entwickelte die nach ihm benannten Maxwell-Gleichungen. Sie beschreiben mathematisch den Zusammenhang zwischen magnetischen und elektrischen Feldern. Elektrische Energie kann in Kondensatoren gespeichert werden. Die gespeicherte Energie berechnet sich aus der Kapazität (C) des Kondensators und der anliegenden elektrischen Spannung (U). Die elektrische Spannung ist die physikalische Größe, die angibt, wie viel Energie nötig ist, um eine elektrische Ladung innerhalb eines elektrischen Feldes zu bewegen. Sie wird in Volt gemessen.

- **Magnetismus**

Unter Magnetismus versteht man die Kraftwirkung zwischen Magneten, magnetisierten bzw. magnetisierbaren Gegenständen und bewegten elektrischen Ladungen. Diese Kraft wird über ein Magnetfeld vermittelt. Durch die Bewegung elektrischer Ladungen lassen sich Elektromagneten erstellen. Diese bestehen aus einer Spule, durch die ein Strom fließt, wodurch ein magnetisches Feld erzeugt wird. Es gibt auch Festkörper mit einem dauerhaften Magnetfeld. Ihr Magnetismus ist die Folge des Spins seiner Elementarteilchen und der Bewegung der Elektronen um den Atomkern, wobei die Kristallstruktur der Atome eine Rolle spielt. Wenn die magnetischen Momente durch den Spin und den Bahndrehimpuls innerhalb eines Atoms an die magnetischen Momente der anderen Atome ankoppelt, entsteht ein Dauermagnet. Ein Magnetfeld enthält Energie. Die Gesamtenergie eines

---

[109] Quarks besitzen zwar Ladungen von -1/3 e oder 2/3 e kommen aber nicht als freie Teilchen vor.

Magnetfelds kann man beispielsweise an einer stromdurchflossenen Spule messen.[110]

Die Änderung des elektrischen Feldes ist mit einer Änderung des magnetischen Feldes verbunden und umgekehrt. Als elektromagnetische Welle bezeichnet man eine Welle aus gekoppelten elektrischen und magnetischen Feldern. Diese elektromagnetischen Wellen umfassen das für uns sichtbare Licht und nicht sichtbare Strahlung wie z. B. Röntgenstrahlung. Maxwell sagte schon im 19. Jahrhundert die Existenz von elektromagnetischen Wellen voraus und berechnete ihre Ausbreitungsgeschwindigkeit. Dieser Wert entsprach ziemlich genau der später genau gemessenen Lichtgeschwindigkeit.

- **Elektromagnetische Schwingungen**

Wie oben beschriebenen, bestehen elektromagnetische Schwingungen aus elektrischen und magnetischen Feldern, wobei sich die Stärken der elektrischen und magnetischen Felder in Abhängigkeit voneinander ändern. Mit Schwingung bezeichnet man die wiederholte zeitliche Schwankung einer Größe um eine Ruhelage herum. Daher spricht man von elektromagnetischen Schwingungen. Eine Welle ist eine sich räumlich ausbreitende Veränderung (*Störung*) oder Schwingung einer orts- und zeitabhängigen physikalischen Größe. Da sich elektromagnetische Schwingungen im Raum ausbreiten, werden die Begriffe elektromagnetische Schwingungen und Wellen oft synonym gebraucht, auch wenn die Begriffe Welle und Schwingung nicht identisch sind.

Eine uns sehr bekannte Form der elektromagnetischen Schwingung ist das sichtbare Licht. Um welche Form der elektromagnetischen Schwingung es sich handelt, hängt von der Frequenz der Schwingung ab. Das elektromagnetische Spektrum umfasst Schwingungen mit einer Frequenz von 3 Hertz bis zu 30×10^{18} Hz. Hz steht für Hertz und ist die Einheit für die Frequenz. Die Schwingungen werden abhängig von ihrer Frequenz in die unten aufgeführten Gruppen aufgeteilt.

---

[110] Die Formel lautet E = ½ LI^2 Hier steht L für die Induktivität der Spule, vereinfacht gesagt die Leistungsfähigkeit der Spule, und I für die Stromstärke.

Das sichtbare Licht stellt nur einen kleinen Ausschnitt des umfangreichen Spektrums da.

Im Überblick:

Ursache für elektromagnetische Schwingungen sind Bewegungen von Ladungsträgern. Im Einzelnen gibt es folgende Ursachen:

- Veränderung des Energiezustands des Atoms (Atomkern oder Atomhülle)
  Beispiel bei Veränderung in der Atomhülle: sichtbares Licht
  Beispiel bei Veränderung im Atomkern: radioaktive Strahlung
- Abbremsung stark beschleunigter Ladungsträger (Bremsstrahlung)
  Beispiel: Röntgenstrahlung
- Molekülschwingungen (Bewegung von den gesamten Atomen bei chemischen Verbindungen)
- Änderung des Spins von Teilchen
- Paarvernichtung (ein Teilchen und sein Antiteilchen vernichten sich und ein neues Teilchen entsteht)
  Beispiel: Positronenemissionstomografie
- Lichtblitze im Weltall (Sonolumineszenz)

Formen der elektromagnetischen Schwingung

- Niederfrequenzstrahlung
- Radiowellen
- Mikrowellen
- Terahertzstrahlung
- Infrarotstrahlung
- sichtbares Licht
- UV-Strahlen
- Röntgenstrahlen
- Gammastrahlen
- Höhenstrahlung

Die Frequenz der Wellen reicht, wie oben beschrieben, von 3 Hertz bis 30×10^{18} Hertz. Die Wellenlänge umfasst einen Bereich von 10^7 Metern bis 10^{-15} Metern. Je höher die Frequenz desto kürzer die Wellenlänge. Im Allgemeinen wird der Begriff Licht für sichtbares Licht verwendet. Manchmal umfasst er auch die Infrarot- und die Ultraviolettstrahlung. Die Lichtgeschwindigkeit bezieht sich auf die Geschwindigkeit aller Formen der elektromagnetischen Schwingung, nicht nur auf das sichtbare Licht. Sie beträgt ca. 300.000 Kilometer pro Sekunde.[111] Auf quantenphysikalischer Ebene wird elektromagnetische Schwingung durch den Austausch eines Photons hervorgerufen.

Was passiert in einem Atom, wenn Licht entsteht? Wie im Kapitel „Das Standardmodell der Teilchenphysik" dargestellt, besteht ein Atom aus einem Kern mit positiv geladenen Protonen, neutralen Neutronen und Elektronen. Ausnahmen gibt es immer: Der Wasserstoffatomkern besteht aus nur einem Proton und enthält kein Neutron.[112] Die Elektronen bewegen sich bildhaft gesprochen auf Bahnen um den Atomkern, was im Bohrschen Modell dargestellt wird. Auch wenn Bahnen Energiezuständen entsprechen, lässt sich mit dem Begriff Bahnen anschaulich darstellen, was in einem Atom vor sich geht. Die Anzahl der Elektronen ist im elektrisch neutralen Zustand von der Anzahl der Protonen abhängig. Die Anzahl der Protonen ist die Ordnungszahl des Elements im Periodensystem. Ein Element mit 6 Protonen (Kohlenstoff) besitzt 6 Elektronen. Zurzeit kennt man 118 Elemente. Das Element 82 (Blei) ist das letzte stabile Element. Alle nachfolgenden (Ordnungszahl 83 und höher) sind radioaktiv und somit instabil. Bei den Elementen 1 bis 82 gibt es zwei Stoffe, die radioaktiv und daher instabil sind: Technetium (43) und Promethium (61). So bleiben tatsächlich nur 80 stabile in der Natur vorkommende Elemente übrig; alle anderen sind radioaktiv. Die Elektronen bewegen sich auf maximal 7 Schalen um den Kern. Die Schalen werden K, L, M, N, O, P und Q genannt. Die innerste Schale ist die Schale K. Je größer das Atom desto mehr

---

[111] Da sich Licht nur im Vakuum mit Lichtgeschwindigkeit fortbewegt, gibt es für unterschiedliche Stoffe einen jeweiligen Brechungsindex. Ein Löffel in einem Glas Wasser scheint einen Knick zu haben. Genau das hat damit zu tun, dass der Brechungsindex von Luft nicht der gleiche ist wie der von Wasser. Der Brechungsindex von Licht im Vakuum beträgt 1, der von Wasser 1,33.
[112] Es gibt jedoch auch den schweren Wasserstoff, dessen Atomkern aus einem Proton und einem Neutron besteht.

Schalen hat es. Die Schalen entsprechen der Hauptquantenzahl. Sie werden mit dem Platzhalter n dargestellt.

Die Anzahl der Elektronen, die auf einer Schale Platz haben, richtet sich nach der Formel $x = 2n^2$. Daraus ergibt sich, dass sich auf der ersten Schale 2 Elektronen, auf der 2. Schale, der L-Schale, 8 Elektronen, dann 18, 32, 50, 72 und auf der letzten Schale 92 Elektronen befinden können. Die Schalen haben noch Unterschalen, auch Orbitale oder Nebenschalen genannt, auf denen sich die Elektronen verteilen. Davon gibt es vier, die mit den Buchstaben s, p, d und f gekennzeichnet sind. Tabellarisch haben die Schalen folgende Unterschalen: K (s), L (s,p), M (s,p), N (s, p, d), O (s, p, d), P (s, p, d, f) und Q (s, p, d, f). Die Unterschalen entsprechen der Nebenquantenzahl.

Im Periodensystem beginnt immer eine neue Periode (Reihe), wenn das s-Orbital der nächsten Schale besetzt wird. Wichtig für die Eigenschaften und vor allem Ähnlichkeiten von chemischen Reaktionen von Elementen ist allerdings die Anzahl der Elektronen auf der äußersten Schale. So gehören z. B. alle Elemente mit einem Außenelektron in die 1. Hauptgruppe. Die Elemente der 7. Hauptgruppe haben 7 Elektronen auf der Außenschale.

Das Bestreben der Elemente ist es, möglichst immer 8 Elektronen auf der Außenschale zu haben. Da viele Elemente nicht 8 Elektronen auf ihrer Außenschale haben, gehen sie chemische Bindungen ein. Das kann über eine Ionenverbindung erfolgen, bei dem ein Element dem anderen sein Elektron abgibt oder durch eine Atombindung, bei der man sich einige Elektronen teilt. Die Edelgase, die keine unvollständig besetzten Schalen haben, gehen nur schwer chemische Bindungen ein.

Bei Metallen verhält es sich ganz anders, sie sind ganz großzügig. Sie lassen ihren Elektronen im Verbund etwas mehr Auslauf und teilen sich gemeinsam die umherschwirrenden Elektronen. Dieser Sachverhalt führt zur elektrischen Leitfähigkeit der Metalle. Elektronen bewegen sich aber nicht nur etwas freier in Molekülverbänden und teilen sich brüderlich oder schwesterlich auf Atome auf, sie springen auch mal von Schale zu Schale. Wenn Atome z. B. durch Wärme angeregt werden, springen sie auf eine weiter außen gelegene, höhere Schale. Das können Sprünge auf die nächsthöhere ganz außen gelegene Schale sein, aber es können auch größere Sprünge über zwei Schalen hinweg sein. Das Bestreben der Elektronen ist es, nach einem solchen Sprung in ihren stabilen, energieärmeren Zustand zurückzugehen.

Was haben diese Elektronensprünge mit elektromagnetischen Schwingungen zu tun? Wenn die angeregten Elektronen, die auf äußere Schalen gesprungen sind, wieder auf ihre ursprüngliche Schale zurückspringen, entsteht eine elektromagnetische Schwingung. Ob sichtbares Licht, kurzwellige oder langwellige elektromagnetische Strahlung entsteht, hängt von dem Sprung ab. Je weiter innen der Sprung stattfindet, desto energiereicher und damit kurzwelliger ist die elektromagnetische Schwingung. Bei einem Sprung weiter innen ist die Anstrengung, die ein Elektron unternehmen muss, um eine Schale zu wechseln, viel höher ist, weil es viel dichter am positiv geladenen Kern liegt. Und noch schwieriger wird es bei großen Atomen, die mehr Protonen haben. Um große Atome in einen angeregten Zustand zu versetzen, bedarf es viel Energie. Beim Zurückspringen der Elektronen entsteht in der Folge auch mehr Energie. Diese energiereiche Strahlung entsteht z. B. bei Prozessen in der Sonne und im Weltall und sie wird daher kosmische Strahlung oder Höhenstrahlung genannt. Energiereiche Strahlung wie z. B. die Röntgenstrahlung lässt sich durch das Anlegen einer hohen Spannung in einer Röntgenröhre erzeugen. Röntgenstrahlen sind extrem energiereiche, kurzwellige elektromagnetische Schwingungen. Röntgenstrahlen sind etwa 10.000 Mal kürzer als sichtbares Licht. Röntgenstrahlen sind die energiereichsten Schwingungen, die durch Elektronen ausgelöst werden können. Noch kürzere und energiereichere Wellen werden durch Veränderungen im Atomkern ausgelöst.

Die Frequenz der Welle bestimmt, welche Farbe wir sehen. Die Wellenlängen für das sichtbare Licht beginnen bei dem kurzwelligeren Violett mit Wellenlängen zwischen ca. 420 – 390 nm und reichen bis zum Rot mit einer Wellenlänge zwischen 790 -630 nm. Das entspricht einer Frequenz von 769 THz – 379 THz.

Das sichtbare Licht hat eine Wellenlänge von 790 – 420 Milliardstel Meter.

Hier alle elektromagnetischen Schwingungen im Überblick:

Das für den Menschen sichtbare Spektrum (Licht)

Ultraviolett — Infrarot

400 nm | 450 nm | 500 nm | 550 nm | 600 nm | 650 nm | 700 nm

| Quelle/ Anwendung/ Vorkommen | Höhen-strahlung | Gamma-strahlung | harte- mittlere- weiche- Röntgenstrahlung | UV-C/B/A Ultraviolett-strahlung | Infrarot-strahlung | Terahertz-strahlung | Radar MW-Herd Mikrowellen | UHF VHF | UKW Kurzwelle Rundfunk | Mittelwelle Langwelle | hoch-mittel-nieder-frequente Wechselströme |

1 fm   1 pm   1 Å 1 nm   1 µm   1 mm 1 cm   1 m   1 km   1 Mm

Wellenlänge in m: 10^{-15} 10^{-14} 10^{-13} 10^{-12} 10^{-11} 10^{-10} 10^{-9} 10^{-8} 10^{-7} 10^{-6} 10^{-5} 10^{-4} 10^{-3} 10^{-2} 10^{-1} 10^{0} 10^{1} 10^{2} 10^{3} 10^{4} 10^{5} 10^{6} 10^{7}

Frequenz in Hz (Hertz): 10^{23} 10^{22} 10^{21} 10^{20} 10^{19} 10^{18} 10^{17} 10^{16} 10^{15} 10^{14} 10^{13} 10^{12} 10^{11} 10^{10} 10^{9} 10^{8} 10^{7} 10^{6} 10^{5} 10^{4} 10^{3} 10^{2}

1 Zettahertz   1 Exahertz   1 Petahertz   1 Terahertz   1 Gigahertz   1 Megahertz   1 Kilohertz

Quelle: https://de.wikipedia.org/wiki/Elektromagnetisches_Spektrum, Horst Frank/Phrood/Anony

Nachdem wir nun wissen, was bei der Entstehung von Licht auf atomarer Ebene passiert, können wir auch besser verstehen, warum sich auf Quantenebene Energie meist nicht kontinuierlich verändert sondern in Sprüngen oder Energiepaketen. Das kleinstmögliche Energiepaket nennt man Quant. Dies führt uns zur Frage, was der Begriff Energie in der Quantenphysik bedeutet.

Was bedeutet Energie in der Quantenphysik?

Wie oben erläutert, entsteht elektromagnetische Strahlung neben Veränderungen im Atomkern durch Sprünge von Elektronen, wobei die Art der elektromagnetischen Strahlung von dem Sprung des Elektrons, genau genommen von der Zustandsänderung des Elektrons abhängt. Dass sich Energie bei einem solchen gebundenen System in Energiepaketen und nicht kontinuierlich verändert, wurde, wie in Kapitel 3 erläutert, von Max Planck entdeckt.[113] Wir erinnern uns: Bei der Schwarzkörperstrahlung bilden bei hohen Temperaturen andere Wellenlängen den größten Beitrag zur Strahlungsintensität als niedrige Wellenlängen. Durch die Einführung des Planckschen Wirkungsquantums führten Berechnungen des gesamten Spektrums zu korrekten Ergebnissen, so dass damit nachgewiesen war,

---

[113] Eine Ablichtung des Sitzungsprotokolls findet man unter: http://www.dpg-physik.de/veroeffentlichung/archiv/pdf/Protokollbuch19001214Planck.pdf, Stand Februar 2014

dass Wärmestrahlung sozusagen in Paketen abgegeben wird. Die Tragweite seines Kunstgriffes wurde erst im Laufe der Zeit offensichtlich und Einsteins Theorie zum photoelektrischen Effekt bestätigte die Annahme von einer Quantisierung.

Der photoelektrische Effekt

Wie bereits im Kapitel „Die Entstehung der Quantenphysik" erläutert, entwickelte Einstein 1905 seine Lichtquantenhypothese. Als mögliche Anwendung behandelte er den photoelektrischen Effekt. Aufgrund der grundlegenden Bedeutung dieser These wird hier der photoelektrische Effekt nochmals anschaulich dargestellt.

Unter dem photoelektrischen Effekt, oder auch Photoeffekt genannt, versteht man das Herauslösen von Elektronen aus der Oberfläche von Stoffen durch Bestrahlung mit elektromagnetischer Strahlung bestimmter Frequenzen.

Photonen können Elektronen aus Stoffen herauslösen.[114]

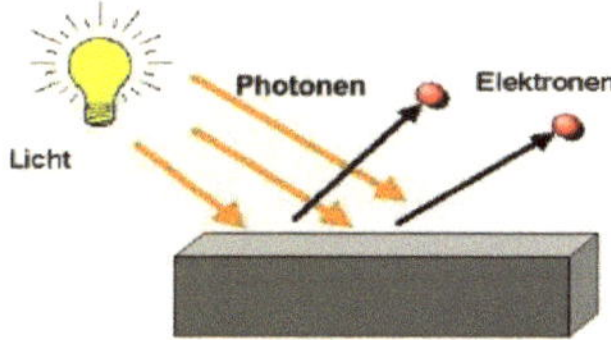

Quelle: http://slideplayer.org/slide/4858704, Gundi Lichtenberg

Es gibt verschiedene Versuchsanordnungen. Hier sei exemplarisch ein Modell vorgestellt. Es geht im Folgenden um eine schematische und nicht um eine historisch konsistente Darstellung. Einstein verwendet beispielsweise den Begriff Lichtquanten, der Begriff Photon etabliert sich erst Jahre später.[115] In einem

---

[114] So lautet die gängige Darstellung. Dabei sollte man sich vergegenwärtigen, dass Photonen keine individuierbaren Teilchen sind.

[115] https://de.wikipedia.org/wiki/Photon

luftleeren Glaskolben befindet sich eine Metallplatte (Photokathode, im Bild rosa) und gegenüber eine ringförmige Anode (Metall, das Elektronen aufnehmen kann). Bestrahlt man die Kathode mit Licht, werden Elektronen aus dem Metall herausgelöst und gelangen zur Anode.

Dort können sie mit einem Amperemeter A gemessen werden. Die Energie der herausgelösten Elektronen lässt sich durch das Anlegen einer Gegenspannung zwischen Anode und Kathode ermitteln. Die Spannung wird soweit erhöht, dass kein Strom mehr fließt. Damit Elektronen herausgelöst werden können, muss die Energie des Lichts größer sein als die Gegenspannung.

Versuchsaufbau zur Messung der notwendigen Frequenz des Lichts zum Herauslösen von Elektronen:

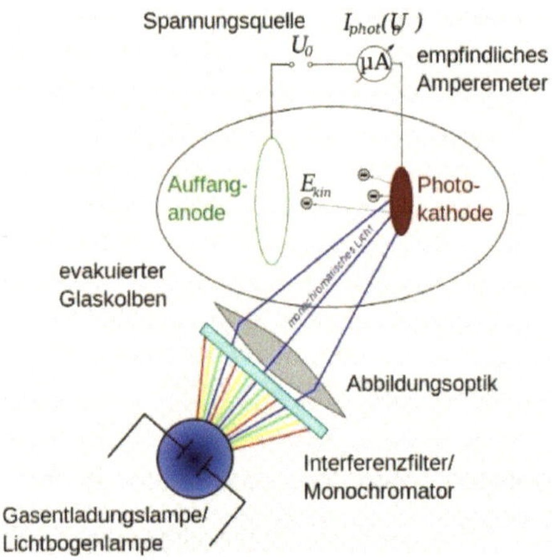

Quelle: https://de.wikipedia.org/wiki/Photoelektrischer_Effekt, Jkrieger

Welches Ergebnis wurde erwartet und was passierte tatsächlich?

Nach der klassischen Theorie kann sich in dem Metall Energie ansammeln, bis sie ausreicht, um aus der gitterförmigen Struktur des Metalls Elektronen herauszulösen. Wenn man das Metall nur lang genug bestrahlen würde, müssten Elektronen austreten. Das ist jedoch nicht der Fall. Die elektromagnetische Strahlung muss eine gewisse Frequenz haben, um die Elektronen herauszulösen. Diese nennt man Grenzfrequenz. Die Lichtquanten müssen eine gewisse Austrittsarbeit leisten, damit Elektronen herausgeschlagen werden können.

Der Energiebeitrag eines einzelnen Lichtquants zum Herauslösen von Elektronen ist nur von seiner Frequenz abhängig. Wenn viele Lichtquanten auf eine Platte auftreffen, die Frequenz des einzelnen Lichtquants jedoch nicht ausreicht, dann können Elektronen nicht herausgeschlagen werden.

Wenn ein Lichtquant mehr Energie hat, als zum Herausschlagen des Elektrons benötigt wird, dann führt diese überschüssige Energie zu mehr Bewegungsenergie des herausgeschlagenen Elektrons. Auch hier ist es so, dass mehr Lichtquanten nicht zu mehr Bewegungsenergie bei den Elektronen führen. Nur eine höhere Frequenz führt zu einer höheren Bewegungsenergie des Elektrons. Wenn mehr Lichtquanten auf der Platte auftreffen, erhöht sich nur die Zahl der herausgeschlagenen Elektronen.

Wie hoch diese Austrittsarbeit ist, hängt von dem Material der jeweils beschossenen Platte ab. Bei Alkalimetallen wie z. B. Kalium oder Natrium mit ihrer relativ einfachen Elektronenstruktur ist die Austrittsarbeit geringer als z. B. bei Metallen wie Platin. Man hat Versuche mit unterschiedlichen Frequenzen durchgeführt und überprüft, wann Elektronen herausgeschlagen werden konnten. Durch diese Messungen wurde das von Planck entdeckte Wirkungsquantum ($6{,}626 *10^{-34}$Js) bestätigt. Sie ist neben der Gravitationskonstante und der Lichtgeschwindigkeit und anderen eine Naturkonstante.

Erst lange Zeit nach Einsteins Lichtquantenhypothese war bewiesen, dass sich die Energie der elektromagnetischen Strahlung in Energiepaketen verändert. Die

Größe dieses Pakets ist das Plancksche Wirkungsquantum h. Die Formel zur Berechnung der Energie eines Photons lautet:

E (Photon) = h * f = 6,623 *10^{-34} * f

wobei f die Frequenz des Photons ist. Diese Formel zeigt, dass die Energie eines Photons mit seiner Frequenz wächst. Je höher die Frequenz desto höher die Energie. Die Frequenz ist wiederum abhängig von der Wellenlänge:

f = c/λ

wobei f die Frequenz, c die Lichtgeschwindigkeit und λ die Wellenlänge ist.

Je größer die Wellenlänge, desto kleiner die Frequenz.

Bei elektromagnetischen Schwingungen ist die Energie immer ein Vielfaches des Planckschen Wirkungsquantums. Für andere Quanteneigenschaften sind es andere Größen. Für den Spin des Elektrons z. B. ist es das Plancksche Wirkungsquantum geteilt durch 2 π. Daraus lässt sich die Konstante ist $\hbar$ = 1,054 * 10^{-34} Js herleiten. Es ist das Quant des Spins, einer Art Drehimpuls von Quantenobjekten.

Die Zustände von Elementarteilchen werden von so genannten Quantenzahlen festgelegt. Einige Quantenzahlen haben wir schon kennengelernt. Wichtige Quantenzahlen des Elektrons im Atom sind die Hauptschale, die Nebenschale, der Spin und der Bahndrehimpuls.

Viele Erkenntnisse in der Quantenphysik beruhen auf Versuchen in Teilchenbeschleunigern. Die Teilchen besitzen aufgrund der Beschleunigung eine hohe kinetische Energie. Diese kinetische Energie wird in der Atom- und Quantenphysik jedoch nicht in Joule gemessen sondern in Elektronenvolt.

Ein Elektronvolt ist die Energie, die eine Elementarladung (z. B. ein Elektron) beim Durchlaufen einer Beschleunigungsspannung von 1 Volt erhält.

Mit Elektronenvolt wird oft auch die Masse eines Teilchens angegeben. Einsteins Formel $E = mc^2$, auf die ich weiter unten eingehe, setzt die Energie und die Masse in Beziehung. Umgestellt ergibt sich für die Masse $m = E/c^2$. Für c^2 wird nicht die Lichtgeschwindigkeit eingesetzt, sondern man ist übereingekommen, c^2 mit 1 gleichzusetzen. Das stellt keinen gewaltsamen Eingriff in die Naturgesetzlichkeit dar, sondern bedeutet einfach die Konvention, die Geschwindigkeiten in Einheiten der Lichtgeschwindigkeit zu messen. Dann aber gilt trivialer Weise $c=1$). Damit lässt sich einfacher rechnen. Daher findet man für Massenangaben von Elementarteilchen die Einheit eV.

Nach so viel Theorie soll zum Abschluss dieses Abschnitts eine praktische Anwendung erfolgen, die Ihnen ein kleines Erfolgserlebnis verschaffen wird:

Wieviel Energie hat ein rotes Lichtquant?

Wie wir oben gesehen haben, hat rotes Licht eine Frequenz von ca. $400 * 10^{-12} = 0{,}4 * 10^{-15}$ Hz, das Plancksche Wirkungsquantum kann man statt in Joulesekunden auch in Elektronenvoltsekunden angeben. Das entspricht $4{,}1 \times 10^{-15}$ eVs.

Die Formel für ein Photon lautet E(Photon) = h x f. Setzen wir die Zahlen ein:

$0{,}4 \times 10^{15}$ Hz $\times$ $4{,}1 \times 10^{-15}$ eVs$= 1{,}64$ eV

Die Hochzahlen 10^{15} und 10^{-15} und lassen sich gegeneinander kürzen und Hertz (1/Sekunde) lässt sich mit der anderen Sekundenangabe kürzen, so dass sich die Rechnung $0{,}4 \times 4{,}1$ lautet und $1{,}64$ eV ergibt. Ein rotes Lichtquant hat die Energie von 1,64 Elektronenvolt. Sehen Sie, manchmal ist angewandte Mathematik und Quantenphysik gar nicht so schwierig.

Energie in der Relativitätstheorie

Als letztes soll der Energiebegriff noch aus der Sicht der Relativitätstheorie beleuchtet werden. Die berühmte Formel zur Energie $E = mc^2$ ist Teil der von Albert Einstein 1905 entwickelten speziellen Relativitätstheorie, die allerdings erst nachträglich so bezeichnet wurde, als er 1915 die allgemeine Relativitätstheorie aufstellte. Die Theorien beschäftigen sich mit der Relation zwischen sich bewegenden Bezugssystemen sowie Raum und Zeit. Die allgemeine Relativitätstheorie bezieht in die Untersuchung noch die Bedeutung der Gravitation mit ein. Die Theorien zeigen auf, dass die Lichtgeschwindigkeit in allen Bezugssystemen gleich ist, Raum und Zeit jedoch keine absoluten Größen sind.

In seiner Formel bezeichnet E die Energie, m die Ruhemasse und c die uns schon bekannte Lichtgeschwindigkeit (300.000 km/s) ist. Ruhemasse ist die Masse eines Teilchens, wenn es sich in Ruhe befindet, das heißt, wenn es sich nicht bewegt. Die Masse wird in Kilogramm angegeben. Wir erkennen, dass die Energie eines Körpers mit seiner Masse steigt.

Ein kleiner Exkurs zur geschichtlichen Entwicklung

Für alle, die sich für Zeitgeschichte interessieren, sind im Folgenden noch einige Informationen aufgeführt, die für das Verständnis des Energiebegriffs jedoch nicht notwendig sind.

Die Freisetzung von Ladungsträgern aus einer Oberfläche durch Licht wurde erstmals 1839 von Alexandre Edmond Becquerel[116] und seinem Vater Antoine César Becquerel beobachtet. Weitere Versuche in diese Richtung folgten durch Heinrich Hertz, der für seine Forschungen zum Thema Licht bekannt ist und nach dem die Einheit für die Frequenz benannt ist, und seinem Assistenten Wilhelm Hallwachs. Hallwachs zeigte, dass sich eine Metallplatte durch Bestrahlung mit einer Lampe elektrisch aufladen ließ (Hallwachs-Effekt). Philipp Lenard entdeckte im Jahr 1900, dass die Bewegungsenergie der herausgelösten Elektronen von der Frequenz des eingestrahlten Lichts abhängig ist. Philipp Lenards Biographie ist trotz seiner naturwissenschaftlichen Erfolge wenig rühmlich. Er war ein überzeugter Nationalsozialist, Antisemit und Anhänger der „Deutschen Physik". Die Deutsche Physik kam in der ersten Hälfte des 20. Jahrhunderts auf und war eine antisemitische Bewegung von deutschen Physikern, die der aufkommenden

---

[116] Er ist der Vater von Antoine Henri Becquerel, der 1903 gemeinsam mit Marie und Pierre Curie den Nobelpreis für Physik für die Entdeckung der Radioaktivität erhielt.

modernen Physik sehr kritisch gegenüberstand. Da viele führende theoretische Physiker der neuen Theorie jüdischer Abstammung waren, wurden ihre Erkenntnisse sicherlich auch oft aufgrund ihrer Abstammung abgelehnt. Die Anhänger der Deutschen Physik sahen den Schwerpunkt der wissenschaftlichen Arbeit in der experimentellen Untersuchung. Deutsche Physik ist auch der Titel eines vierbändigen Lehrbuches von Lenard, in dem er versucht, die Entwicklungen der modernen Physik auf der Basis der klassischen Physik etwa mit Hilfe der Äthertheorie zu erklären.

Auch Planck stand den neuen Theorien und namentlich Einstein kritisch gegenüber. Planck schrieb noch 1913 in seinem Antrag zur Aufnahme Albert Einsteins in die Preußische Akademie der Wissenschaften: „Dass er in seinen Spekulationen gelegentlich auch einmal über das Ziel hinausgeschossen haben mag, wie z. B. in seiner Hypothese der Lichtquanten, wird man ihm nicht allzu sehr anrechnen dürfen. Denn ohne einmal ein Risiko zu wagen, lässt sich auch in der exaktesten Wissenschaft keine wirkliche Neuerung einführen."[117]

Als in den 1920er die Aggressivität gegenüber Juden in der Öffentlichkeit zunahm, Einsteins Relativitätstheorie diskreditiert und Einstein auch persönlich angegriffen wurde, lehnte Planck eine öffentliche Stellungnahme zu Gunsten Einsteins ab. Das Preußische Kultusministerium hatte vertraulich anregt, dass sich auch die Berliner Akademie schützend vor ihr prominentes Mitglied stellt.[118] Trotz Plancks Loyalität gegenüber dem nationalsozialistischen Regime und seiner Verdienste in der Wissenschaft konnte er seinen Sohn nicht retten, der am Aufstand gegen Hitler vom 20. Juli 1944 beteiligt war und im Januar 1945 hingerichtet wurde.

---

[117] Zitiert nach Kuhn, Wilfried, Ideengeschichte der Physik: Eine Analyse der Entwicklung der Physik im historischen Kontext, Springer Spektum, 2. Auflage, S. 407
von Wilfried Kuhn
[118] Überdies würde man „den Dunkelmännern zu viel Ehre antun, wenn wir das schwere Geschütz der Akademie gegen sie auffahren lassen." Vgl. Chr. Kirsten, H. J. Treder (Hsg.): Einstein in Berlin. Berlin 1979, Bd. 2, S. 205, zitiert nach Hoffmann, Dieter, Max Planck und Albert Einstein: Kollegen im Widerstreit, http://www.spektrum.de/sixcms/media.php/976/Kollegen_im_Widerstreit.pdf, abgerufen April 2017

Die Erkenntnisse von Einstein und auch anderen Physikern waren so revolutionär, dass es Jahre dauerte und es Bestätigungen weiterer Wissenschaftler bedurfte, bis neue Theorien allgemeine Anerkennung fanden. Sicherlich wurden auch aufgrund der politischen Lage ab den 1920er Jahren die Erkenntnisse der theoretischen Physiker, von denen viele jüdischer Herkunft waren, kritisch bewertet. Während Einsteins spezielle (1905) und allgemeine (1915) Relativitätstheorie noch kontrovers diskutiert wurden, bekam er 1921 den Nobelpreis für Physik, jedoch nicht für seine Relativitätstheorie sondern für die Entdeckung des Gesetzes des photoelektrischen Effekts.[119]

Zusammenfassung:

- Energie ist eine fundamentale Größe.
- Die Gesamtenergie bleibt in einem geschlossenen System konstant. Energie kann weder erzeugt noch vernichtet werden.
- Es gibt verschieden Energieformen.
- Energieformen lassen sich zum Teil ineinander umwandeln.
- Es gibt eine Äquivalenz zwischen Energie und Masse.

---

[119] Es hieß *„discovery of the law of the photoelectric effect"*, https://www.nobelprize.org/nobel_prizes/physics/laureates/1921/, abgerufen April 2017

18. Quantenfeldtheorien
Das Kraftfeld der anderen Art?

Quantenfeldtheorien wurden entwickelt, um die Aussagen der Quantenphysik mit denen der speziellen Relativitätstheorie in Einklang zu bringen. Die Wirkung der drei Grundkräfte wird mittels Austauschteilchen beschrieben. Die Felder werden mit mathematischen Formeln auf der Grundlage der Klein-Gordon-Gleichung, der Dirac-Gleichung und den Maxwell-Gleichungen beschrieben. In unserem Kontext ist es wichtig, sich zu verdeutlichen, dass es sich um Feldbeschreibungen durch mathematische Formeln handelt.

Als Feld bezeichnet man üblicherweise die räumliche Verteilung einer physikalischen Größe. Der Wert der physikalischen Größe an einem bestimmten Ort nennt man Feldstärke. Bekannt sind magnetische Felder eines Stabmagneten, die durch Eisenspäne, die um einen Stabmagneten geschüttet werden, sichtbar gemacht werden können. Bei der Beschreibung des Feldes trifft man Aussagen über die Stärke und die Richtung der wirkenden Kraft. Die Quantenfeldtheorien bauen auf den klassischen Feldtheorien auf. Quantenfeldtheorien sind in der Quantenmechanik notwendig geworden, um die quantenphysikalischen Prozesse in einem größeren Zusammenhang zu sehen. Systeme, die aus zahlreichen enorm kleinen Teilchen bestehen, lassen sich in Form von Quantenfeldtheorien sehr gut beschreiben.[120]

Gemäß der Unschärferelation fluktuiert der Wert eines Feldes in jedem Punkt im Raum. Die Kraft der Felder wird durch Feldquanten hervorgerufen. Diese Feldquanten sind die Austauschteilchen, die Träger oder Kraft des jeweiligen Feldes sind. Die Teilchen werden als Anregungszustände eines quantisierten Feldes betrachtet. Die Fluktuationen sind mit der Entstehung und Vernichtung von

---

[120] Vgl, https://de.wikipedia.org/wiki/Quantenfeldtheorie, abgerufen Juni 2016

virtuellen Teilchen verbunden.[121] Man spricht von virtuellen Teilchen, weil sie extrem kurzlebig sind und sich nicht direkt nachweisen lassen. Aufgrund der ständigen Wechselwirkungen gibt es kein Vakuum, keinen leeren Raum.

Zusammenfassung:

Die relativistischen Quantenfeldtheorien sind relativistisch, weil sie die Relativitätstheorie einbeziehen, sie sind quantenmechanisch, weil sie Wahrscheinlichkeit und Unschärfe berücksichtigen und sie sind Feldtheorien, weil sie Teilchen als Anregungszustände eines quantisierten Feldes beschreiben.

Die Elektrodynamik ist die bekannteste Feldtheorie der klassischen Physik. Sie befasst sich mit elektrischen Ladungen sowie elektrischen und magnetischen Feldern und wurde von Maxwell Mitte des 19. Jahrhunderts untersucht und durch die bekannten Maxwell-Gleichungen mathematisch beschrieben. Einstein untersuchte, welche Gültigkeit die Maxwell-Gleichungen in bewegten Systemen haben, was 1905 zur Formulierung seiner speziellen Relativitätstheorie führte.

Ab den 1930er Jahren hat man versucht, auf der Grundlage der klassischen Feldtheorien quantenmechanische Feldtheorien zu entwickeln. Es entstand zunächst die Quantenelektrodynamik für die Beschreibung elektromagnetischer Felder. Ab den 60er arbeitete man an der Entwicklung von Feldtheorien für die anderen zwei Grundkräfte. Es entstand die Quantenchromodynamik für die Beschreibung der starken Wechselwirkung. Die Theorie der schwachen Wechselwirkung erhielt keinen gesonderten Namen. In den 50er Jahren gab es wichtige Veröffentlichungen u. a. von Murray Gell-Mann und Richard Feynman zur Theorie der schwachen Wechselwirkung. 1967 wurde die schwache Wechselwirkung mit der elektromagnetischen Wechselwirkung im Rahmen der

---

[121] Erstmals gelang der direkte Nachweis von Quantenfluktuationen im Oktober 2015. Zu finden unter http://www.sciencemag.org/content/early/2015/09/30/science.aac9788 (Science DOI: 10.1126/science.aac9788), http://www.pro-physik.de/details/news/8422731/Signale_aus_dem_Nichts.html, abgerufen Okt. 2015

elektroschwachen Wechselwirkung, auch Quantenflavourdynamik genannt, beschrieben.[122] Experimentelle Nachweise folgten 1973 und 1983.

Die Quantenelektrodynamik (QED)

Sie beschäftigt sich mit der elektromagnetischen Kraft und ist die experimentell am besten bestätigte Quantenfeldtheorie. Das Austauschteilchen für die elektromagnetische Kraft ist, wie wir bereits erfahren haben, das Photon. Die Quantenelektrodynamik baut auf der Maxwellschen Wellengleichung der klassischen Elektrodynamik auf und erweitert sie. Auf der Grundlage von mathematischen Formeln wird beschrieben, was in einem elektromagnetischen Feld auf Quantenebenen passiert. Die Quantenelektrodynamik erklärt durch Elektronen, Positronen (Antiteilchen der Elektronen) und Photonen verursachte Phänomene, die auf die Wechselwirkung mit virtuellen Teilchen zurückgeführt werden. Virtuelle Teilchen erscheinen in den Gleichungen, sind jedoch nicht direkt nachweisbar. Im Gegensatz zu realen Teilchen folgen virtuelle Teilchen nicht der für reale Teilchen gültigen Energie-Impuls-Beziehung und haben keine definierte Masse.[123] Die Feldtheorie besagt, dass sich Teilchen für eine bestimmte Zeit Energie aus dem Vakuum „borgen" können. Die Teilchen, die dabei ausgeborgt werden, nennt man virtuell, da sie extrem kurzlebig sind und sich ursprünglich nicht direkt nachweisen ließen.

Erst im Oktober 2015 konnte der experimentelle Nachweis erbracht werden. Die Abstoßung von zwei Elektronen erklärt man in der Feldtheorie folgendermaßen: Wenn sich zwei Elektronen aufeinander zubewegen, stoßen sie sich durch den Austausch eines virtuellen Photons ab, welches eine Impulsübertragung bewirkt. Die QED war die erste Quantenfeldtheorie, die die Erzeugung und Vernichtung von Teilchen befriedigend beschreiben konnte. Ein energiereiches Photon kann ein Elektron-Positron-Paar erzeugen.[124] Diese Paarbildung stellt einen wichtigen

---

[122] U. a. von Sheldon Glashow, Abdus Salam und Steven Weinberg
[123] https://de.wikipedia.org/wiki/Virtuelles_Teilchen
[124] Dies wurde 1933 als erster Paarbildungsprozess experimentell durch Irène Curie, Tochter der berühmten Marie Curie, und Frédéric Joliot nachgewiesen.

Prozess der Wechselwirkung von Photonen mit Materie dar. Die Schöpfer der QED Richard P. Feynman, Julian Schwinger und Shinichiro Tomonaga erhielten 1965 den Nobelpreis für Physik. Bekannt geworden ist Richard Feynman auch durch die Darstellung der Wechselwirkung von Teilchen einschließlich der Bildung und Vernichtung von Teilchen durch die nach ihm benannten Feymann-Diagramme.[125]

Quantenchromodynamik (QCD)

Die Quantenchromodynamik (QCD) ist die Quantenfeldtheorie der starken Wechselwirkung. Sie beschreibt den Zusammenhalt von Quarks. Der Atomkern besteht aus Protonen und Neutronen, die wiederum aus drei Quarks bestehen (Baryonen), so dass mit der Quantenchromodynamik erklärt wird, wie der Atomkern zusammengehalten wird. Dies geschieht über das Austauschteilchen mit dem Namen Gluon. Der Name stammt von glue (engl. Kleber), weil das Gluon die Teilchen, bildlich gesprochen, zusammenklebt. Der Name chromo stammt von dem griechischen Wort chroma für Farbe. Quarks tragen eine bestimmte Farbladung. Dies hat jedoch nichts mit der physikalischen Farbe zu tun. Der Ausdruck versinnbildlicht lediglich verschiedene Zustände. Die Farbladung wird von acht Gluonenarten übertragen, die nicht nur die Farbladung übertragen sondern selbst auch Träger der Farbladung sind.

Wir erinnern uns, dass das Photon Überträger der elektromagnetischen Kraft ist, aber selbst keine elektrische Ladung trägt. Die Teilchen, die aus Quarks bestehen (Baryonen aus drei Quarks und Mesonen aus einem Quark und einem Antiquark), sind farbneutral. Mesonen bestehen aus einer Farbe und der jeweiligen Antifarbe, z. B. rot und anti-rot, und Baryonen bestehen aus Quarks mit den Farbladungen rot, grün und blau, die zusammen weiß (ebenfalls einen farbneutralen Zustand) ergeben. Die starke Wechselwirkung ist, wie der Name schon sagt, sehr stark. Der Grund, warum sie keine stärkeren Auswirkungen hat, liegt in ihrer Reichweite. Sie

---

[125] Er war nicht nur ein hervorragender Physiker sondern auch ein sehr humorvoller Mensch. Seinen Bus hat er mit den Feynman-Diagrammen bemalt und während eines Aufenthalts auf Wangerooge soll Feynman in einem Supermarkt Quark entdeckt haben. Dies soll er mit den Worten kommentiert haben, Deutschland sei Amerika weit voraus: Was in Amerika Gegenstand aktueller Forschung sei, gebe es in Deutschland bereits im Kühlregal zu kaufen.

ist auf wenige Femtometer (10^{-15}) begrenzt. Dies entspricht etwa dem Durchmesser eines Atomkerns. Wie stark die Wechselwirkung ist, zeigt sich auch darin, dass die Bindungsenergie der starken Wechselwirkung und die Bewegungsenergie der Quarks und Gluonen ca. 95 % der Masse des Atomkerns ausmachen. Die anderen ca. 5 % stammen von der Masse der Quarks.[126]

Die elektroschwache Theorie

Die schwache Kraft wurde 1967 zusammen mit der elektromagnetischen Kraft in der elektroschwachen Theorie beschrieben, die verschiedene Erscheinungen wie z. B. elektromagnetische Strahlung, Erzeugung von Teilchen-Antiteilchenpaaren und Betastrahlung umfasst. Die schwache Wechselwirkung kommt in erster Linie bei Zerfällen von Teilchen wie z. B. beim Betazerfall von radioaktiven Atomen vor. Sie spielt eine große Rolle bei der Fusion von Wasserstoff zu Helium in der Sonne, da sie die Umwandlung von Protonen in Neutronen ermöglicht. Die elektromagnetische Wechselwirkung ist ca. 10^{11} Mal und die starke Wechselwirkung ca. 10^{13} Mal stärker als die schwache Wechselwirkung. Die Austauschteilchen der schwachen Wechselwirkung sind das neutrale Z-Boson sowie die beiden positiv bzw. negativ geladenen W-Bosonen.

Die schwache Wechselwirkung ist die einzige der vier Grundkräfte, die die Paritätserhaltung verletzt. Damit ist gemeint, dass die Abläufe sich verändern, wenn sie spiegelverkehrt ablaufen. Obwohl die elektromagnetischen Felder wie Radiowellen, Licht oder Röntgenstrahlen sich enorm von der schwachen Wechselwirkung, die nur gerade mal so weit reicht, wie ein Atomkern groß ist, unterscheiden, konnten 1979 die Physiker Glashow, Salam und Weinberg nachweisen, dass sie ursprünglich einer Kraft entstammen, wenn Energie und Temperatur ausreichend hoch sind, wie es der Fall während eines Bruchteils einer Sekunde nach dem Urknall der Fall war. Die Felder der elektromagnetischen und schwachen Kraft waren zu einem Feld verschmolzen und wurden erst durch die Abkühlung zu unterschiedlichen Feldern.

---

[126] https://de.wikipedia.org/wiki/Quantenchromodynamik

Erkenntnisse, die sich in den 60er und 70er Jahren auf der Grundlage der Feldtheorien ergaben und rein theoretischer Natur waren, konnten später experimentell bestätigt werden. Die fundamentalen Erkenntnisse führten zu dem sogenannten Standardmodell der Teilchenphysik. Das Standardmodell lässt noch Fragen offen, aber es gilt zurzeit als schlüssigste Darstellung unserer Materie. Insbesondere die Renormierung ist ein großer Kritikpunkt. Renormierung ist der Name eines komplexen mathematischen Verfahrens, das dazu dient, endliche Ergebnisse vorhersagen zu können. Ohne diese Renormierung würden viele Rechnungen sinnlose (unendliche) Ergebnisse liefern. Zur Vermeidung sinnloser Ergebnisse werden Parameter wie Masse und Ladung redefiniert. Die unendlichen Beiträge der Rechnung werden quasi bei der Redefinition der Parameter „versteckt".

Es gibt noch keine experimentell belegte Theorie, die die Gravitation als vierte Grundkraft mit einbezieht. Die theoretischen Erklärungsmodelle werden in dem Kapitel „Kandidaten für die Weltformel" näher erläutert.

Zusammenfassung:

Die Quantenfeldtheorien des Standardmodells beschreiben unter Einbeziehung der Relativitätstheorie
- Teilchen als angeregte Zustände eines quantisierten Feldes,
- die Wechselwirkungen zwischen Teilchen und die damit verbundene Entstehung und Vernichtung von realen und virtuellen Teilchen.

19. Quantenmechanik und allgemeine Relativitätstheorie
Gehört zusammen, was scheinbar doch nicht zusammenpasst?

Das gesamte zurzeit sichtbare Universum ist über 46 Mrd. Lichtjahre (4,35 10^{23} km) groß. Das ist sind 435.000 Millionen Millionen Millionen Kilometer. Ein Lichtjahr ist die Entfernung, die das Licht in einem Jahr zurücklegen kann. Schätzungsweise gibt es über 1 Billion Galaxien. [127] Der Urknall fand vor 13,75 Milliarden Jahren statt.

Für die Beschreibung dieses gigantischen Universums haben die Newtonschen Gesetze ausgesprochen genaue Werte geliefert. Einstein konnte mit seinen Relativitätstheorien viele Phänomene der Welt des Großen erklären. Die Quantenphysik wiederum bietet Erklärungen für die Welt des Kleinen. Das große Ziel ist es, eine Weltformel zu finden, die die Gesetze des Mikrokosmus und des Makrokosmos verbindet. Bevor ich diese Erklärungsansätze im nächsten Kapitel vorstelle, möchte ich hier kurz die Relativitätstheorien beschreiben. Einstein entwickelte 1905 die spezielle Relativitätstheorie und 1915 die allgemeine Relativitätstheorie.

Die spezielle Relativitätstheorie beschäftigt sich mit der Bewegung von Feldern und Körpern in Raum und Zeit. Einstein hat Aussagen bezüglich Inertialsystemen getroffen. Mit Inertialsystem ist ein Koordinatensystem gemeint, in dem sich kräftefreie Körper gradlinig und gleichförmig bewegen. In allen Inertialsystemen gilt das 1. Newtonsche Gesetz, das besagt, dass jeder Körper in einem Zustand der Ruhe oder der gleichförmigen Bewegung verharrt, wenn er nicht durch einwirkende Kräfte gezwungen wird, seinen Zustand zu ändern. Die zwei

---

[127] https://www.heise.de/newsticker/meldung/Hubble-Teleskop-Zehnmal-so-viele-Galaxien-im-Universum-wie-bisher-gedacht-3349889.html

grundlegenden Postulate der speziellen Relativitätstheorie sind: 1. Alle Inertialsysteme sind in Hinblick auf die physikalischen Gesetze gleichberechtigt. Die fundamentalen Naturgesetze gelten in jedem Inertialsystem in gleicher Weise. 2. Die Lichtgeschwindigkeit im Vakuum ist in allen Inertialsystemen stets gleich groß. Sie ist unabhängig vom Bewegungszustand der Lichtquelle und des Beobachters bei der Messung.[128] Das bedeutet, dass Längen und Zeiten vom Bewegungszustand des Betrachters abhängen. Es gibt keinen absoluten Raum und keine absolute Zeit gibt. Einstein hat außerdem die berühmte Formel $E = mc^2$ aufgestellt, nach der Energie und Masse äquivalent sind. E steht für Energie, m für die Masse und c für die Lichtgeschwindigkeit. Der Name Relativitätstheorie entstand, weil sich Einstein damit befasste, wie sich Beobachtungen, die innerhalb verschiedener Bezugssysteme gemacht werden, (relativ) zueinander verhalten. Manche Theorien legen Teilchen zugrunde, die sich schneller als die Lichtgeschwindigkeit bewegen. Sie werden Tachyonen genannt. In den Stringtheorien wird mit Tachyonen gerechnet. Es wird auch der These nachgegangen, dass Neutrinos Tachyonen sein könnten.[129] Ein experimenteller Nachweis von Tachyonen konnte bislang noch nicht erbracht werden. Trotz unterschiedlicher Versuche, mit denen die Existenz überlichtschneller Teilchen belegt werden soll, gibt es keine stichhaltigen, wissenschaftlich anerkannten Beweise, so dass nach wie vor die Lichtgeschwindigkeit als die größtmögliche Geschwindigkeit angesehen wird.

Die spezielle Relativitätstheorie hat aufgezeigt, dass der räumliche und zeitliche Abstand zwischen Ereignissen von Beobachtern, die sich unterschiedlich bewegen, anders wahrgenommen wird. Um dies etwas besser nachvollziehen zu können, stellen Sie sich vor, wie Sie in einem Zug sitzen, der im Bahnhof steht. Am Nachbargleis steht ein weiterer Zug. Wenn sich ein Zug in Bewegung setzt und Sie keinen festen Bezugspunkt haben, sondern nur auf den anderen Zug schauen, wissen Sie nicht, ob sich der Zug bewegt, in dem Sie sitzen oder der andere Zug. Dieses Beispiel soll veranschaulichen, Bewegungen nur gegenüber einem

---

[128] https://www.lernhelfer.de/schuelerlexikon/physik-abitur/artikel/grundaussagen-der-speziellen-relativitaetstheorie
[129] https://de.wikipedia.org/wiki/Tachyon

Bezugsystem angegeben werden können. Während Einsteins spezielle Relativitätstheorie auf vorangegangene Theorien wie z. B. Galileos Relativitätsprinzip aufbaute, entwickelte er die allgemeine Relativitätstheorie sozusagen aus dem Nichts. Die allgemeine Relativitätstheorie beschäftigt sich mit der Gravitation. Die Gravitation wird als gekrümmte Raumzeit beschrieben, wobei Energie die Raumzeit in ihrer Umgebung krümmt. Die Krümmung wird durch die Einsteinschen Feldgleichungen beschrieben. Aus der allgemeinen Relativitätstheorie folgt, dass die Zeit auf einem Berg oder im Weltall langsamer vergeht.

Auch wenn die meisten Menschen sich eine gekrümmte Raumzeit nicht vorstellen können, sind Einsteins Relativitätstheorien experimentell bewiesen. Sie würden z. B. mit Ihrem auf GPS-gestützten Navigationssystem nicht genau an der gleichen Stelle ankommen, wenn die übermittelten Daten nicht auf der Basis der Relativitätstheorie korrigiert werden würden. Die Bereiche, in denen sich die Relativitätstheorie bewegt, sind im Allgemeinen in unserem Alltag nicht direkt spürbar und deshalb für uns mit unserer Alltagserfahrung auch schwer nachvollziehbar.

Aus der allgemeinen Relativitätstheorie lässt sich auch die Existenz von Schwarzen Löchern herleiten. Der Ausdruck Schwarzes Loch ist irreführend. Es handelt sich nicht um ein Loch sondern um verdichtete Masse, deren Anziehungskraft so stark ist, dass es alles in seiner Nähe anzieht oder aufsaugt – daher der Name Loch – und das aus ihm, wie man vor einigen Jahren noch allgemein annahm, nichts, noch nicht einmal Licht, entweichen kann. Stephan Hawking, bekannter theoretischer Physiker und Astrophysiker, der sich viel mit Schwarzen Löchern beschäftigt, hat im Jahre 2004 entgegen seiner früheren Annahme die These vertreten, dass Informationen über von einem Schwarzen Loch aufgesaugten Körper dieses Schwarze Loch wieder verlassen kann. Dies ist ein außerordentlich interessanter Aspekt, wenn man bedenkt, wie gewaltig die Anziehungskraft von Schwarzen Löchern ist. Das Schwarze Loch in unserer Milchstraße hat die Masse von 4,3 Millionen Sonnen und ein Schwarzes Loch, das in einer anderen Galaxie nachgewiesen wurde, 6,6 Milliarden Sonnenmassen. Allerdings hat auch diese Erkenntnis, wie so oft in den Bereichen Astrophysik und Quantenmechanik nichts mit experimentellen Versuchen zu tun, sondern mit komplexer Mathematik. Weil die Physiker trotz für uns oft trockener Mathematik auch Sinn für Humor haben, nennt sich die Anschauung, dass Informationen Schwarze Löcher nicht verlassen können, Keine-Haare-Theorem.

Da sich die allgemeine Relativitätstheorie mit der Gravitation beschäftigt und ihre Erkenntnisse in unterschiedlichen Bereichen bewiesen werden konnte, ist eine umfassende Formel, die das ganze Universum beschreibt, ohne die Integration der allgemeinen Relativitätstheorie und damit einhergehend der Gravitation, die so viel schwächer ist als die anderen drei Naturkräfte und bei kleinen Massen und Distanzen extrem geringe Auswirkungen hat, nicht möglich.

Die Große Vereinheitlichte Theorie (engl. GUT – Grand unified theory) führt die starke, schwache und elektromagnetische Kraft auf eine Urkraft zurück, die sich erst kurz nach dem Urknall in verschiedene Kräfte aufgesplittet hat. Die Weltformel versucht, auch die vierte Kraft, die Gravitation, die bei Prozessen im Universum von großer Bedeutung ist, in eine einheitliche Theorie zu integrieren.[130] Diese Theorien betrachten wir im nächsten Kapitel.

Zusammenfassung:

- Einstein hat die spezielle und allgemeine Relativitätstheorie entwickelt.
- Die spezielle Relativitätstheorie beschäftigt sich mit Raum und Zeit und vereinigt sie in einem einheitlichen System zur Raumzeit.
- Die allgemeine Relativitätstheorie bezieht noch die Gravitation mit ein und interpretiert sie als Krümmung der Raumzeit.
- Eine allgemein anerkannte und experimentell belegte Theorie, die sowohl die Quantenmechanik als auch die allgemeine Relativitätstheorie umfasst, wurde noch nicht gefunden.

---

[130] https://de.wikipedia.org/wiki/Weltformel

20. Kandidaten für die Weltformel – Stringtheorie, M-Theorie, Schleifenquantengravitation und Supergravitation
Punktförmige Teilchen oder schwingende Saiten?

Wie wir bereits wissen, gibt es vier Grundkräfte, die unsere Welt bestimmen: Die elektromagnetische, die schwache und die starke Kraft sowie die Gravitation. Die Quantenfeldtheorien wie die Quantenelektrodynamik, die später zur elektroschwachen Theorie erweitert wurde, und die Quantenchromodynamik sind Erklärungsmodelle der elektromagnetischen, schwachen und starken Wechselwirkung. Mit der Großen Vereinheitlichten Theorie (GVT, engl. Grand Uninfied Theory (GUT)) hat man versucht, diese drei Grundkräfte auf eine Kraft beim Urknall zurückzuführen.

Im Rahmen der Weltformel wird versucht, alle vier Grundkräfte auf eine Kraft beim Urknall zusammenzufassen. Laut diesen Theorien sind aus dieser einen Kraft durch die Expansion des Universums und Veränderungen des Raums und der Temperatur die vier Grundkräfte entstanden.

Warum strebt man nach dieser Vereinigung? Dafür gibt es zwei wesentliche Gründe. Zum einen möchte die Physik Zustände und Begebenheiten auf möglichst einfache Formeln oder Erklärungen reduzieren.

Zum anderen begegnen sich die Welt des Kleinen und des Großen im Urknall. Beim Urknall war das Universum auf einen winzigen Punkt verdichtet und entzieht sich unseren Möglichkeiten der Beschreibung. Dies nennt man Singularität. Formal gesehen ist die Energiedichte beim Urknall unendlich. Sinnvolle Aussagen kann die Physik erst für Zeit $5{,}391 \cdot 10^{-44}$ Sekunden nach dem Urknall machen.

Wenn man bedenkt, dass der Urknall etwa 13,7 Milliarden Jahre zurückliegt und 10^{-44} weniger als ein Billiardstel Billiardstel Billiardstel einer Sekunde ist, dann ist man ziemlich nahe am Urknall dran. Im Vergleich zu unserer Alltagswelt sind die Zahlendimensionen, mit denen wir in der Quanten- und Astrophysik zu tun haben, jenseits all dessen, was wir uns vorstellen können.[131] Trotz dieses Fortschritts ruhen Physiker nicht, bis in diese Singularität vorzudringen.

Hier ein schematischer Überblick über die Entwicklung:

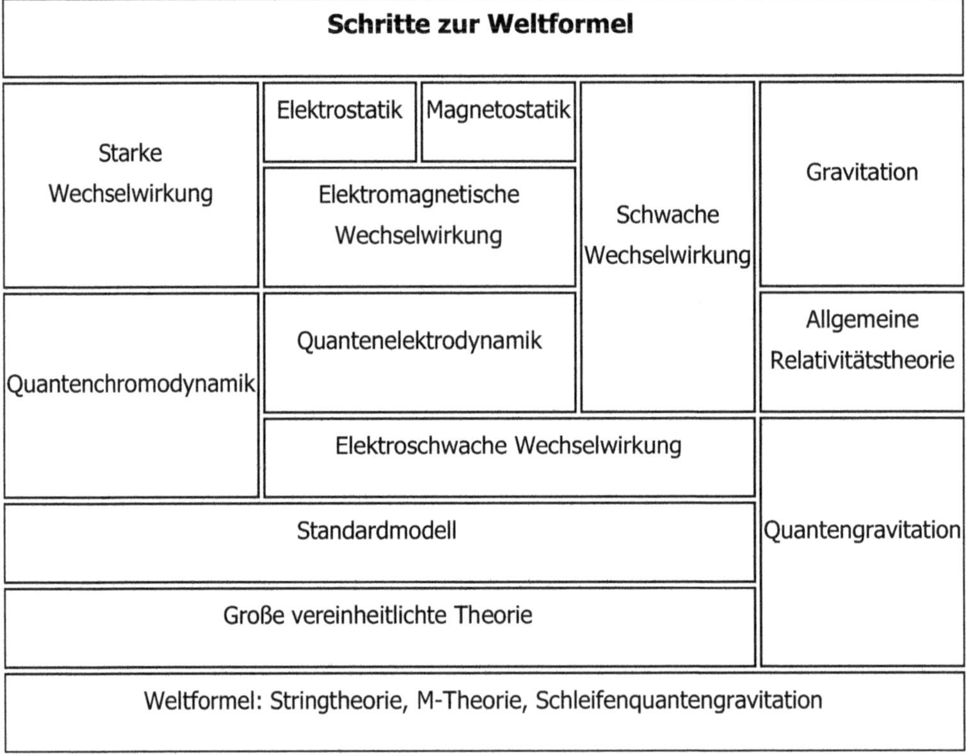

Quelle: https://de.wikipedia.org/wiki/M-Theorie

---

[131] Bedenkt man, dass Forscher vor erst 150 Jahren noch abenteuerliche Reisen unternommen haben, um die Quelle des Nils zu entdecken, dann stellen die heutigen Erkenntnisse einen Meilenstein in der Geschichte der Menschheit dar. Ein Quantensprung in der Menschheitsgeschichte. Man spricht von Quantensprung, obwohl die beliebtesten Quantensprünge der Elektronen diejenigen zurück in den Grundzustand, also in den energieärmeren Zustand, sind.

Es gibt verschiedene sehr komplexe Ansätze, die nur insoweit erläutert werden sollen, wie sie in unserem Kontext von Belang sind:

Im Gegensatz zur Quantentheorie, die von punktförmigen (also nulldimensionalen) Teilchen ausgeht, besteht die Grundannahme der Stringtheorie darin, dass die Grundbausteine der Natur aus allerkleinsten Saiten (engl. Strings) bestehen, die eindimensional sind und ständig schwingen oder vibrieren. Den Begriff nulldimensional muss man sich dabei mathematisch vorstellen. Vielleicht sind wir nicht in der Lage, eine Saite als eindimensional und einen Punkt als nulldimensional zu sehen. Diese Zuordnung ist mathematisch relevant, auch wenn sie wieder einmal nicht unserer normalen Vorstellungskraft entspricht.

Ein Elektron oder ein Quark bestehen folglich, wenn man soweit in diese Teilchen hineingucken könnte, aus diesen winzig kleinen Saiten, die etwa 10^{-35} Meter groß sind. Das ist ein Bereich, der fast eine Million Milliarden Mal jenseits der Größenordnung liegt, die man heute mit den modernsten Teilchenbeschleunigern messen kann.

Die Eigenschaften der Teilchen wie z. B. die Masse werden durch die Art der Schwingung bestimmt. Ein Elektron hat weniger Masse als ein Quark, was gemäß der Stringtheorie bedeutet, dass der String des Elektrons mit geringerer Energie schwingt.

Damit die Stringtheorie zu mathematisch sinnvollen Aussagen kommt und die Strings so schwingen können, dass man eine stringente Theorie entwickeln kann, sind mehr als unsere uns bekannten drei Raumdimensionen nötig. Die Anzahl der im Rahmen der Theorie notwendigen Dimensionen hat sich im Laufe der Weiterentwicklung der Stringtheorien gewandelt und zurzeit geht man von 10 Raum- und einer Zeitdimension aus. Warum wurden die anderen Raumdimensionen noch nie wahrgenommen oder in Versuchen entdeckt? Das liegt daran, dass diese Raumdimensionen in so genannten Calabi-Yau-Räumen aufgewickelt und sehr, sehr klein sind. Die Calabi-Yau-Räume wurden nach zwei in den USA tätigen Mathematikern benannt. Diese Räume oder auch Mannigfaltigkeiten lassen sich mathematisch beschreiben. Calabi-Yau-Räume sind

Räume, in denen gemäß der Stringtheorie zusätzliche Dimensionen aufgewickelt werden können. Sie bestimmen durch ihre Beschaffenheit die Schwingungsart der Strings. Man geht davon aus, dass zur Zeit des Urknalls jede Dimension in einem Calabi-Yau-Raum aufgewickelt war. Zum Zeitpunkt des Urknalls gab es mehr als die uns bekannten Dimensionen. Jedoch haben sich nur einige Dimensionen aufgewickelt, so dass wir die heute uns bekannten Dimensionen haben. Warum haben sich nun manche Dimensionen entfaltet oder ausgedehnt und manche nicht? Kurz nach dem Urknall haben sich die Dimensionen in Form von Calabi-Yau-Räumen sozusagen ständig umgeformt, es entstanden Risse, die durch Strings wieder repariert worden sind. Manche Risse konnten jedoch nicht repariert werden und die Dimensionen konnten sich ausbreiten und so entstanden unsere drei Raumdimensionen. Das klingt etwas befremdlich, lässt sich aber mathematisch sinnvoll beschreiben. Die den Stringtheorien zugrunde liegende Mathematik kann auch das hypothetische Graviton, das Austauschteilchen der Gravitation, sinnvoll berechnen. Das Graviton hat laut Quantenfeldtheorie einen Spin von 2, was in der Stringtheorie einer Spin-2-Anregung entspricht.

Hier ein Bild, das die Calabi-Yau-Räume veranschaulicht:

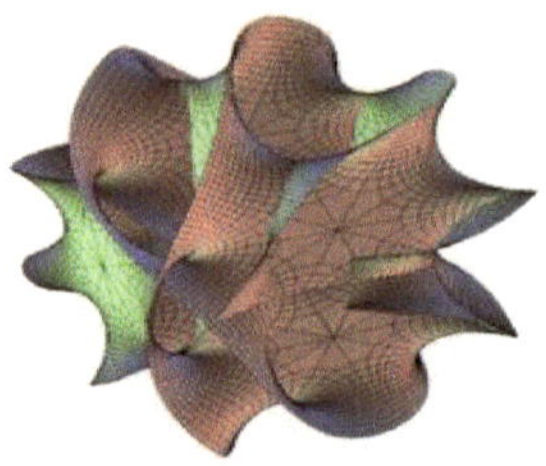

Quelle: https://de.wikipedia.org/wiki/Calabi-Yau-Mannigfaltigkeit, Floriang

Die Stringtheorie ist genau genommen ein Sammelbegriff für mehrere unterschiedliche Ansätze. Im Folgenden werden die unterschiedlichen Ansätze und ihre Entwicklung erläutert. Allen gemeinsam ist die Annahme von schwingenden Saiten. So gibt es Theorien, die nur von geschlossenen Strings ausgehen, die man sich wie einen Kreis vorstellen kann, und andere, bei denen es sowohl geschlossene als auch offene Strings gibt.

Allen unterschiedlichen Stringtheorien ist die Annahme von zusätzlichen Dimensionen gemein. Die erste Stringtheorie entstand in den 60er Jahren und war eine bosonische Stringtheorie, die zur quantenmechanischen Beschreibung der starken Wechselwirkung entwickelt wurde. Sie hatte 26 Dimensionen, davon 25 Raum- und eine Zeitdimension. Diese Theorie baute jedoch auch auf Erkenntnisse der in den 20er Jahre entwickelten Kaluza-Klein-Theorie auf. Die nach ihren Begründern Kaluza und Klein benannte Theorie postulierte ebenfalls aufgerollte Dimensionen.

Als Analogie für aufgerollte Dimensionen wird gern das Beispiel eines Gartenschlauchs herangezogen. Betrachten Sie ihn von sehr großer Entfernung sieht er wie ein eindimensionaler Strich aus. Betrachten Sie den Schlauch aus geringer Entfernung sieht er aus wie eine zweidimensionale Zylinderoberfläche. Wenn man den Durchmesser des Schlauchs anschauen würde, würde man dann die dreidimensionale Ausdehnung mit dem Raumvolumen erkennen. Diese aufgerollten Dimensionen, die auch Kaluza-Klein-Kompaktifizierung genannt werden, weil die Dimensionen ganz klein aufgewickelt sind, gibt es auch in den später entwickelten Stringtheorien. Diese gehen jedoch nur noch von 10 oder 11 Dimensionen aus.

In den 70er Jahren wurden die Stringtheorien um die Supersymmetrie erweitert. Bei der Supersymmetrie wird unterstellt, dass Teilchen mit ganzzahligem Spin (Bosonen) und Teilchen mit halbzahligen Spin (Fermionen) als Partner ausgetauscht werden können. Bisher konnte man in den Teilchenbeschleunigern noch keine sogenannten Superpartner finden. Sollte die Theorie richtig sein, dann müsste man langfristig durch Versuche in Teilchenbeschleunigern Hinweise auf diese Superpartner finden. Durch die Einführung der Supersymmetrie kann man das sogenannte Hierarchieproblem lösen.

Mit Hierarchieproblem wird der Sachverhalt bezeichnet, dass die Gravitation um ein Vielfaches schwächer ist als die anderen drei Grundkräfte. Außerdem lässt sich dadurch der sogenannte Higgs-Mechanismus, der vom Standardmodell postuliert wird, besser erklären. Durch den Higgs-Mechanismus oder das Higgs-Feld erhalten Teilchen ihre Masse. Dies geschieht durch die Wechselwirkung mit dem lange gesuchten Higgs-Boson, das man – zumindest geht man davon aus - im Jahre 2012 gefunden hat.

Die Stringtheorien entwickelten sich unaufhaltsam weiter. Ende der 80er Jahre wurden sie um sogenannte Branen erweitert und in den 90er weiterhin intensiv erforscht. Branen sind Objekte in einem höherdimensionalen Raum, die Membranen ähneln und Teilchen und Kräfte einschließen sowie Energie tragen können. Eine 1-Bran entspricht dem bekannten eindimensionalen String, eine 2-Bran einer zweidimensionalen Fläche usw. Die 3-Bran mit drei Raumdimensionen würde unserem Kosmos entsprechen. Diese Branen sind eingebettet in einen höherdimensionalen Raum, den sogenannten Bulk. Die offenen Strings mit zwei Enden sind an eine Bran gebunden.

Übertragen auf unser Universum heißt das, dass die Menschen an eine solche Bran gebunden sind und nicht in andere Dimensionen vordringen können. Die gebunden, offenen Strings bilden fast alle Elementarteilchen wie die Elektronen, Quarks und Photonen. Geschlossene, ringförmige Strings sind nicht an eine Bran gebunden und können sich zwischen den Branen frei bewegen, und ihre Kraft verteilt sich auf mehrere Branen. Das Graviton, das Austauschteilchen der Gravitation, ist ein geschlossener, ringförmiger String. Durch dieses Modell wird erklärt, warum die Gravitation im Verhältnis zu den anderen drei Grundkräften so schwach ist. Außerdem könnte es ein Erklärungsansatz für dunkle Energie und Materie sein, die durch die gravitative Wechselwirkung mit anderen Dimensionen entsteht.

Der Vollständigkeit sei hier auch die Randall-Sundrum-Theorie genannt. Sie postuliert zwei Branen, die eine vierte Dimension begrenzen. Es gibt danach nur eine zusätzliche Dimension, die im Gegensatz zu den anderen Theorien nicht sehr klein, sondern unendlich groß ist. Die Menschen leben auf der sogenannten Schwachbrane; auf der zweiten Brane, deren Entfernung von der Schwachbrane Millionen Millionen Billionen Mal kleiner ist als ein Zentimeter, ist die Gravitation konzentriert. Der Wert der Wellenfunktion der Gravitation, der besagt, wie hoch die Wahrscheinlichkeit ist, ein Graviton anzutreffen, nimmt zur Schwachbrane hin ab.

Auch mit dieser Theorie könnte man das Hierachieproblem lösen und erklären, warum die Gravitation so viel schwächer ist als die anderen drei Grundkräfte.[132]

Ende der 80er Jahre gewann auch die Supergravitation wieder an Bedeutung.[133] Die Supergravitation ist eine supersymmetrische Theorie. Eine Variante der Supergravitation geht von 10 Raumzeitdimensionen, eine andere von elf Raumzeitdimensionen aus. Die Erkenntnisse der Supergravitation sind für Grenzfälle in der Stringtheorie interessant. So fand man heraus, dass die Supergravitation mit elf Raumzeitdimensionen (höchstmögliche Anzahl der Dimensionen mit nur einer Zeitdimension) ein Grenzfall der den Superstring-theorien übergeordneten M-Theorie ist. Mit diesen Erkenntnissen, die insbesondere von Edward Witten auf einer Konferenz im Jahr 1995 vorgebracht wurden, wurde die sogenannte zweite Stringrevolution ausgelöst.[134]

Die M-Theorie umfasst unterschiedliche Stringtheorien, die an dieser Stelle zumindest aufgezählt werden sollen. Es gibt fünf Stringtheorien: Typ 1, Typ IIA, Typ II B, O-heterotisch und E-heterotisch. Die Stringtheorie Typ 1 behandelt offene und geschlossene Strings. Typ IIA und IIB befassen sich ausschließlich mit geschlossenen Strings und die zwei heterotischen Ansätze vereinen bosonische und supersymmetrische Theorien.

Die Schleifenquantengravitation, auch Loop-Quantengravitation oder Loop-Theorie genannt, ist die bedeutendste Alternative zur Stringtheorie. Das Markante an der Schleifenquantengravitation ist der Ansatz, dass der Raum ein quantenmechanisches Spin-Netzwerk ist, das aus Knoten und Fäden besteht. Diese Fäden winden sich umeinander und werden zu Schleifen (loop), die wiederum

---

[132] Vgl. Randall, Lisa, Die Vermessung des Universums, S. Fischer, Frankfurt 2012, S. 361
Das Modell wurde später erweitert (RS-Modell 2). Nach diesem Modell gibt es nur eine Brane und die fünfte Dimension ist unbegrenzt. Die Aufenthaltswahrscheinlichkeit von Gravitonen in der fünften Dimension ist in der Nähe unserer Welt konzentriert. Die Ausdehnung der Wirkung der Gravitation auf eine unbegrenzte fünfte Dimension wäre ein Erklärungsmodell dafür, dass die Gravitation um so viele Größenordnungen schwächer ist als die übrigen Wechselwirkungskräfte.
[133] Sie wurde 1973 in Russland von Volkov und Soroka und 1976 im Westen von Daniel Z. Freedman, Peter van Nieuwenhuizen und Sergio Ferrara entwickelt.
[134] Die erste begann 1984 mit Erkenntnissen von im starken Maß dazu beitrugen, dass die Stringtheorie in der theoretischen Physik größere Beachtung fand.

Knoten bilden. Der Raum wird nicht als Hintergrund für das Geschehen gesehen, sondern er ist selbst ein dynamisches Objekt. Den Knoten in diesem Spin-Netzwerk werden bestimmte Eigenschaften zugeordnet, die denen des Spins von Elementarteilchen ähneln. Die Knotenabstände entsprechen einer Planck-Länge (10^{-35} M). Auch die Zeit ist quantisiert. Die kleinste Einheit ist eine Planck-Zeit (10^{-43} s). Die Idee eines Spin-Netzwerkes geht auf einen Vorschlag des renommierten englischen Mathematikers und theoretischen Physikers Roger Penrose Anfang der 70er Jahre zurück.

Die Theorie wurde in den 80er Jahren weiterentwickelt. Bedeutender zeitgenössischer Vertreter der Theorie ist Martin Bojowald. Er entwickelte im Rahmen der Schleifenquantengravitation eine Theorie, nach der das Universum schon vor dem Urknall existierte. Auch Penrose entwickelte hierzu Theorien. Bei den Modellen der allgemeinen Relativitätstheorie gelangt man beim Urknall zur sogenannten Singularität. Mit Singularität bezeichnet man den Zustand, dass mathematische Berechnungen keine sinnvollen Ergebnisse erzielen. Das ist z. B. der Fall, wenn für die Ausdehnung eines physikalischen Objekts der Wert unendlich herauskommt.

Welcher Ansatz als Weltformel dienen kann, wird die Zukunft zeigen. Wenn die Stringtheorien mathematisch dazu führen, dass es ein Mulitversum mit 10^{124} verschiedenen Universen geben müsste, damit jede kosmologische Konstante verwirklicht werden könnte, und Berechnungen ergeben, dass die theoretisch möglichen Formen von zusätzlichen Dimensionen bei 10^{500} liegen, dann merken wir, in welch schwindelerregenden Größen sich die hinter den Theorien stehende Mathematik bewegt. Zum Vergleich sei gesagt, dass die Zahl der seit dem Urknall vergangenen Sekunden sich in dem Bereich von 10^{17} bewegt.

Wie Martin Bojowald sinngemäß sagt: Keine noch so fortgeschrittene und elegante Mathematik kann die Beobachtung ersetzen. Neben der Kritik, dass viele Aussagen der unterschiedlichen Theorien der Weltformel experimentell rein technisch nicht nachgewiesen werden können, ist auch die Extrapolierung von Werten problematisch. Extrapolierung bedeutet, dass man gemessene Werte auf Energien überträgt, die ca. 10 Billionen Mal höher liegen. Auch wird es von vielen

Wissenschaftlern nicht als notwendig erachtet, sozusagen mit aller Gewalt physikalische Gesetze in einer alles vereinenden Theorie zu beschreiben. Die parallele Existenz von physikalischen Gesetzen, die auf einen Teilbereich unserer Welt zutreffen, wird nicht als problematisch gesehen.

Wissenschaftstheoretisch und in Anlehnung an Karl Popper ist eine Annäherung an die Wahrheit durch Falsifikation möglich, was laut Kritikern bei der Stringtheorie nicht möglich ist. In der Tat ist es in absehbarer Zeit nicht möglich, Strings von der Größe einer Planck-Länge experimentell nachzuweisen. Jedoch könnte man in Teilchenbeschleunigern Anzeichen für die postulierten Superpartner finden. Das wäre zwar noch kein endgültiger Beweis für supersymmetrische Theorien, aber ein wichtiger Ansatzpunkt.

Unabhängig von der Frage der Wissenschaftlichkeit führen nicht nur richtige Antworten zu Erkenntnissen und zum Fortschritt der Menschheit, sondern auch, oder vielleicht sogar vor allem die richtigen Fragen. Durch immer neue Fragen und Versuche der Annäherung an Lösungen entstehen Erkenntnisse, die für das Verständnis der Welt hilfreich sein können. Fortschritt wird zumeist von denen erzielt, die die ausgetretenen Pfade verlassen und sich auf neue Wege einlassen. Wir können mit Spannung verfolgen, wohin diese Wege führen.

Zusammenfassung:

- Strings sind eindimensionale Objekte. Die Art ihrer Schwingung ist bestimmend für das jeweilige Elementarteilchen.
- Stringtheorien gehen davon aus, dass das Universum aus Strings zusammengesetzt ist.
- Stringtheorien haben zum Ziel, die Quantenmechanik und die allgemeine Relativitätstheorie zu vereinen.
- Die Supergravitation ist eine supersymmetrische Theorie, die die Gravitation einschließt.
- Die elfdimensionale Supergravitation (höchstmögliche Dimensionszahl mit einer zeitlichen Dimension) ist als Grenzfall der den Superstringtheorien übergeordneten M-Theorie anzusehen.

- Die M-Theorie ist eine Theorie, die die unterschiedlichen Stringtheorien und die Supergravitation vereint und elf Raumzeitdimensionen vorsieht.
- Die Schleifenquantengravitation ist die bedeutendste Alternative zur Stringtheorie. Sie sieht den Raum als ein quantenmechanisches Spin-Netzwerk, das aus Fäden besteht, die sich zu Knoten verbinden. Der Raum ist kein Hintergrund für das Geschehen, sondern er ist selbst ein dynamisches Objekt.

21. Multiversen
Wir in der unendlichen Weite und wieder die Frage: „Bin ich einmalig?"

Die Vorstellung von Parallelwelten fällt vielen sicherlich schwer. Allenfalls denken wir an eine andere Form der Welt am Ende des Universums. Doch vielleicht tragen Sie in Ihrer Handtasche oder Ihrer Hosentasche eine andere Dimension mit kleinen grünen Männchen spazieren. Sie merken schon, dass das etwas spaßhaft gemeint ist. Wenn wir uns grundsätzlich Parallelwelten vorstellen wollen, und ein Großteil hochkarätiger Physiker geht davon aus, dass es noch Leben und Dimensionen neben unserer mit unseren fünf Sinnen wahrnehmbaren Welt gibt, dann sollten wir nicht zwingend an Welten Millionen von Lichtjahren entfernt von uns denken.

Es ist durchaus möglich, dass es direkt neben uns eine Form von Existenz gibt, die wir nicht wahrnehmen können.[135] Bevor wir uns mit den verschiedenen Paralleluniversen beschäftigen, sollen hier einige Daten zu unserem Universum vorangestellt werden.

Unser Universum ist etwa vor 13,7 Milliarden Jahren aus einem Urknall entstanden. Wie bereits erläutert, gibt es Theorien über die Zeit vor dem Urknall. Das Universum ist über 46 Mrd. Lichtjahre ($4{,}35 \cdot 10^{23}$ km) groß. Schätzungsweise gibt es über 1 Billion Galaxien im für uns sichtbaren Universum. Galaxien sind eine über die Gravitation gebundene Ansammlung von Materie wie Sternen, Planeten, Gasnebeln und anderen Objekten. Galaxien haben typischerweise einen Durchmesser von 30.000 Lichtjahren (3×10^{20} Meter). Galaxienhaufen, die Dutzende bis Tausende von Galaxien enthalten, können einen Durchmesser von mehr als 10 Millionen

---

[135] Als der Himmel noch etwas Unerforschtes und beinahe Mysteriöses war, nahm man den Himmel als Aufenthaltsort Gottes an. In unserer heutigen Zeit ist dieses Bild für die meisten Gläubigen nicht mehr stimmig. Zusätzliche ganz kleine Dimensionen direkt neben uns könnten künftig der Raum sein, in dem Gläubige den Aufenthaltsort Gottes sehen könnten.

Lichtjahren (10^{23} Meter) erreichen. Die Galaxie, in der wir leben, ist die Milchstraße, die mit einem Durchmesser von 100.000 Lichtjahren ($9,5 \times 10^{17}$ Km) und 300 Milliarden Sternen zu den größten Galaxien gehört. Unsere Nachbargalaxie ist die Andromeda, die nur ca. 2,5 Lichtjahre entfernt.

Die Entfernung von der Erde zur Sonne beträgt 100 Milliarden Meter – ein Hunderttausendstel eines Lichtjahres. Das Licht, das wir von der Sonne sehen, ist 8 Minuten alt. Im Zentrum unserer Galaxie befindet sich ein Schwarzes Loch, das einen Radius von 10 Billionen (10^{13}) Metern hat. Die eingeschlossene Masse ist etwa 4 Millionen Mal die Masse unserer Sonne. Diese genauen Daten könnten den Eindruck erwecken, dass das Universum sehr gut erforscht ist.

Es ist jedoch so, dass man aufgrund der Messdaten davon ausgeht, dass das Universum aus ca. 70 % Dunkler Energie und zu ca. 25 % Dunkler Materie besteht. Unter Dunkler Materie versteht man nicht leuchtende Materie.

Nur ca. 5 % unseres Universums sind erforscht.

Mit Dunkler Energie bezeichnet man Vakuumenergie, die nicht von irgendeiner Form von Materie herrührt. Das bedeutet, dass nur ca. 5 % des Universums bekannt und erforscht sind.

Brian Greene unterscheidet 9 Versionen[136]:

Patchwork-Multiversum	In einem unendlichen Universum wiederholen sich die Bedingungen zwangsläufig, was zu Parallelwelten führt.
Inflationäres Multiversum	Durch die andauernde kosmische Ausdehnung entstehen Blasenuniversen.
Branen-Multiversum	Gemäß der String/M-Theorie befindet sich unser Universum auf einer Bran. Eine Bran ähnelt einer Membran und befindet sich in einem höherdimensionalen Raum und beherbergt Energie, Teilchen und Kräfte. In diesem höherdimensionalen Raum kann es weitere Branen mit Paralleluniversen geben.
Zyklisches Universum	Kollisionen zwischen Branen können urknallähnliche Bedingungen verursachen, was zur Entstehung von zeitlich getrennten Paralleluniversen führen kann.
Landschafts-Multiversum	Kosmische Inflation (Phase schneller Expansion des Universums) und Stringtheorie bringen zusammen verschiedene Formen von Blasenuniversen hervor.
Quanten-Multiversum/Viele-Welten-Interpretation	Jede Möglichkeit der Wahrscheinlichkeitswelle ist in einer der Paralleluniversen realisiert.
Holographisches Multiversum	Alles, was in unserem Universum passiert, ist nur eine Widerspiegelung von Phänomenen, die sich auf einer weit entfernten Randfläche abspielen.
Simuliertes Multiversum	Technische Fortschritte lassen vermuten, dass man eines Tages Universen simulieren könnte.
Letztmögliches Multiversum	Jedes mögliche Universum kann auch ein reales Universum sein. Sie verkörpern die möglichen mathematischen Gleichungen.

---

[136] Greene, Brian, Die verborgene Wirklichkeit, Paralleluniversen und die Gesetze des Kosmos, Siedler Verlag, 2012, S. 377

Mit dieser Auflistung möchte ich zeigen, dass es in der Stringtheorie verschiedene Modelle für zusätzliche Universen gibt. An dieser Stelle möchte ich nur zwei Modelle kurz erklären, die oft genannt und häufig missverstanden werden:

Bei dem Patchwork-Universum geht man davon aus, dass sich in einem unendlichen Universum die Bedingungen irgendwann und irgendwo wiederholen müssen, so dass es eine Welt geben kann, die mit unserer Welt identisch ist. Das können Sie sich vereinfacht so vorstellen. Bei einem Skatspiel wäre es sehr unwahrscheinlich, ein Blatt mit 4 Buben und 4 Assen zu haben. Würde man ein ganzes Leben lang jeden Tag mehrere Stunden spielen, würde die Möglichkeit für solch ein Blatt steigen. Und wenn jemand unsterblich wäre und immer spielen könnte, würde er eines Tages eine seltene Kombination von Karten auf der Hand halten. In dieser identischen Welt kämen alle Stoffe und auch Ihre Gene genauso vor wie hier. Es gäbe Sie noch einmal. Das ist schwer vorstellbar, aber theoretisch möglich.

Ein anderes Modell ist das holographische Universum. Die theoretische Physiker Leonard Susskind und Gerard 't Hofft fanden heraus, dass, bildlich dargestellt, ein in ein schwarzes Loch fallender Beobachter und ein am Ereignishorizont (Rand) des Schwarzen Lochs sitzender Beobachter die Physik auf die gleiche Weise beschreiben würden. Die Information von etwas, das in ein Schwarzes Loch fällt, wird auf seiner Oberfläche abgebildet. Das heißt, der Informationsgehalt von allem, was in ein Schwarzes Loch fällt, wird an seiner Oberfläche wiedergegeben. Stephan Hawking konnte mathematisch eine Relation zwischen dem Inneren und dem Äußeren eines Schwarzen Lochs berechnen.[137] Auch zeigte sich, dass die Stringtheorie, die das Innere der Raumzeit beschreibt, identisch ist mit einer Quantenfeldtheorie am Rand dieser Raumzeit. Diese Erkenntnisse und Berechnungen haben zu der Theorie geführt, dass das Universum, in dem wir leben, die Projektion von einer zweidimensionalen Realität an einem weit entfernten Ort ist. Wenn theoretische Physiker der Stringtheorie vom

---

[137] Die Entropie eines Schwarzen Lochs ist gleich der Anzahl an Zellen mit je einer Planck-Fläche Flächeninhalt, die benötigt werden, um seinen Ereignishorizont abzudecken.

holografischem Universum sprechen, dann meinen sie damit, dass – ähnlich einer Holografie – unser dreidimensionales Universum Abbild einer zweidimensionalen Realität ist.

David Bohm gebraucht den Begriff Holografie als Analogie, um zu veranschaulichen, dass seiner Meinung nach in jedem Raum- und Zeitabschnitt implizit eine Gesamtordnung enthalten ist.

Beweise für ein holografisches Universum gibt es weder im Sinne der Stringtheoretiker noch im Sinne Bohms.

Zusammenfassung:

- Beim Patchwork-Universum geht man davon aus, dass sich bestimmte Rahmenbedingungen in der Unendlichkeit wiederholen, was die Existenz einer exakten Kopie unserer Erde zur Folge hat.
- Mit holografischem Universum ist ein Universum gemeint, in dem alles, was passiert, nur eine Projektion von Phänomenen ist, die sich auf einer weit entfernten Randfläche abspielen.
- Beweise für die tatsächliche Existenz von Parallelwelten konnten noch nicht erbracht werden.

Teil II – Verbreitete Behauptungen zur Quantenphysik

1. Einleitung

Teil II ist so konzipiert, dass er auch ohne die Kenntnis der in Teil I erläuterten Grundlagen gut zu verstehen ist. Hintergrundinformationen, die zum Grundlagenverständnis nicht notwendig sind, tragen die Überschrift Exkurs.

In Teil II untersuche ich Aussagen, die im Zusammenhang mit Quantenheilung und alternativen Heilmethoden in Büchern, Vorträgen und auf Internetseiten genannt werden und die unter anderem als Beweis für die Wirksamkeit der Heilmethode herangezogen werden. Da es in diesem Buch darum geht, weit verbreitete Aussagen zu untersuchen, werden in erster Linie Aussagen zugrunde gelegt, die im Internet zu finden sind. Diese decken sich zum großen Teil mit denen, die in Büchern und Vorträgen von bekannten Vertretern der Quantenheilung zu finden sind, insbesondere Deepak Chopra, Richard Bartlett, Gregg Braden und Frank Kinslow. Es wird aufgezeigt, auf welche quantenphysikalischen Sachverhalte Bezug genommen wird und inwieweit diese verkehrt gedeutet werden.

Bei den unten aufgeführten Zitaten von Vertretern alternativer Heilmethoden wurde die Schreibweise des Originals verwendet, die zum Teil noch der alten Rechtschreibung entspricht oder eventuell Fehler enthält. Auf eine Quellenangabe wurde bewusst verzichtet, da es sich um exemplarische Aussagen handelt, und es darüber hinaus nicht darum geht, einzelne Personen zu kritisieren.

Ich möchte darauf hinweisen, dass hier nicht die Wirksamkeit der Heilmethoden untersucht wird.

2.   Was versteht man unter Quantenheilung?

Wenn man den Begriff Quantenheilung in einer Suchmaschine eingibt, bekommt man ca. 270.000 Treffer. Der Begriff Quantenheilung wurde aus dem anglo-amerikanischen Sprachraum übernommen, wo er in den 1990er von Deepak Chopra geprägt wurde.[138] Schon damals geriet der Begriff in die Kritik, weil die Begründungen für die Effektivität der Quantenheilmethoden unter Bezugnahme auf die Quantenphysik unwissenschaftlich und schlichtweg falsch waren.

Es gibt zahlreiche Anbieter von Quantenheilung und unterschiedliche Methoden. Die unterschiedlichen Behandlungsansätze gehen auf zwei Methoden zurück, die von Frank Kinslow und Richard Bartlett zeitgleich entwickelt wurden.

Die Gemeinsamkeit aller Methoden besteht in der Auffassung, dass durch das Bewusstsein oder das „reine Bewusstsein" körperliche Prozesse beeinflusst werden können und dadurch Heilung möglich wird. Der Begriff des reinen Bewusstseins geht auf den von Frank Kinslow verwendeten Ausdruck pure awareness zurück. Er wird von ihm als „Gewahrsein des Nicht-Denkens, der Lücke zwischen Gedanken" definiert.[139] Bartlett spricht von fokussierter Intention.[140] Als Beleg für die wissenschaftliche Fundiertheit der Methode werden quantenphysikalische Erkenntnisse genannt, insbesondere das Doppelspaltexperiment.

Bei der von Kinslow entwickelten Methode berührt der Quantenheiler zwei Punkte am Körper des Klienten und strahlt ein Wohlgefühl aus, das er Eufeeling nennt. Kinslow betont, dass sich der Behandler in einen Zustand des reinen Gewahrsams befinden soll. Aufgrund der zwei Kontaktpunkte und des Wohlgefühls wird seine Methode auch 3-Punkt-Methode genannt. Der englische Name seiner Methode

---

[138] Vgl. Chopra, Deepak, Die heilende Kraft: Quantum Healing. Ayurveda, das altindische Wissen vom Leben, und die modernen Naturwissenschaften, Bastei Lübbe 1991
[139] Kinslow, Frank, Quantenheilung erleben: Wie die Methode konkret funktioniert - in jeder Situation, VAK Verlags GmbH, Kirchzarten, Freiburg 2010, S. 283
[140] https://www.matrixenergetics.com/our_teachers.aspx

lautet Quantum Entrainment (QE).[141] Dieser Begriff wird in der deutschen Übersetzung beibehalten, wobei in den Buchtiteln der deutschen Bücher der Begriff Quantenheilung verwendet wird, obwohl in den englischsprachigen Originaltexten der Begriff (quatum healing) nicht im Titel vorkommt. [142]

In seinen Büchern und auf seiner Internetseite findet man nur wenige bzw. keine Informationen zum Thema Quantenphysik und zur Entstehung des Namens seiner Methode. Beide Namen geben wenig Aufschluss über seine Methode; der Begriff Quantenheilung scheint vielmehr irreführend zu sein und dazu geführt zu haben, dass Dinge in seine Methode hineininterpretiert wurden.

So schreibt er im Jahr 2010 in seinem Internetforum (in der dort abgedruckten Übersetzung):

„Eigentlich ist QE – wie Ihr ja bereits wisst – gar nicht wirklich eine „Heilmethode". QE ist ein Prozess, eine Vorgehensweise, die uns dazu verhilft, der reinen Bewusstheit gewahr zu werden. Reine Bewusstheit ist nichts. Wenn Deine Gedanken und Emotionen aufhören, bleibt Dir reines Gewahrsein (pure awareness). Du BIST reine Bewusstheit (pure awareness).[143] Das ist keine Energie. Das ist nicht reine Liebe. Es ist nicht ein Feld unerschöpflichen Potenzials. (...) Es ist ein weit verbreitetes Missverständnis von Menschen, die sich üblicherweise mit Energiearbeit befassen und im Netz von Ursache und Wirkung verfangen sind, dass sie versuchen, QE in ein Paradigma einzupassen, das ihnen vertraut ist. Das ist fast immer ein Irrweg, weil QE nicht in dieses Paradigma passt – ausgenommen das eine Paradigma, das alle Paradigmen abschafft. (...) Du wirst bemerken, dass sie (jemand, der den Basic-/Master-Workshop besucht hat oder Quantum-Entrainment®-Practitioner ist) nicht davon sprechen, „Energie zu schicken" oder in Bewegung zu setzen, „Energieheilungen" zu machen, eine „Welle" zu kreieren oder eine Wellenfunktion zu kollabieren. Möglicherweise sagen sie, QE sei „heilsam"

---

[141] Das Wort entrainment bedeutet Mitführen/Verladung.

[142] Vgl. Kinslow, Frank Dr., Quantenheilung – Wirkt sofort – und jeder kann es lernen, VAK, Kirchzarten 2008, S. 95. Auf Englisch: Kinslow, Frank, The Secret of Instant Healing, An Introduction to the Power of Quantum Entrainment® Die Wahl der deutschen Buchtitel könnte marktstrategische Gründe haben.

[143] Pure awareness wird in seinen Büchern und auf seiner Internetseite manchmal mit reinem Bewusstsein und manchmal mit reiner Bewusstheit übersetzt.

oder QE „heile", aber mehr deshalb, weil es sprachlich so einfacher mitzuteilen ist. Sie sind sich sehr klar darüber, dass weder QE noch sie selbst zu irgendeiner Zeit „heilen".[144]

Dieser Brief von Frank Kinslow macht deutlich, dass er selbst nicht die Quantenphysik zur Untermauerung der Wirksamkeit seiner Methode heranzieht. Ganz im Gegenteil, er distanziert sich in diesem Brief davon, dass Wellen oder Felder kreiert werden oder Wellenfunktionen kollabieren. Das heißt, dass Vieles, was im Zusammenhang mit seiner Methode gesagt wird, nicht ursprünglich von ihm stammt oder nicht seiner 2010 geäußerten Meinung entspricht. Darüber hinaus betont er, dass seine Methode gar nicht als Methode bezeichnet werden sollte, vielmehr ist es eine Vorgehensweise, die dazu verhilft, der reinen Bewusstheit gewahr zu werden.[145]

Die zweite bekannte Methode der Quantenheilung wurde von Richard Bartlett begründet. Sie nennt sich Matrix Energetics. Im Gegensatz zu Kinslow stützt sich Bartlett explizit auf die Quantenphysik, wobei die Beschreibung der Zusammenhänge an der Oberfläche bleibt. Auf Bartletts Homepage ist zu lesen, dass die moderne Physik besagt, dass die gesamte Realität als Schwingungen und Muster von Wellenformen beschrieben werden kann und dass alles Licht und Information ist.[146] Krankheiten sind laut Bartlett Störungen in der Matrix der biophysikalischen Informationsfelder. Man gestalte die Wirklichkeit auf Quantenniveau um. Transformation kann erreicht werden, so kann man dort lesen, indem man auf Quantenebene mit den Wellen, die aus Energie und Information bestehen und die unsere Wirklichkeit bilden, kommuniziert. Man transformiere die Realität auf der Quantenebene und beobachte die Effekte auf der Makroebene. Wie das im Detail vor sich gehen soll, wird nicht näher erläutert. Biologische Informationsfelder können neu programmiert werden. Weiter heißt es, dass Matrix Energetics eine neue Idee ist, die sich auf die moderne Physik, die feinstoffliche Physik und

---

[144] http://www.quantenheilung-forum.de/forum/viewtopic.php?f=9&t=805, abgerufen Mai 2014
[145] Worin der genaue Unterschied zwischen Methode und Vorgehensweise liegt, wird nicht erläutert.
[146] Im Original heißt es auf der Internetseite: "According to modern physicists, all reality can be described as vibrations and waveform patterns, that everything is light and information." Auf http://www.matrixenergetics.com, abgerufen Juni 2016

die Quantenphysik stützt.[147] An anderer Stelle ist zu lesen, dass die Methode außerdem noch auf der Superstringtheorie[148] und Sheldrakes morphogenetischen Feldern[149] basiert. Dann ist aber auch zu lesen, dass Matrix Energetics kein zu definierendes „Ding" ist.[150] Dies scheint ein Widerspruch. Es ist nicht zu definieren, stützt sich aber gleichzeitig auf die Quantenphysik, die Superstringtheorie, Sheldrakes morphogenetische Felder und die feinstoffliche Physik. Den Begriff feinstoffliche Physik gibt es in der Wissenschaft nicht. Auf welche Erkenntnisse der genannten Theorien er sich genau bezieht, schreibt er nicht. Seine Erklärungen sind mit Begriffen gespickt, die in der Quantenphysik zum Teil verwendet werden; der genaue Bezug zur Quantenphysik wird nicht erklärt. Oder es werden Behauptungen aufgestellt, die nicht den Erkenntnissen der Quantenphysik entsprechen. Auf Aussagen, die bei Richard Bartlett und anderen Vertretern alternativer Heilmethoden zu finden sind, wird in den nächsten Kapiteln im Detail eingegangen.

Ein kritischer Denker schreibt dazu:

„Informationen werden invertiert und gelöscht und immer wieder wird sich die Frage gestellt, welche Energie denn da nun zwischen den berühmten zwei Punkten hin und her fließt. Ist es Reiki Energie, Tachyonen Energie oder kommt sie gar vom 7. Strahl des aufgestiegenen Meisters Hotzenplotz? Und was so oft fehlt, ist einfach nur: LIEBE"[151]

---

[147] Im Original auf der Internetseite: „Matrix Energetics is a new idea that is supported by modern physics, subtle energy physics, quantum physics." und "Matrix Energetics sometimes appears magical in its expression but is based on the laws and expression of subtle energy physics and the concepts and laws of quantum physics, superstring theory and Sheldrake's Morphic Resonance."

[148] Stringtheorien gehen davon aus, dass die Bausteine der Welt aus eindimensionalen vibrierenden sehr, sehr kleinen Saiten bestehen. Superstringtheorien berücksichtigen noch Teilchen mit halbzahligem Spin (Fermionen).

[149] Der britische Biologe Rupert Sheldrake hat die Hypothese aufgestellt, dass universelle Felder bestehen, die die die Formbildung der Natur beeinflussen. Diese Felder beinhalten eine Art Grundmuster der biologischen Systeme.

[150] Im Original heißt es: "Matrix Energetics is not a "thing" to be defined." Aus http://www.matrixenergetics.com, abgerufen Mai 2015

[151] http://www.naturheilpraxis-frenzel.de/zweipunktmethode.html, abgerufen Mai 2014

Anton Zeilinger, einer der renommiertesten Quantenphysiker, drückt es etwas anders aus:

„Davon getrennt zu sehen ist eine Interpretation, die die Quantenphysik zur Begründung für gewisse esoterische Positionen heranzieht. Das ist blanker Unsinn. Wer so etwas behauptet, versteht die Quantenphysik nicht, sondern folgt mentalen Spielereien von manchen Leuten. Was soll das heißen, es gibt einen Quantencode, der auch das Leben nach dem Tod beeinflusst? Es gibt auch "Quantenheiler" - maximal ein Placebo-Effekt. Aber mit Physik hat das überhaupt nichts zu tun."[152]

Ob es sich bei den von vielen Menschen bezeugten Heilungserfolgen bei Anwendung der Methode um einen Placebo-Effekt handelt, kann nicht mit Bestimmtheit gesagt werden. Dieses Zitat macht aber deutlich, dass renommierte Quantenphysiker sich von der Umdeutung der Quantenphysik in esoterischen Kreisen distanzieren.

Die oben aufgeführten Methoden werden von zahlreichen Quantenheilern und Vertretern alternativer Heilmethoden mit unterschiedlichen Schwerpunkten und Ausprägungen angeboten. Sie nehmen auf ihren Internetseiten Bezug auf die Quantenphysik. Auf die am meisten verbreiteten Aussagen und Missverständnisse werde ich im Folgenden eingehen.

---

[152] http://www.wienerzeitung.at/themen_channel/wissen/natur/506880_Das-Loch-im-Verstaendnis-der-Welt.html, abgerufen Juli 2015

3. Bewusstsein schafft Realität

Die Behauptung, dass Bewusstsein Realität schafft, ist sehr verbreitet. Man liest dies in Büchern und auf Internetseiten. Dies ist auch die Kernaussage des bekannten Films „What the Bleep Do We (K)now?". Dabei berufen sich die Autoren auf quantenphysikalische Experimente, insbesondere das Doppelspaltexperiment, das ich weiter unten erkläre.

Im Folgenden werden exemplarisch einige Zitate von Anbietern alternativer Heilmethoden aufgeführt.

„Energiezustände sind durch Beobachtung beeinflussbar (Doppelspaltexperiment)."

„... da die Erkenntnis, daß unsere erlebte Realität vom Verhalten der Quanten abhängt, bisweilen eine These ist, die sich jedoch aus wissenschaftlichen Studien und Experimenten wie z.B. dem Doppelspaltexperiment ableiten lässt. Doch das Thema Quantenphysik geht noch viel weiter. Es eröffnet die Möglichkeit an Wunder zu glauben und nicht als Spinner abgetan zu werden."

„In einem weiteren Versuch, dem sogenannten >Doppelspaltexperiment< konnte aufgezeigt werden, dass allein der Akt der Beobachtung bzw. die Erwartungshaltung des Versuchsleiters einen Einfluss auf den Ausgang eines Quantenexperiments hat. Das bedeutet nicht weniger, als dass unsere Geisteshaltung prinzipiell in der Lage ist, jene subatomaren Teilchen (Lichtphotonen) zu beeinflussen, aus denen unsere Welt im Innersten besteht."

„Die Beobachtungen der Wissenschaftler in ihren Experimenten führten zu ungewöhnlichen Schlussfolgerungen:

- Wenn wir unsere Aufmerksamkeit auf etwas lenken, verändern wir es.
- Die Erwartung über den Ausgang eines Experiments verändert das Experiment
- Alles ist miteinander vernetzt

„Vor dem Messvorgang muss sich der Wissenschaftler also "entscheiden", ob er es entweder als Masse oder als Energie wahrnehmen will(!). Dabei ist die Energie mit ihrem Wellencharakter identisch mit Information = Bewusstsein. ... Eines der bekanntesten Experimente, welches die Beeinflussung des Ergebnisses durch den Beobachter beweist, ist das Doppelspalt-Experiment."

Dies sind nur einige Beispiele von Aussagen, die es so oder in ähnlicher Form auf vielen Internetseiten zu lesen gibt.

Was hat es mit dem Doppelspaltexperiment auf sich? Das möchte ich nun in einfacher Form erklären. Stellen Sie sich eine Torwand mit zwei Löchern vor. Man muss dann den Ball durch ein Loch unten rechts oder oben links schießen. Stellen Sie sich außerdem vor, dass hinter der Fußballwand ein weißes Leinentuch gespannt ist und dass mit einem dreckigen Fußball geschossen wird. Wenn der Ball durch das Loch rechts unten geht, dann haben Sie Dreckspuren auf der Leinwand hinter dem Loch unten rechts. Wenn Sie durch das Loch oben links schießen, dann haben Sie Flecken hinter dem Loch oben links. Bei dem Doppelspaltversuch ist der Versuchsaufbau ähnlich.

Es gibt eine Platte mit zwei Spalten (Torwand mit Löchern) einen Projektionsschirm (Leinentuch) und statt mit einem Fußball wird mit Elektronen oder Photonen geschossen, wobei im Folgenden der Versuch mit Elektronen beschrieben wird.

Elektronen sind die negativ geladenen Teilchen eines Atoms, die sich um den Atomkern bewegen und Photonen sind die Trägerteilchen des Lichts.[153] In diesem und den folgenden Kapiteln wird der anschauliche und allgemein übliche Begriff Teilchen verwendet. In der Quantenphysik ist ein Teilchen kein kleines Stückchen Materie. Es kann nicht mit klassischen Begriffen wie fest oder unterscheidbar

---

[153] Licht ist eine elektromagnetische Strahlung. Mit Licht bezeichnet man heutzutage allgemein den sichtbaren Teil (Sonnenlicht, Farben) der elektromagnetischen Strahlung. Früher benutzte man den Begriff für jede Form der elektromagnetischen Strahlung. In diesem Buch wird der Begriff Licht meist für das sichtbare Licht verwendet. In manchen Zusammenhängen ist Licht als Synonym für elektromagnetische Strahlung zu verstehen.

beschrieben werden. Es verhält sich wie ein Teilchen und wie eine Welle. Daher spricht man von Quantenobjekten.

Der Projektionsschirm kann eine Fotoplatte sein, dessen Farbe sich an der Stelle ändert, an der das Elektron auftrifft. Öffnet man nur einen Spalt und schießt Elektronen durch diesen Spalt erscheint auf dem Projektionsschirm hinter dem Spalt ein Fleck. Öffnet man den anderen Spalt und verschließt den ersten Spalt, erscheint hinter diesem Spalt ein Fleck. Was passiert nun, wenn man beide Spalten öffnet? Man würde annehmen, dass dann analog zu dem Beispiel mit dem Fußball ein Fleck auf dem Projektionsschirm hinter dem einen Spalt und ein anderer Fleck hinter dem anderen Spalt entsteht. Das ist aber kurioserweise nicht so.

Es entsteht auf dem Projektionsschirm hinter der Platte mit den Spalten ein Streifenmuster. Ein solches Muster entsteht, wenn sich zwei Wellen überlagern, ähnlich wie bei Wasserwellen. Dies nennt man Interferenz.

Bei Wellen passiert etwas ganz Spannendes. Wenn z. B. Schallwellen so aufeinandertreffen, dass die Wellenberge aufeinanderstoßen, dann verstärkt sich die die Welle an dieser Stelle. Das nennt man konstruktive Interferenz. Treffen aber Wellental und Wellenberg aufeinander, so heben sich ihre Kräfte gegenseitig auf. Es entsteht destruktive Interferenz.[154] Das bedeutet für das Doppelspaltexperiment, dass immer dort Streifen auf dem Schirm auftauchen, wo sich die Wellen verstärkt haben und nichts an den Stellen zwischen den Streifen zu sehen ist, an denen sich die Wellen gegenseitig aufgehoben haben.[155] Jetzt könnte man mutmaßen, dass sich die Elektronen vielleicht irgendwie „absprechen", über Trägerteilchen Informationen über ihre Flugrichtung austauschen. Dies ist jedoch nicht der Fall.

Wird die Dichte des Elektronenstrahls so vermindert, dass jeweils nur ein Elektron unterwegs ist, entsteht trotzdem ein Interferenzmuster.

---

[154] Siehe Abbildung in dem Kapitel „Doppelspaltexperiment" in Teil I.
[155] Dies ist ein Effekt, der im Rahmen der Lärmbekämpfung eingesetzt wird. Erzeugt man zu einer Schallwelle die entsprechende Gegenschallwelle neutralisieren sie sich. Im Idealfall ist kein Lärm zu hören.

Wir wissen, dass ein Elektron unteilbar ist und dass ein einziges Elektron nicht durch beide Spalte gleichzeitig fliegen kann.[156] Dennoch entsteht ein Interferenzmuster. Während des Flugs verhält sich das Elektron folglich wie eine Welle.[157]

Das unten gezeigte Bild zeigt eine Elektronenquelle, eine Platte mit zwei Spalten und ein Projektionsschirm. Auf dem Schirm entstehen Streifenmuster.

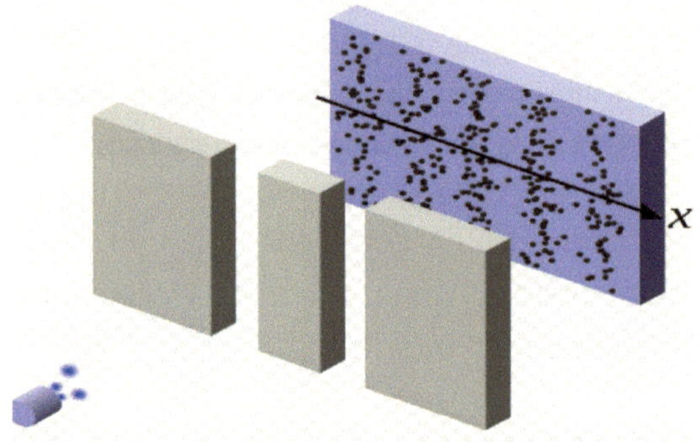

Quelle: https://de.wikipedia.org/wiki/Doppelspaltexperiment, JoKalliauer

Der Wellencharakter des Elektrons liegt die Vermutung nahe, dass das einzeln abgeschossene Elektron mit sich selbst interferiert. Das würde in der Konsequenz bedeuten, dass es gleichzeitig durch beide Spalten fliegt. Das klingt etwas befremdlich, aber mathematisch gesehen führen Berechnungen, die davon ausgehen, dass ein einzelnes Elektron gleichzeitig alle möglichen Wege zurücklegt, zu richtigen Ergebnissen.

---

[156] In diesem Zusammenhang wird der so genannte Quantenradierer kontrovers diskutiert. Bei einem Quantenradierer handelt es sich um eine Versuchsanordnung, bei der die Welche-Weg-Information gemessen und sofort wieder vernichtet wird, wodurch das Interferenzmuster nicht zerstört wird. Ein Polarisator, das heißt ein Bauteil, das die Schwingungsrichtung eines Quantenobjekts messen kann, ermittelt den Weg. Die Information über den Weg wird durch einen weiteren Polarisator vor Auftreffen auf dem Schirm wieder zunichte gemacht.
[157] Was wir unter Wellencharakter zu verstehen haben, wird in Kapitel „Alles ist Schwingung" näher erläutert.

Da schwer vorstellbar ist, wie ein Teilchen (z. B. Elektron oder Photon) gleichzeitig mehrere Wege zurücklegt, haben die Wissenschaftler einen Versuch durchgeführt, bei dem man misst, welchen Weg ein Photon gegangen ist.[158] Dafür gibt es Versuchsaufbauten, bei denen man die Polarisation, das heißt die Schwingungsrichtung, eines Teilchens beeinflusst. Durch die Polarisation lassen sich dann Rückschlüsse ziehen, welchen Weg das Teilchen genommen hat. Wenn jedoch durch diese Versuchsanordnung eine Information darüber besteht, welchen Weg das Teilchen genommen hat, entsteht kein Interferenzmuster mehr auf dem Projektionsschirm.

Auch bei Elektronen schließen sich die Welche-Weg-Information und Interferenz aus. Würde man mit Hilfe von Röntgenstrahlen messen, welchen Weg das Elektron nimmt, würde kein Streifenmuster, das heißt keine Interferenz, entstehen. Die hochfrequente Röntgenstrahlung wäre so stark, dass es durch eine Impulsübertragung den Flugweg des Elektrons beeinflussen würde. Bei Verwendung einer niedrigeren Strahlenfrequenz würde das Interferenzmuster nicht verschwinden, allerdings wäre der Strahl so schwach, dass man keine Aussage mehr über den Flugweg des Elektrons machen könnte.

Es sei hier angemerkt, dass man das Verschwinden der Interferenz bei dem Versuch mit der Polarisation auch mit der klassischen elektromagnetischen Theorie erklären kann. Durch die Manipulation entstehen Wellen mit orthogonaler (rechtwinkeliger) Polarisation und diese können nicht interferieren.

Dieses Doppelspaltexperiment wird als Beweis gesehen, dass der Beobachter durch seine bloße Beobachtung den Ausgang des Experiments beeinflusst. Natürlich haben die Beobachtung und der Versuchsaufbau einen Einfluss auf das Ergebnis, jedoch beeinflusst nicht der Beobachter durch Manipulationen auf einer

---

[158] Complementarity and the Quantum Eraser, Thomas J. Herzog, Paul G. Kwiat, Harald Weinfurter, and Anton Zeilinger, Phys. Rev. Lett. 75, 3034 – Published 23 October 1995, abgerufen unter https://journals.aps.org/prl/abstract/10.1103/PhysRevLett.75.3034

Bewusstseinsebene oder bestimmte Gedanken die Bewegung der Teilchen. Drei verschiedene Versuchsanordnungen wurden erläutert:

1. Es ist nur ein Spalt geöffnet und das Teilchen wird auf dem Projektionsschirm erfasst.
2. Es sind beide Spalten geöffnet und die Teilchen werden auf dem Projektionsschirm erfasst.
3. Beide Spalten sind geöffnet und der Weg des Teilchens wird gemessen.

Wenn nur ein Spalt geöffnet ist, verhält sich das Teilchen wie ein klassisches Teilchen.

Wenn beide Spalten geöffnet sind, verhält sich das Teilchen wie ein Teilchen und wie eine Welle. Es hat einen Wellencharakter, weil ein Interferenzmuster entsteht. Es hat beim Detektieren auf dem Schirm einen Teilchencharakter. Die Teilchen verhalten sich in der zweiten Versuchsanordnung anders als nach der klassischen Physik zu erwarten wäre.

Wenn beide Spalten geöffnet sind und der Weg gemessen wird, hat das Quantenobjekt einen Teilchencharakter.

Die unterschiedlichen Versuchsergebnisse entstehen jedoch nicht dadurch, dass der Versuchsleiter, die Teilchen gedanklich beeinflusst. Der von einem mit einem Bewusstsein versehenen Versuchsleiter durchgeführte Messvorgang bestimmt darüber, ob das Quantenobjekt einen Teilchen- oder Wellencharakter zeigt. Dieses Verhalten der Teilchen nennt man Welle/Teilchen-Dualismus.

Im Doppelspaltexperiment kann der Versuchsleiter nicht durch Gedanken das Ergebnis beeinflussen.

Der Welle/Teilchen-Dualismus wird damit erklärt, dass im Moment der Messung der Wellencharakter des Teilchens kollabiert und nur noch Teilchencharakter hat. Diese Erklärung wird der sogenannten Kopenhagener Deutung zugeordnet, die im Kapitel „Kopenhagener Deutung" in Teil I näher erläutert wurde. Im Grunde geht es bei dem Messvorgang um die Frage, an welcher Stelle das nächste Elektron auftrifft, um das Interferenzmuster ein bisschen weiter aufzubauen. Es ist ein Grundprinzip der Quantenmechanik, dass sich gewisse komplementäre Größen wie z. B. Ort und Impuls nicht gemeinsam scharf, das heißt genau, definieren lassen. Vor der Messung ist der Ort des Elektrons „unscharf". Eine quantenmechanische Beschreibung des Messschirms sollte zur Folge haben, dass sich diese Unschärfe auf ihn überträgt. Stattdessen erhält man einen scharfen Messwert.

Ein anderer Ansatz ist die in Teil I erläuterte Bohmsche Mechanik. Sie erweitert die Schrödinger-Gleichung um Führungswellen, so dass es nicht zu einem Kollaps der Wellenfunktion kommt. Die Bohmsche Mechanik geht davon aus, dass sich Quantenobjekte vorherbestimmt verhalten und dass die genaue Berechnung z. B. des Weges nur aufgrund mangelnder Kenntnis der Anfangsbedingungen nicht möglich ist. Dieser deterministische Ansatz hat deutlich weniger Anhänger als die Kopenhagener Deutung, obwohl sie

Es gibt auch eine deterministische Interpretation der Quantenphysik.

zu den gleichen Ergebnissen führt wie die Berechnungen mit der Schrödinger-Gleichung und deren Interpretation nach der Kopenhagener Deutung. Das kann daran liegen, dass, wie der bekannte Quantenphysiker John Bell vermutete, die Bohmsche Mechanik weniger „romantisch" ist.

Bohm, der aufgrund seiner 1980 entstandenen Modells einer impliziten (eingefalteten) und expliziten Ordnung vieler Anhänger in den esoterischen Kreisen hat, ging es nicht darum, zu beweisen, dass quantenphysikalische Prozesse deterministisch sind; vielmehr lag seine Motivation darin, aufzuzeigen, dass es neben der Kopenhagener Deutung auch andere Erklärungsansätze geben kann.[159] Mit expliziter oder entfalteter Ordnung bezeichnet Bohm die für uns wahrnehmbaren Objekte, hinter denen jedoch eine implizite, eingefaltete Ordnung steht, die über das hinausreicht, was Materie genannt wird. Bohm begriff seine Theorie eines Weltbilds als Modell.

---

[159] Aufgrund dieses Modells, das philosophische Ansichten umfasst, wird Bohm gern in esoterischen Kreisen zitiert. Wichtig ist dabei, sich zu veranschaulichen, dass es sich um Bohms Weltbild handelt, dass nicht durch die Quantenphysik bewiesen wurde.
Bohm, David, Wholeness and the Implicate Order, Routledge, London 1980, zitiert nach
https://en.wikipedia.org/wiki/Implicate_and_explicate_order#CITEREFBohm1980, abgerufen Juni 2016

Wenn im Folgenden die Rede davon ist, dass der Messvorgang das Teilchen auf einen Zustand reduziert, dann ist das so zu verstehen, dass durch die Messung der konkrete Ort festgestellt wird. Die Interpretationen, ob der Ort des Teilchens nicht berechenbar und daher vor der Messung unbekannt ist, weil er sich grundsätzlich nicht vorhersagen lässt oder aber weil er – obwohl er zwar grundsätzlich vorhersagbar und vorbestimmt ist – aufgrund mangelnder Kenntnis der Anfangsbedingungen nicht vorhergesagt werden kann, sind diametral entgegengesetzt und offenbaren ein komplett unterschiedliches Weltverständnis. Ich stütze mich bei Erklärungen auf die Kopenhagener Deutung, möchte aber darauf hinweisen, dass sie nur ein Erklärungsmodell ist.

Weshalb scheint es so naheliegend, das Doppelspaltexperiment als Beweis für die Beeinflussung des Versuchsergebnisses durch den Beobachter anzuführen? Zum einen hat es sicherlich damit zu tun, dass das Experiment zur Verklärung geeignet erscheint, da es keine von allen Quantenphysikern anerkannte Erklärung für den Wellen/Teilchen-Dualismus gibt. Zum anderen hat es mit zwei wichtigen Prinzipien der Quantenphysik zu tun, die man sich stets vor Augen halten sollte, um nicht Sachverhalte zu mystifizieren: der Eingriff in das System und die Superposition. Außerdem spielt bei der Interpretation des Experiments noch unser Realitätsbegriff mit hinein. Was ist mit Prinzipien der Quantenphysik gemeint?

Eingriff in das System

Dazu ein einfaches Beispiel. Sie möchten etwas über die Oberflächen-beschaffenheit einer Billardkugel erfahren und berühren daher mit dem Finger die Kugel. Sie spüren, dass sich die Kugel glatt anfühlt. Sie sind wahrscheinlich in der Lage, die Kugel zu berühren, ohne sie dabei zu bewegen. Nun möchten Sie etwas über die Oberfläche eines Pingpongballs erfahren. Er ist leichter und kleiner als eine Billardkugel, aber wahrscheinlich wird es Ihnen noch gelingen, den Pingpongball zu berühren und die Oberfläche zu erspüren, ohne ihn zu bewegen. Nun möchten Sie die Oberfläche eines Staubkorns ertasten. Es wird Ihnen nicht möglich sein, etwas durch Berührung über die Oberfläche eines Staubkorns zu erfahren, ohne die Position des Staubkorns zu verändern. Und so verhält es sich auf Quantenebene. Sie haben es mit extrem kleinen Teilchen zu tun. In dem

Moment, in dem Sie etwas messen möchten, greifen Sie schon ein. Und zwar in dem Sinne, dass durch die Messung der Zustand erst definiert ist.

Man kann auf Quantenebene keine Messung durchführen, ohne nicht in irgendeiner Form in das System einzugreifen.

Wenn Sie beobachten, wie ein Apfel vom Baum fällt, wird Ihr Blick darauf den Weg des Apfels nicht beeinflussen. Ihr Wimperschlag wird nicht die Fallrichtung des Apfels verändern. Wenn wir in der Quantenphysik durch Versuchsaufbauten genau hinschauen, greifen wir schon in das System ein.

Allerdings ist dabei zu beachten, dass es das Grundprinzip der Quantenmechanik ist, dass gewisse Quantenzustände nicht gemeinsam genau definiert werden können. Dies ist eine fundamentale Eigenschaft von Quantenobjekten, die unabhängig vom Messproblem besteht.

Superposition

Das zweite wichtige Prinzip ist das der Superposition.[160] Mit Superposition im weiteren Sinn ist der Sachverhalt gemeint, dass ein Teilchen theoretisch an beliebig vielen Stellen gleichzeitig sein kann bzw. das Eigenschaften nicht jederzeit einen festen Wert haben. Wenn wir z. B. die Elektronen, die sich um einen Atomkern bewegen, beobachten, können wir nicht sagen, dass sich das Elektron zu einem gewissen Zeitpunkt an einer festgelegten Stelle befindet und nach einer Sekunde an einer anderen festgelegten Stelle. Das Elektron könnte hier oder dort sein. Wenn wir nun genau wissen wollen, wo sich denn das Elektron befindet, müssen wir es messen. Es ist zu klein und zu schnell, als dass wir es mit dem Auge beobachten könnten. Wenn diese Messung erfolgt, dann befindet sich das Elektron zu diesem Messzeitpunkt an dem gemessenen Ort. Das bedeutet jedoch nicht, dass wir es über eine gedankliche Manipulation zu diesem Ort befördert haben. Es

---

[160] Mit Superposition bezeichnet man eine Überlagerung gleicher physikalischer Größen, wobei sie sich diese nicht gegenseitig beeinflussen. Quantenmechanische Zustände von Teilchen lassen sich mit einer Wellenfunktion beschreiben. Diese Wellenfunktionen können sich überlagern.

hätte auch an einer Stelle sein können. Da es aber gemessen wurde, können wir eine Aussage über seinen Aufenthaltsort genau zum Zeitpunkt der Messung treffen. Das Teilchen hätte vorher an Ort A, Ort B und Ort C sein können. Durch die Messung wissen wir nun, dass es sich z. B. an Ort B befindet. Wenn wir auf der Grundlage unseres vom normalen makroskopischen Alltag geprägten Verständnisses die Sache beurteilen, würden wir sagen, dass das Elektron auch an Ort B gewesen wäre, wenn wir es nicht gemessen hätten. Wir gehen im Allgemeinen von einer objektiven Realität aus, die unabhängig von unserem Bewusstsein besteht. Gemäß der Kopenhagener Deutung ist das real, worüber wir eine Aussage treffen können. Das bedeutet jedoch nicht, dass der Versuchsleiter oder der Beobachter durch seine Gedanken oder sein Bewusstsein das Teilchen manipuliert in dem Sinne, dass es ihm „sagt", wie es sich verhalten soll. Durch den Messvorgang findet lediglich eine Zustandsreduktion statt.

Durch den Messvorgang kann eine klare Aussage über den Aufenthaltsort des Teilchens gemacht werden, wodurch sich das Teilchen nicht mehr in einem Superpositionszustand befindet. Es kann nicht mehr an Ort A und Ort C sein, weil wir es an Ort B gemessen haben.

Dieser Sachverhalt wird gerne so interpretiert, dass der Mensch durch sein Bewusstsein die Realität schafft. Dies wird oft sehr verklärt dargestellt. Natürlich wurde in einem gewissen Sinn eine Realität geschaffen. Die Möglichkeit, dass sich das Teilchen an Ort A, Ort B oder Ort C befinden kann, wurde durch den Messvorgang auf die Realität reduziert, dass sich das Teilchen zum Messzeitpunkt an Ort B befindet.

Exkurs zum Realitätsbegriff

Die Frage dabei ist, wie wir Realität definieren. Im Folgenden führen wir einige Beispiele auf, die zeigen, wie schwierig die Definition von Realität ist. Wie oben bereits beschrieben, möchten wir gern glauben, dass es eine objektive Realität gibt, die unabhängig von unserem Bewusstsein besteht. Natürlich wird in gewissem Sinn etwas zur Realität, weil wir es wahrnehmen. Wenn wir es nicht wahrnehmen, könnten wir keine Aussage treffen. Das bedeutet jedoch nicht, dass unser Bewusstsein eine vermeintlich objektive Realität durch Gedankenkraft manipuliert. Wir glauben, – um ein gern zitiertes Beispiel zu nennen -, dass der Mond auch scheint, wenn wir nicht hingucken, dass der Bleistift noch auf dem Tisch liegt, auch wenn wir ihn länger nicht angeschaut haben. Eine solche Realitätsauffassung hat sich in unserem Alltag bewährt und entspricht unserer Alltagserfahrung. Und es gibt den Menschen ein Gefühl von Sicherheit, wenn sie davon ausgehen, dass es eine objektive Realität gibt, die unabhängig von unserer Wahrnehmung besteht. Die philosophische Frage, was Realität ist, hat schon Denker und Philosophen lange vor der Entwicklung der Quantenphysik beschäftigt. Im Folgenden möchte ich ein Beispiel aufzeigen, dass die Komplexität des Realitätsbegriffs veranschaulicht:

Unser Universum ist ca. 13,7 Milliarden Jahre alt. Nehmen wir an, dass in unserem sichtbaren Universum, das aus etwa 1 Billion Galaxien mit etwa 70 Trilliarden (7×10^{22}) Sternen besteht, ein Stern entstanden und wieder verschwunden ist, ohne dass je ein Teleskop den Nachweis seiner Existenz liefern konnte. Durch nichts ließe sich seine Existenz belegen. Dann könnte man nicht behaupten, dass der Stern existiert habe. Intuitiv würde man sagen, dass er doch da war, also existent war. Aber da nichts seine Existenz belegen kann, ist es so, als wenn er nicht existiert hätte. Das heißt, wenn sich keiner dieses Sterns bewusst geworden ist, dann kann man ihm keine Existenz zuschreiben.

Ein weiteres Beispiel: Wenn mehrere Personen unterschiedlich gefärbte Gegenstände anschauen, dann wären sie sich sicherlich darüber einig, dass sie z. B. eine gelbe Zitrone, einen grünen Apfel und eine rote Tomate sehen. Farben entstehen durch elektromagnetische Schwingungen, und um welche Farbe es sich handelt, hängt von der jeweiligen Wellenlänge ab. Die jeweiligen Wellenlängen habe ich in Teil I unter „Was ist Energie?" erläutert. Welche Farbe wir wahrnehmen, wird jedoch erst durch das Auge und die neuronale Verarbeitung bestimmt. Bei einer Rotgrünblindheit z. B. liegt eine Veränderung einer Gensequenz vor, wodurch die Menschen die Farben rot und grün nicht unterscheiden können. Wenn alle Menschen diese Genveränderung hätten, dann sähe es doch so aus, als ob es keinen Unterschied zwischen Grün und Rot gäbe.

Darin wären sich dann alle Menschen einig und fest davon überzeugt, dass die Realität so ist, wie sie von allen wahrgenommen wird. Diese Beispiele zeigen, wie schwierig es ist, von einer objektiven Realität zu sprechen.

Auf Quantenebene scheint es keine objektive Realität zu geben. Das bedeutet jedoch nicht, dass die Quantenphysik bewiesen hat, dass sich quantenphysikalische Prozesse durch unsere Wahrnehmung oder unser Bewusstsein manipulieren lassen.

Die Quantenphysik hat gezeigt, dass wir über den Zustand z. B. eines Elektrons nur eine Aussage treffen können, wenn wir den jeweiligen Zustand (z. B. Ort) messen. Dadurch wird eine Zustandsreduzierung vorgenommen. Aus den vielen Möglichkeiten ist das Teilchen durch den Messvorgang auf einen konkreten Zustand festgelegt. Die Schlussfolgerung, dass daher die gesamte Materie nicht als real anzusehen ist, ist gewagt. Auch wenn man als Ursprung oder Quelle alles Seins einen allumfassenden Geist postulieren würde, so könnte man Materie als solche dennoch als Realität definieren. Letztendlich ist das eine Frage der Begrifflichkeit. Begriffe, Sprache und Logik können sich der Wahrheit oder Essenz nur nähern.

Exkurs – Wie beeinflussen Gedanken unsere Realität?

Es ist jedoch nachgewiesenermaßen so, dass Gedanken unsere Realität beeinflussen. Das ist jedoch nichts, was die Quantenphysik mit ihren Versuchen bewiesen hat. Das ist ein Thema der Neurowissenschaften und der Psychologie. Es gibt eine individuelle emotionale Realität, die durch unser subjektives Empfinden bestimmt wird. Diese individuelle emotionale Realität können wir in der Tat durch unsere Gedanken, Glaubensmuster und unsere Einstellung beeinflussen. Etwas vereinfacht weist schon die Redensart „Wie es in den Wald hineinschallt, so schallt es wieder heraus." darauf hin. Ob wir ein Gemälde oder eine Farbe schön finden, ob uns etwas berührt, ob wir bei einem melodramatischen Film zu Tränen gerührt sind, hängt stark von unserem emotionalen Zustand und unserer familiären, individuellen und kulturellen Prägung ab. Dass unsere Einstellung einen Einfluss auf unsere persönliche Realität und damit auch auf Heilungsprozesse hat, ist wissenschaftlich bewiesen und dieser Sachverhalt wird auch in der Schulmedizin genutzt. Ich möchte einige Beispiele dazu aufzeigen. Eine Beeinflussung ist z. B. durch Übungen zum positiven Denken (Simonton-Methode) als auch durch Visualisierungsmethoden möglich.[161] In einem Versuch wurden Kranke, die sich kaum bewegen konnten, gebeten, sich vorzustellen, Gymnastikübungen auszuführen. Die Übungen, die sie nur gedanklich machten, führten zu einem Anwachsen der Muskeln.

Auch das Vertrauen in eine Heilmethode oder ein Medikament spielt eine große Rolle. Bei Menschen, die an die angewandte Heilmethode glauben, sind bessere Heilwirkungen zu erkennen. Zu der Wirksamkeit von Medikamenten wurden Untersuchungen durchgeführt, bei denen zwei Patientengruppen ein Placebo erhielten. Der einen Gruppe sagten die Ärzte, dass es sich um ein sehr teures, hochwirksames Medikament handelt, der anderen Gruppe nannte man für das Medikament den üblichen Preis. In der Gruppe, die annahm, ein sehr teures Medikament zu nehmen, waren bessere Heilungsprozesse zu beobachten. Glücklicherweise wird die Wirkungsweise von Placebos zunehmend erforscht. Man weiß mittlerweile, dass es sich um komplexe psychoneurobiologische Phänomene handelt, die die Aktivität bestimmter Hirnregionen und damit auch physiologische Prozesse beeinflussen.

Doch nicht nur die Gedanken und die Visualisierungen spielen eine große Rolle sondern auch positive Stimulierungen auf der Körperebene. Wenn man sich für ca. 10 Minuten zum Lächeln zwingt, führt das zu einer Stimmungsaufhellung, auch wenn man sich zu dem Lächeln gezwungen hat. Das Gehirn erhält durch das Lächeln die Botschaft: Ich bin zufrieden und dann fühlt man sich so. Es ist z. B. auch viel schwieriger Wut zu empfinden oder negative Gedanken zu haben, wenn man lächelt.

All diese Beispiele zeigen, dass die innere Einstellung, die Gedanken oder das Bewusstsein, wenn man es gemäß der Definition des Dudens als „Gesamtheit der

---

[161] http://www.simonton.de/index.php/de/methode

Überzeugungen eines Menschen, die von ihm bewusst vertreten werden" begreift, den Heilungsprozess positiv beeinflussen.

Durch positive Gedanken können neurobiologische Prozesse ausgelöst werden und damit bewegen sich natürlich auch Atome in unserem Körper. Wenn Sie z. B. den Gedanken haben, Ihren Arm zu heben und ihn dann heben, dann würden Sie sicherlich bei der Beschreibung Ihrer Handlung sagen, dass Sie Ihren Arm bewegen wollten und nicht, dass Sie einzelne Atome Ihres Armes oder Körpers so beeinflusst haben, dass sich der Arm gehoben hat.

Zusammenfassung:

Weder das Doppelspaltexperiment noch andere quantenphysikalische Versuche beweisen, dass das Bewusstsein gezielt die Bewegung einzelner atomarer Teilchen unseres Körpers beeinflusst.

4. Bewusstsein verändert oder schafft Materie

Behauptungen, dass Bewusstsein Materie verändert oder schafft, findet man recht häufig. Dabei wird entweder direkt auf die Quantenphysik Bezug genommen oder es werden im Text Begriffe oder Sachverhalte eingestreut, um den Aussagen einen wissenschaftlichen Anstrich zu geben. Im Folgenden wieder einige Beispiele:

„Die Quantenphysik, im speziellen Fall die Quantenmechanik, sagt: Es gibt ein „Meer aller Möglichkeiten", sprich: den Vakuumbereich – wobei das ein schlechter Ausdruck ist, weil Vakuum immer ganz leer wirkt, aber der Raum ist ja voll von virtueller Energie. Und sobald wir aus diesem Meer aller Möglichkeiten eine Möglichkeit herausfischen, die wir mit Sinn und Bedeutung erkannt haben, entstehen Teilchen."

„Die Quantenphysik geht davon aus, dass Bewusstsein Raum, Zeit und Materie kreiert."

„Die Erkenntnisse der Quantenphysiker des letzten Jahrhunderts haben das lange vorherrschende Weltbild – Geist und Materie sind getrennt – aufgehoben. Das Gegenteil ist der Fall – Materie entsteht durch Geist und Bewusstsein."

„Die Quantenphysik konnte in vielen Experimenten nachweisen, dass wir durch die Steuerung unseres Bewusstseins auf die Materie einen direkten Einfluss ausüben."

Während bei der Behauptung, dass das Bewusstsein Realität schafft, wenigstens auf das Doppelspaltexperiment verwiesen wird, das ich im vorherigen Kapitel erläutert habe, werden die Behauptungen, dass Bewusstsein Materie verändert oder kreiert, größtenteils nicht weiter erklärt. Manchmal findet man den Hinweis darauf, dass das Bewusstsein aus der Vielfalt der Möglichkeiten eine auswählt und damit ein Teilchen entsteht. Diese Erklärungsweise basiert wahrscheinlich auch auf einer individuellen Interpretation des Doppelspaltexperiments. Wie wir wissen, kann z. B. ein Elektron sowohl Teilchen- als auch Wellencharakter haben. Über den genauen Aufenthaltsort des Elektrons kann erst eine Aussage getroffen werden, wenn eine Messung vorgenommen wird. In der Quantenphysik ist mit Wellencharakter eines Quantenobjekts gemeint, dass über eine mathematische Wellenfunktion die Aufenthaltswahrscheinlichkeiten eines Teilchens berechnet werden kann. Die Wellenfunktion ist dabei die Lösung der bekannten Schrödinger-Gleichung, die wir im Kapitel „Alles ist Schwingung" näher betrachtet haben. Diese Aufenthaltswahrscheinlichkeiten sind die unterschiedlichen Möglichkeiten. Wenn durch eine Messung der Ort festgelegt ist, wird dadurch kein Teilchen erschaffen. Das Teilchen existierte schon vorher, nur sein Aufenthaltsort war nicht festgelegt.

Da die oben aufgeführten Behauptungen nicht näher erläutert werden, ist schwer nachvollziehbar, aus welchen Sachverhalten sie außer dem Doppelspaltexperiment hergeleitet wurden. Jedoch beziehen sich die Vertreter alternativer Heilmethoden bei den oben genannten Aussagen oft auf Versuche des Heart Math-Instituts. Dies ist kein Versuchszentrum für quantenphysikalische Experimente; sie sollen hier dennoch erläutert werden, weil sehr oft auf sie Bezug genommen wird.

Ein Experiment des HeartMath-Instituts[162], bei dem untersucht wird, inwieweit das Bewusstsein Materie verändern kann, wird im Folgenden beschrieben.

Bei diesem Versuch wird untersucht, inwieweit die Testpersonen durch Gedankenkraft die Form einer in einem Becherglas befindlichen DNA-Probe beeinflussen können. Die DNA ist der Trägerstoff unserer Gene, setzt sich aus verschiedenen Proteinen zusammen und ist leicht gedreht, so dass sie wie eine gedrehte Strickleiter aussieht. Proteine sind sehr große Moleküle. Forschungsgegenstand der Quantenphysik sind neben subatomaren Teilchen auch Moleküle, allerdings beschäftigt sie sich nicht mit großen Molekülverbänden wie DNA-Strängen. Wir befinden uns daher bei dem Versuch nicht mehr auf quantenphysikalischer Ebene. Die DNA wird so präpariert, dass sie sich leicht aufgewickelt hat. Die einzelnen Proben werden in jeweils ein Becherglas getan. Der Versuch wurde mit insgesamt achtzehn Testpersonen durchgeführt. Zehn der

---

[162] Mc Crathy, Rollin; Ph. D. Atkinson, Mike, Tomasino, Dana B. A. Modulation of DNA conformation by heart-focused intention, Institute of HeartMath 2003, www.heartmath.com, abgerufen März 2015

Testpersonen hatten Erfahrung mit herzfokussierten kohärenzbildenden Techniken des HeartMath-Instituts. Die anderen acht Personen hatten keine Erfahrung mit diesen Techniken. Diese Techniken bestehen darin, dass man sich auf das Herz konzentriert und gleichzeitig eine positive Emotion wie z. B. Wertschätzung oder Liebe hervorruft.[163] Dieser Zustand der mentalen, emotionalen und physischen Ausgeglichenheit und Harmonie bewirkt gemäß den Untersuchungsergebnissen des Heart Math-Instituts, dass der Herzrhythmus gleichmäßiger, das heißt kohärenter wird, und sich damit der ganze Körper in einem entspannten Zustand befindet.[164]

Dann wurden folgende Versuchsanordnungen untersucht:

1) Die in Herzkohärenz ausgebildeten Testpersonen sollen sich auf ihr Herz fokussieren, eine positive Emotion (Liebe und Wertschätzung) hervorrufen und die Intention setzen, die DNA in einer vorgegebenen Art zu manipulieren.

2) Die in Herzkohärenz ausgebildeten Testpersonen sollen sich auf ihr Herz fokussieren, eine positive Emotion (Liebe und Wertschätzung) hervorrufen und keine Intention haben, die DNA zu manipulieren.

3) Die in Herzkohärenz ausgebildeten Testpersonen sollen sich in einem normalen Gemütszustand befinden und die Intention setzen, die DNA in einer vorgegebenen Art zu manipulieren.

4) Die Kontrollgruppe, das heißt die acht Testpersonen, die keine Erfahrung oder Ausbildung in herzfokussierten kohärenzbildenden Techniken haben, sollen versuchen, sich in einen herzfokussierten Zustand zu versetzen und die DNA zu manipulieren.

Die angestrebte Manipulation der DNA bestand darin, die durch Präparation leicht aufgewickelte DNA entweder weiter aufzuwickeln oder in Richtung ihrer ursprünglichen Form zu drehen. Die Veränderung der DNA wurde mit einem Spektralphotometer gemessen. Dabei wird festgestellt, wieviel UV-Licht die DNA

---

[163] Eine Ausbildung zum Heart Math Coach dauert 6 Tage.
[164] Das Heart Math-Institut geht davon aus, dass das Herz ein besonders starkes elektromagnetisches Feld erzeugt, das sich über den Körper und den Körper hinaus ausbreitet.

absorbieren kann. Vor und während des Versuchs sind die Testpersonen an ein EKG angeschlossen. Die EKG-Auswertung hat gezeigt, dass sich nur bei den in Herzkohärenz ausgebildeten Testpersonen eine Herzkohärenz messen ließ. Unter Herzkohärenz versteht das HeartMath-Institut einen gleichmäßigen Herzrhythmus, das heißt einen gleichmäßigen Herzschlag. Die Impulse des Sympathikus und des Parasympathikus, die zum vegetativen Nervensystem gehören und für die Steuerung der Organe und des Blutkreislaufs zuständig sind, befinden sich dabei also in Balance.

Die Versuchspersonen nehmen ein Becherglas, in dem sich die DNA befindet, für zwei Minuten in die Hand und versuchen – falls gefordert –, sie zu manipulieren.

Diese Versuchsanordnungen führten zu den folgenden Ergebnissen:

1) Die in Herzkohärenz ausgebildeten Testpersonen konnten sich in einem herzfokussierten Zustand die Aufwicklung, das heißt die Helixstruktur, gemäß den Anforderungen verändern.

2) Wenn die in Herzkohärenz ausgebildeten herzfokussierten Testpersonen keine Veränderung der DNA beabsichtigten, dann waren keine signifikanten Änderungen bei der DNA messbar.

3) Die in Herzkohärenz ausgebildeten Testpersonen konnten die DNA nicht verändern, wenn sie sich nicht in einem herzfokussierten Zustand befanden.

4) Die nicht in kohärenzbildenden Techniken ausgebildeten Testpersonen der Kontrollgruppe konnten trotz des Versuchs sich in einen herzfokussierten Zustand zu bringen mit einer Ausnahme keine Veränderung der DNA bewirken.

Das Experiment hat außerdem gezeigt, dass die in Herzkohärenz ausgebildeten Testpersonen, die eine höhere Herzkohärenz während des Experiments erzielen konnten, auch eine größere Veränderung der DNA bewirken konnten. Je stärker der Kohärenzzustand desto stärker die Veränderung.

Eine von den acht Testpersonen fühlte sich sehr schlecht, konnte keine positiven Emotionen hervorrufen und auch die Messergebnisse zeigten unregelmäßige Herzmuster. Dennoch konnte sie willentlich eine Veränderung der DNA bewirken.

Neben den oben genannten Versuchen wurden noch zusätzliche Versuche durchgeführt. Bei einem Versuch wurden einer in Herzkohärenz ausgebildeten Person drei Proben gegeben. Die Proben befanden sich in drei Glasröhrchen, die in einem Becherglas aufbewahrt wurden. Die in Herzkohärenz geübte Testperson hatte, nachdem sie sich in einen Zustand der Herzkohärenz gebracht hat, die Aufgabe, die Intention zu setzen, dass sich eine DNA-Probe noch stärker dreht, sich die andere Probe weiter aufdreht und die dritte Probe nicht verändert. Es konnte gemessen werden, dass sich die drei DNA-Proben genauso verhielten, wie die Testperson es beabsichtigt hatte.

Ein weiterer Versuch wurde durchgeführt, um zu überprüfen, ob auch Veränderungen über eine größere Entfernung möglich sind. Die Probe befand sich in einer Entfernung von 800 Metern von der Testperson und auch in diesem Fall konnten Änderungen der DNA-Probe durch die willentliche Steuerung hervorgerufen werden.

Mit diesem Versuch konnte gezeigt werden, dass die Veränderungen nicht allein durch elektromagnetische Felder bewirkt werden können, da die vom Herz erzeugten elektromagnetischen Felder nicht so stark sein können, dass sie über eine Entfernung von 800 Meter wirken.

Prozesse innerhalb des Körpers eines Menschen erklärt das Heart Math-Institut damit, dass das elektromagnetische Feld des Herzen mit anderen im Körper polarisierbaren Geweben und Substanzen interagiert und dadurch Interferenzmuster, das heißt Überlagerungen von Wellen, erzeugt werden. Auf diese Weise können über harmonische Schwingungen des Herzens die Schwingungen in den Zellen anderer Organe oder Körperteile harmonisiert werden.

Die Versuchsergebnisse sind durchaus interessant, allerdings reicht ein Experiment mit insgesamt achtzehn Testpersonen nicht aus, um fundierte wissenschaftliche

Aussagen zu treffen. Es gibt auch keine Versuche, die zeigen, wie sich die DNA im Körper eines lebenden Menschen durch positive Gedanken verändert. Auch sind sie nicht geeignet, um Aussagen auf quantenphysikalischer Ebene zu machen, da nicht atomare und subatomare Teilchen untersucht wurden. Natürlich bewegen sich bei jeder örtlichen Veränderung einer Substanz oder eines Körperteils die kleinsten Teilchen, aus denen diese Substanz besteht. Wenn Sie den Arm heben, werden Sie jedoch sicherlich auch nicht sagen, dass Sie die Atome ihres Armes angewiesen haben, sich zu bewegen, auch wenn sich natürlich die Atome Ihres Armes bewegt haben, da sich Ihr Arm, der aus Atomen besteht, bewegt hat. Die DNA besteht aus einer Ansammlung von Proteinen. Es handelt sich folglich nicht mehr um Quantenobjekte. Es gibt keine Versuche, wie sich Elektronen oder Protonen in den Atomkernen im Einzelnen verhalten. Es ist technisch nicht möglich, die Eigenschaften von subatomaren Teilchen im Körper zu messen.

Doc Childre, der Gründer des HeartMath-Instituts, vertritt die These, dass das Bewusstsein über eine höherdimensionale Struktur im Quantenvakuum kommuniziert und dass diejenigen, die einen Zustand der Herzkohärenz herstellen können, eine stärkere Verbindung zu den höherdimensionalen Strukturen haben und daher eher in der Lage sind, Veränderungen an der DNA zu bewirken. Dies wird auch als Herzintelligenz bezeichnet.

Wie die Beeinflussung der Materie durch Bewusstsein im Einzelnen stattgefunden hat, konnte in dem Versuch nicht gezeigt werden. Die Frage, wie auf einer Entfernung über 800 m die Kommunikation über diese höherdimensionalen Strukturen ablaufen soll, blieb offen. Zwei zentrale Begriffe bei den vom HeartMath-Institut durchgeführten Versuchen sind die Begriffe Herzintelligenz und Herzkohärenz.

Doc Childres Theorie der Herzintelligenz besagt, dass es eine Verbindung über Resonanzmechanismen zwischen höherdimensionalen Strukturen im Quantenvakuum, die auch als Höheres Selbst bezeichnet werden, und der DNA in den Zellen unseres Körpers gibt.

Das Herz ist laut seiner Theorie zum einen der Empfangskanal für Informationen aus höherdimensionalen Strukturen, die sich dann im Körper verankern können.[165] Diese Verankerung oder Verbindung ist umso intensiver, je stärker die Herzkohärenz ist. Diese Informationsübertragung von höherdimensionalen Strukturen über das Herz hin zu den einzelnen Zellen erfolgt über das elektrische Feld des Herzen. Das Herz[166] kann laut dieser Theorie von allen Organen das stärkste elektromagnetische Feld aufbauen. Die DNA mit ihrer Helixstruktur, das heißt in ihrer Form einer gedrehten Strickleiter, dient als Antenne. Über diese Antenne wird das elektromagnetische Feld von der DNA in den verschiedenen Körperzellen übertragen. Wie der Versuch über die Beeinflussung einer DNA-Probe gezeigt hat, kann das elektrische Feld des Herzens jedoch nicht der einzige Grund für die erfolgte Veränderung der DNA-Probe sein. Die Theorie der Herzintelligenz ist hypothetisch; nicht zuletzt deswegen, weil andere oder höhere Dimensionen bisher noch nicht nachgewiesen werden konnten.

Was verbirgt sich hinter dem zweiten zentralen Begriff der Herzkohärenz? Mit Herzkohärenz ist ein Zustand mentaler, emotionaler und physischer Ausgeglichenheit und Harmonie gemeint, der sich in einem gleichmäßigen, geordneten und sinuswellenartigen Herzrhythmus ausdrückt.[167]

Der Begriff Herzkohärenz ist kein medizinischer Fachbegriff. Das HeartMath-Institut spricht im Zusammenhang von Herzkohärenz auch von Herzfrequenzvariabilität[168].

---

[165] Interessant dabei ist die Frage, wie sich diese Theorie mit der Chakrentheorie vereinbaren lässt, bei der über das Kronenchakra die Verbindung zum Göttlichen hergestellt wird und das Herzchakra für Liebe und Heilung steht.

[166] Mit der Magnetokardiographie lässt sich das durch die elektrophysiologische Aktivität hervorgerufene Magnetfeld des Herzens messen. Das Herz hat eine magnetische Flussdichte von 20 – 80 Picotesla (0,00000000002 Tesla). Vgl. https://de.wikipedia.org/wiki/Magnetokardiogrammin. Ein handelsüblicher Hufeisenmagnet hat eine Flussdichte von 0,1 Tesla.

[167] When we speak of heart-rhythm coherence or physiological coherence, we are referring to a specific assessment of the heart's rhythms that appears as smooth, ordered and sine-wavelike patterns. https://www.heartmath.org/support/faqs/research/, abgerufen Juli 2016

[168] Der Herzschlag wird vom Sympathikus und Parasympathikus gesteuert, wobei der Sympathikus ein stimulierende und der Parasympathikus eine beruhigende Funktion hat. Sympathikus und Parasymphaticus sind Teile des vegetativen Nervensystems, zu dem auch das weniger bekannte enterische System gehört, das sich im Magen-Darm-Trakt befindet und das von manchen als Sitz des Bauchgefühls betrachtet wird.

Dieser Begriff bezeichnet die Fähigkeit des Herzens, je nach äußeren Gegebenheiten, schneller oder langsamer zu schlagen. Wenn ein Mensch z. B. die Flucht ergreifen muss, schlägt sein Herz schneller, damit die dafür notwendigen Körperfunktionen erbracht werden können. Diese Flexibilität ist ein Zeichen von Gesundheit und nimmt im Alter gewöhnlich ab. Studien von unterschiedlichen Instituten einschließlich des HeartMath-Instituts zeigen, dass eine Abweichung von den Standardwerten der Herzfrequenzvariabilität ein Zeichen für Krankheiten ist und dass durch verschiedene Techniken die Frequenz des Herzrhythmus normalisiert werden kann.

Die Bedeutung des Herzens und damit des Pulsschlags ist in der Traditionellen Chinesischen Medizin schon lange bekannt. Erste Aufzeichnungen stammen aus dem 5. Jahrhundert, wobei die TCM noch zwischen weiteren Qualitäten unterscheidet und nicht nur die Frequenz und Gleichmäßigkeit betrachtet. Schulmedizinisch ist nachgewiesen, dass Herzrhythmusstörungen Ausdruck von Erkrankungen sind, wobei sicherlich ein nicht ganz gleichmäßiger Herzrhythmus schulmedizinisch nicht als Störung oder Erkrankung bezeichnet werden würde. Das HeartMath-Institut bietet sowohl Geräte zur Messung des Herzrhythmus´ als auch Schulungen in Herzkohärenztechniken an. Durch die Verquickung von wissenschaftlicher Forschung und kommerziellem Interesse sollten Forschungs-ergebnisse des Instituts kritisch betrachtet werden.

Die oben beschriebenen Versuche werden in esoterischen Kreisen und von Vertretern alternativer Heilmethoden gern als Beweis für die Gedankenkraft des Menschen und seine Fähigkeit, körperliche Prozesse durch Gedankenkraft und Emotionen zu steuern, zitiert. Dabei sollte man sich folgende Punkte vor Augen halten. Die manipulierte DNA war eine Probe und befand sich in einem Teströhrchen. Das heißt, ob man eine in einem lebenden Menschen befindliche DNA durch Gedankenkraft beeinflussen kann, ist damit nicht bewiesen. An der Versuchsreihe haben lediglich achtzehn Personen teilgenommen.

Dennoch ist interessant, dass mit nur einer Ausnahme, diejenigen Personen Veränderungen an der DNA bewirken konnten, die in Techniken der Herzkohärenz geübt waren und während des Versuchs in einem Zustand der Herzkohärenz waren. Das bedeutet im Umkehrschluss, dass nicht geübte Menschen durch positive Gedanken im Allgemeinen keine Veränderungen hervorrufen können. Das ist ein eher enttäuschendes Ergebnis. Es wurde gesagt, dass manche Menschen auch ohne Training über eine Herzkohärenz verfügen, was jedoch durch diesen Versuch nicht belegt werden konnte, was sicherlich auch der geringen Testpersonenzahl geschuldet ist. Die im Versuch nicht trainierte Testperson konnte eine Veränderung der DNA bewirken, ohne sich in einem Zustand der Herzkohärenz zu befinden. Weitere größere angelegte Versuche wären daher wünschenswert. Eventuell gibt eine vom HeartMath-Institut unterstützte Initiative mehr Aufschluss darüber. Es handelt sich dabei um eine globale Kohärenz-Initiative (global coherence initiative), die über ein Portal Menschen zusammenführt, die über einen Zustand der Herzkohärenz versuchen, einen Bewusstseinswandel in der Welt zu erreichen.

Untersuchungen der Einflussnahme auf körperliche oder sonstige Prozesse durch Gedankenkraft wurden auch von Lynne Mc Taggert in ihrem Buch „Das Nullpunkt-Feld" untersucht. Sie weist auf Studien hin, die zu belegen scheinen, dass religiöse Menschen oder solche, die an die positive Kraft eines Gebets glauben, Fernheilung bewirken können. Die gute Absicht und der Glaube an die heilsame Wirksamkeit von Gebeten scheinen ausreichend zu sein.

Ein von ihr geschilderter Versuch hat gezeigt, dass Mütter durch ihre positive Absicht ihre Kinder beim Heilprozess unterstützen können. Entscheidend bei der Wirksamkeit von heilenden Absichten könnte daher die Stärke des Gefühls der Verbundenheit mit dem zu heilenden Menschen sein. Es wäre möglich, dass professionelle Heiler diese innere Verbundenheit auch bei „fremden" Menschen fühlen und damit Heilung bewirken können. Dieses Gefühl des Einsseins könnte entscheidend sein bei der Wirksamkeit heilender Absichten, ein Aspekt, den seine Heiligkeit der Dalai Lama in seinen Vorträgen immer wieder betont.

Zusammenfassend lässt sich sagen, dass viele Versuche den Schluss nahelegen, dass Materie oder körperliche Prozesse durch Gedankenkraft beeinflusst werden können. Bei diesen Versuchen wurden keine quantenphysikalischen Prozesse untersucht. Durch die Erkenntnisse der Quantenphysik werden natürlich Fragen aufgeworfen, was z. B. ein Gedanke oder was Bewusstsein ist. Die Suche nach Antworten auf solche Fragen ist nicht primäres Forschungsgebiet der Quantenphysik.

Der einzige Bezug zur Quantenphysik besteht im Doppelspaltversuch, der jedoch auch nicht als Beweis für die Aussagen gelten kann. Durch den Messvorgang wird ein Teilchen an einem vorher nicht festgelegten Ort gemessen. Dadurch wird es jedoch nicht erschaffen in dem Sinne, dass es vorher nicht existierte und dann durch die Messung irgendwie entstanden ist. Es wurde in dem Sinn zur Realität, weil die Unbestimmtheit seines Aufenthaltsortes durch die Messung zu einer Aussage über seinen Aufenthaltsort führte.[169]

---

[169] Sollten sich Behauptungen über die Schaffung von Materie auf spiritistische Materialisierungsphänomene beruhen, so lässt sich auch hier sagen, dass die Materialisierung von Gegenständen in spiritistischen Kreisen nicht Forschungsgegenstand der Quantenphysik ist, wobei es sicherlich spannend wäre, diese Phänomene zu erforschen.

5. Es gibt keine Materie, Materie ist verdünnte Energie, Materie ist verdichtete Energie

Die drei in der Überschrift genannten Aussagen findet man häufig auf den Internetseiten von Anbietern alternativer Heilmethoden. Dabei wird direkt im gleichen Satz oder im allgemeinen Kontext auf die Quantenphysik oder berühmte Physiker Bezug genommen. Hier wieder einige exemplarische Beispiele:

„Max Planck hatte schon erkannt: "ES *GIBT KEINE MATERIE* AN *SICH*! Alle Materie entsteht und besteht nur durch eine Kraft, welche die Atomteilchen in Schwingung bringt und sie zum winzigsten Sonnensystem des Atoms zusammenhält.""

„"Tatsächlich gibt es überhaupt keine Materie. Alles und jedes ist aus Schwingung zusammen gesetzt." Max Planck"

Alternativ zu der Aussage, dass es keine Materie gibt, findet man auch folgende Aussagen:

„Materie ist verdichtete Energie."

„Nach Albert Einstein ist Materie nur eine verdünnte Form der Energie."[170]

„Die wissenschaftlichen Erkenntnisse der Quantenphysik zeigen auf, dass Materie verdichtete Energie ist, ein Tanz der Elemente in einem leeren Raum."

„Das, was uns als feststoffliche Masse umgibt, ist laut der Quantenphysik verdichtete Energie. Sie bildet ein energetisches Feld, das von anderen energetischen Feldern, wie zum Beispiel Engel, durchdrungen werden kann."

---

[170] Dürr, Hans-Peter, Interview im P.M. Magazin, Mai 2007,
https://web.archive.org/web/20140819102139/http://www.pm-magazin.de/a/am-anfang-war-der-quantengeist, abgerufen Mai 2015

„Im Jahre 1905 stellte Albert Einstein fest, dass die Materie keine Substanz, sondern verdichtete Energie ist. (…) Heute wissen wir aus der Quantenphysik, dass Energie und Materie durch Information gesteuert werden."

Bevor ich auf die oben genannten Zitate eingehe, möchte ich den Begriff Materie näher untersuchen, den ich ausführlich in Kapitel 18 von Teil I beschrieben habe. Im vorherigen Kapitel habe ich den Begriff Materie bereits verwendet und mich damit begnügt, dass jeder Mensch eine vage Vorstellung davon hat, was Materie ist. Im Allgemeinen denkt man bei dem Begriff Materie oft an eine Substanz oder etwas Festes.

Viele würden auch Flüssigkeit oder Gase noch als Materie bezeichnen, auch wenn diese Stoffe nicht mehr so substanziell wirken. Materie scheint einen festbegrenzten Raum auszufüllen. Seit dem 19. Jahrhunderts weiß man, dass Materie nicht so fest und stabil ist, wie sie wirkt. Sie besteht aus kleinen Teilchen, den Atomen, in denen ständig Bewegung herrscht. Neben den Bestandteilen des Atoms hat man weitere, subatomareTeilchen entdeckt.

Während in der klassischen Physik Teilchen unterscheidbar und lokalisierbar sind, verliert sich in der Quantenphysik diese Unterscheidbarkeit, und Zustände wie Ort und Impuls sind nicht gleichzeitig genau bestimmbar.[171] Teilchen lassen sich nicht aufgrund bestimmter Eigenschaften voneinander unterscheiden, die von ihrem jeweiligen Zustand unbeeinflusst sind. In diesem Sinne sind alle fundamentalen Teilchen der gleichen Art ununterscheidbar (z. B. Elektronen, Photonen, Quarks).[172]

Wir betrachten zum einen einige wichtige Elementarteilchen, insbesondere die, aus denen der Mensch besteht. Zum anderen werden einige Hintergründe zur geschichtlichen Entwicklung des Materiebegriffs gegeben. Abschließend gehe ich auf die Definition von Materie auf der Basis von Ruhemasse ein.

---

[171] Dies wird durch die Heisenbergsche Unschärferelation ausgedrückt.
[172] Vgl. https://de.wikipedia.org/wiki/Ununterscheidbare_Teilchen

Exkurs zur Geschichte des Materiebegriffs

Erste Theorien zu den Grundelementen der Welt gehen auf die chinesische Fünf-Elemente-Lehre zurück. Ihr Ursprung ist historisch nicht genau belegt, reicht aber wahrscheinlich bis in die Zeit vor 1500 Jahre v. Chr. zurück. Nach dieser Theorie bestehen alle Dinge aus den fünf Grundelementen Holz, Feuer, Metall, Wasser und Erde. Obgleich die Fünf-Elemente-Lehre heutzutage in der westlichen Welt durch die Traditionelle Chinesische Medizin und Akupunktur am bekanntesten ist, gab es auch in Indien und in der abendländischen Philosophie eine Elemente-Lehre. Die indische naturphilosophische Lehre Vaisheshika, deren Ursprung auf die ersten vorchristlichen Jahrhunderte zurückgeht und bis ins 7. Jhr. n. Chr. reicht, geht von vier Elementen aus: Erde, Wasser, Feuer und Luft. Diesen Elementen wurden Eigenschaften und auch die Sinneswahrnehmungen zugeordnet. Da es fünf Sinneswahrnehmungen gibt (riechen, schmecken, fühlen, hören, sehen) wurde das Hören dem Äther zugeschrieben.

Auch die abendländische Vier-Elemente-Lehre ging von den vier Elementen Erde, Wasser, Feuer und Luft aus. Diese Lehre wurde von den ersten abendländischen Philosophen, den Vorsokratikern (600 – 300 Jhr. V. Chr.), begründet. Während einige Vorsokratiker die Ansicht vertraten, dass es einen einzigen Urstoff gibt, aus dem alle anderen Dinge hervorgehen, wobei die Meinungen, welcher das sei, auseinandergingen, wurden später alle vier Elemente als unveränderliche Urstoffe gesehen, aus denen durch ihre Mischung die wahrnehmbaren Objekte hervorgehen. Im Laufe der Jahrhunderte wurden den vier Elementen verschiedene Eigenschaften und auch Geister, Engel und Tierkreiszeichen zugeordnet. Aristoteles (384 – 322 v. Chr.) führte den Äther als fünftes Element ein.[173] Der Äther war nach Aristoteles kein irdisches Element sondern himmlisch, jenseits des Mondes, unwandelbar und zeitlos. Er sollte „den Stoff der lichtartigen Seelen darstellen".[174]

---

[173] Den fünf Elementen werden die fünf platonischen Körper zugeordnet. Die fünf platonischen Körper (Tetraeder (Feuer), Hexaeder (Erde), Oktaeder (Luft), Dodekaeder (Äther) und Ikosaeder (Wasser) waren schon vor Platon bekannt, er schrieb jedoch über diese Körper und wurde ihr Namensgeber. Die Formen der platonischen Körper finden sich in der Natur wieder.

[174] Mohrdieck, Christian, Äther, Physikalische Vorstellungen im Wandel der Zeit, http://www.schriften.uni-kiel.de/Band%2056/Mohrdiek_56_68-88.pdf, abgerufen April 2015

Neben der Vier-Elemente-Lehre gab es sowohl in der indischen Vaisheshika-Lehre als auch bei den Vorsokratikern eine Atomlehre. Die Vorsokratiker Leukipp und Demokrit (5 Jhr. v. Chr.) entwickelten die Theorie des Atomismus und Demokrit führte den Begriff des Atoms (griechisch átomos, was nicht teilbar bedeutet) ein. Demokrit soll gesagt haben: „Nur scheinbar hat ein Ding eine Farbe, nur scheinbar ist es süß oder bitter; in Wirklichkeit gibt es nur Atome und leeren Raum."[175] Dass Atome nicht unteilbar sind und der leere Raum nicht so leer ist, wie man annahm, stellte sich Jahrhunderte später heraus. Welche Weltbilder entstanden aufgrund dieser Elementelehren?

Platon ging davon aus, dass ein Schöpfergott aus der ungeordneten Materie in Nachbildung einer Ideenwelt alles Physische schafft. Das wahre Seiende ist die Idee, aus ihr folgen die sinnlich wahrnehmbaren Dinge. Aristoteles nimmt eine ähnliche Unterscheidung vor. Er spricht von der Form und dem, was geformt werden kann. Die Wirklichkeit entsteht aus geformter Materie und Materie ist die Möglichkeit, geformt zu werden. Platon kann man aufgrund seiner Auffassung von der Idee als Ursprung des Seienden als den ersten Vertreter des Idealismus bezeichnen. Idealisten vertreten in unterschiedlichen Ausprägungen die Auffassung, dass die Idee oder etwas Ideelles die Basis der Wirklichkeit ist. Im Gegensatz dazu steht der Materialismus, deren Vertreter davon ausgehen, dass die Materie allem zugrunde liegt oder auf sie zurückgeführt werden kann. Gedanken und Gefühle sind Erscheinungsformen der Materie. Als einen der ersten Materialisten kann man Demokrit mit seiner Atomlehre sehen.

Nach diesem kleinen Ausflug zu philosophischen Auffassungen über Elemente komme ich zurück zu dem Materiebegriff. Die Theorie des Atomismus gewann ab dem 17. Jahrhundert mit Beginn der modernen Naturwissenschaften wieder an Bedeutung. Auf der Grundlage von Versuchen entwickelten verschiedene Naturwissenschaftler Modelle, die auf dem atomaren Aufbau der Materie beruhten. 1897 entdeckte Joseph John Thomson Elektronen, was dem Konzept des Atoms als

---

[175] Capelle, Wilhelm: Die Vorsokratiker, Fragmente und Quellenberichte - Leipzig: Kröner, 1935. (Kröners Taschenausgabe Band 119) - S. 135, zitiert nach http://de.wikipedia.org/wiki/Atomismus, abgerufen April 2015

unteilbare Einheit widersprach. Und nur 13 Jahre später im Jahr 1909 fand Ernest Rutherford heraus, dass der Atomkern aus geladenen Teilchen bestehen muss. Auf seinem Modell aufbauend entwickelte Bohr das bekannte nach ihm benannte Bohrsche Atommodell, das besagt, dass ein Atom aus einem positiv geladenen, massetragenden Kern besteht, der von Elektronen auf diskreten Bahnen umkreist wird. Der Name Proton für diese positiv geladenen Teilchen im Kern wurde erst 1919 von Ernest Rutherford eingeführt. Im Jahr 1932 entdeckte James Chadwick das Neutron.

Elementarteilchen

Damit waren die Teilchen entdeckt, aus denen ein Atom besteht: Positiv geladene Protonen und neutrale Neutronen bilden den Atomkern und um den Atomkern bewegen sich die negativ geladenen Elektronen.

In den 60er Jahren konnte man experimentell beweisen, dass Protonen und Neutronen aus Quarks zusammengesetzt sind. Quarks lassen sich nicht isolieren und kommen nicht frei vor. Protonen und Neutronen bestehen aus Up- und Down-Quarks.

Da der Mensch und die für uns wahrnehmbaren Objekte aus Atomen bestehen, könnte man annehmen, dass Materie als die Bestandteile des Atoms definiert werden können. So einfach gestaltet sich die Definition von Materie leider nicht. Bevor ich auf die verschiedenen Definitionen eingehe, möchte ich die verschiedenen Elementarteilchen kurz vorstellen.
Instabile Teilchen

Neben den Teilchen, aus denen sich die Dinge, die wir um uns herum wahrnehmen, zusammensetzen, gibt es auch instabile Teilchen, die man in Teilchenbeschleunigern nachweisen konnte. In solchen Teilchenbeschleuniger[176] werden Teilchen durch elektrische und magnetische Felder beschleunigt und in

---

[176] Der erste Teilchenbeschleuniger kam 1929 zum Einsatz. Seither wurde die Technik weiterentwickelt, so dass man bis heute eine Vielzahl von Teilchen nachweisen konnte.

Detektoren (d.h. Nachweisgeräten) Reaktionen der Teilchen beobachtet. Bei diesen Versuchen entstehen instabile Teilchen, die man sonst in der Natur höchstens in kosmischer Strahlung beobachten kann. Zu solchen Teilchen gehören noch vier weitere Arten von Quarks.

Antimaterie

Außerdem gibt es neben der Materie auch noch die sogenannte Antimaterie. Antimaterie besteht aus Antiteilchen. Mit Antiteilchen werden Teilchen bezeichnet, die die gleichen Teilcheneigenschaften wir das dazugehörige Teilchen haben, jedoch in Hinblick auf Ladung oder ladungsähnliche Quantenzahlen dem Teilchen genau entgegengesetzt ist. Im Jahr 1928 postulierte der berühmte Quantenphysiker Paul Dirac aufgrund seiner theoretischen Betrachtungen Antiteilchen. 1932 konnte in den USA von Carl David Anderson und in Europa 1933 von Irène Curie, Tochter von Marie Curie, und Frédéric Juliot-Curie das Antiteilchen des Elektrons nachgewiesen werden. Ein Teilchen und ein Antiteilchen vernichten sich gegenseitig, so dass in der freien Natur im Allgemeinen keine Antimaterie nachzuweisen ist.[177] Allerdings konnte mit Hilfe eines Weltraumteleskops bei Gewittern Positronen, Antiteilchen des Elektrons, entdeckt werden. Ganze Atome, die aus Antimaterie bestehen, scheinen im Weltraum nicht vorzukommen. Im Jahr 1995 konnte man erstmals im europäischen Kernforschungszentrum CERN ein Antiatom erzeugen: ein Antiwasserstoff.

Erzeugung von Teilchen

Aber auch ein anderer Versuch in einem Teilchenbeschleuniger im Jahre 1997 hat Erstaunliches zu Tage gebracht. Durch Zusammenstöße energiereicher Photonen – das sind die masselosen Trägerteilchen der elektromagnetischen Strahlung – konnten Elektron-Positron-Paare erzeugt werden. Das heißt aus masselosen Teilchen konnten Teilchen mit Masse erzeugt werden.

---

[177] Laut der Urknalltheorie gab es bei der Entstehung des Universums Materie und Antimaterie, wobei die Menge an Materie etwas größer war. Materie und Antimaterie vernichteten sich gegenseitig und aus der Materie entwickelte sich das heutige Universum.

Neutrinos

Ein weiteres interessantes Teilchen ist das Neutrino. Neutrinos sind elektrisch neutrale Teilchen mit sehr geringer Masse[178], die aufgrund ihrer geringen Wechselwirkung extrem schwer nachgewiesen werden können. Sie entstehen bei radioaktiven Zerfällen und bei Vorgängen im Kosmos (z. B. Kernfusionsprozesse der Sonne). Neutrinos aus dem Weltall können in unsere Erdatmosphäre eindringen. Milliarden von Neutrinos gehen ständig durch unseren Körper und durch die gesamte Erdkugel. Aufgrund der geringen Wechselwirkung von Neutrinos mit anderen Teilchen können sie problemlos durch die ganze Erdkugel sausen. Neutrinos wechselwirken nur sehr schwach..

Interessant ist hierbei, dass auch das Neutrino aufgrund theoretischer Überlegungen von dem bekannten Quantenphysiker Wolfgang Pauli angenommen (1930) und dann später im Jahr 1956 experimentell nachgewiesen wurde.

In einem engeren Sinn könnte man die Teilchen, die Materie bilden, auf Elektronen und up- und down-Quarks beschränken.

Eine verbreitete Definition zählt folgende Teilchen zur Materie:

- Elektronen und die dem Elektron ähnelnde Teilchen Myon und Tauon, wobei das Tauon extrem kurzlebig ist und nur in Teilchenbeschleunigern nachgewiesen werden konnte
- alle sechs Quarkarten
- alle drei Neutrinoarten

Eine klare Abgrenzung ist schwer, da klassische Merkmale für Materie wie z. B. Masse, Stabilität, Ausdehnung im Raum zu unterschiedlichen Abgrenzungen führen.

---

[178] Im Standardmodell der Teilchenphysik werden Neutrinos als masselos angenommen, was nicht den tatsächlichen Beobachtungen entspricht. Es wäre denkbar, dass manche Neutrinoarten masselos sind und andere eine sehr geringe Masse besitzen.

Neben den genannten Teilchen gibt es die sogenannten Austauschteilchen, die im Kapitel „Das Standardmodell der Teilchenphysik" in Teil I als auch im Kapitel „Alles ist Energie" in Teil II näher erläutert werden. Die Austauschteilchen vermitteln die fundamentalen Kräfte, die bei Prozessen innerhalb der Atome relevant sind. Manche dieser Austauschteilchen haben eine Ruhemasse.

Definition von Materie auf der Grundlage von Ruhemasse

Eine andere verbreitete Definition von Materie gründet auf der Ruhemasse von Teilchen.

Mit Ruhemasse bezeichnet man die Masse, die ein Körper oder ein Teilchen besitzt, wenn es sich in Ruhe befindet.

Davon unterscheidet sich der Begriff der dynamischen Masse, auch relativistische Masse genannt, die sich mit wachsender Geschwindigkeit des Teilchens vergrößert.

Masse ist eine physikalische Größe, die in der Einheit, Kilogramm gemessen wird, wobei zu bedenken ist, dass wir uns auf quantenphysikalischer Ebene nicht in Größenordnungen im Kilogrammbereich bewegen. Ein Elektron hat eine Masse von $9,1 * 10^{-31}$ kg. Das ist eine Masse, die kleiner ist als ein Milliardstel Milliardstel Milliardstel Kilogramm. Da es aber einige der Austauschteilchen über eine Masse verfügen, würden nach der Definition von Materie auf der Grundlage von Ruhemasse diese Teilchen auch als Materie bezeichnet werden müssen. Dass aber damit nicht alle Austauschteilchen zur Materie zählen, erscheint auch nur bedingt sinnvoll. Dies zeigt, wie schwierig eine eindeutige Definition von Materie ist.

Die Austauschteilchen, die für den Menschen eine sehr direkte Wirkung haben, sind das Photon und Gluon. Das Gluon hält das Atom sozusagen zusammen und das Photon, das Austauchteilchen von Licht, interagiert ständig mit den Atomen des Menschen.

Die für den menschlichen Körper unmittelbar wichtigen Teilchen sind demnach Elektronen, die up-und down quarks, Gluonen und das Photonen.

Im Zusammenhang mit dem Begriff Masse soll noch Einsteins berühmte Formel beschrieben werden:

$$E = mc^2$$

E ist dabei die Ruheenergie, m die Ruhemasse und c die Lichtgeschwindigkeit. Diese Formel drückt die Äquivalenz von Energie und Masse aus. Sie wurde von Einstein im Rahmen seiner Relativitätstheorie entwickelt. Diese Formel stammt folglich nicht aus der Quantenphysik. Einstein hat es in einem Vortrag von 1905 so ausgedrückt:

„Die Masse eines Körpers ist ein Maß für dessen Energiegehalt".

Oder anders gesagt: Je größer die Masse, desto größer die mit ihr verbundene Energie.

Nach der Erläuterung der verschiedenen Definitionen von Materie, betrachten wir nun die oben genannten Zitate in Hinblick auf den Begriff verdichtete und verdünnte Energie. Damit verbundene Aussagen zu Schwingungen werden im nächsten Kapitel erläutert. Da auf vielen Internetseiten von Anbietern alternativer Heilmethoden immer wieder gern auf Max Planck und seine Aussage, dass es keine Materie an sich gibt, Bezug genommen wird, möchte ich im Folgenden den kompletten Abschnitt zitieren, damit der Gesamtzusammenhang deutlich wird. Leider wird Plancks Aussage aus dem Zusammenhang gerissen.

„Meine Herren, als Physiker, der sein ganzes Leben der nüchternen Wissenschaft, der Erforschung der Materie widmete, bin ich sicher von dem Verdacht frei, für einen Schwarmgeist gehalten zu werden. Und so sage ich nach meinen Erforschungen des Atoms dieses: Es gibt keine Materie an sich. Alle Materie entsteht und besteht nur durch eine Kraft, welche die Atomteilchen in Schwingung bringt und sie zum winzigsten Sonnensystem des Alls zusammenhält. Da es im ganzen Weltall aber weder eine intelligente Kraft noch eine ewige Kraft gibt - es ist der Menschheit nicht gelungen, das heißersehnte Perpetuum mobile zu erfinden - so müssen wir hinter dieser Kraft einen bewußten intelligenten Geist annehmen.

Dieser Geist ist der Urgrund aller Materie. Nicht die sichtbare, aber vergängliche Materie ist das Reale, Wahre, Wirkliche - denn die Materie bestünde ohne den Geist überhaupt nicht - , sondern der unsichtbare, unsterbliche Geist ist das Wahre! Da es aber Geist an sich ebenfalls nicht geben kann, sondern jeder Geist einem Wesen zugehört, müssen wir zwingend Geistwesen annehmen. Da aber auch Geistwesen nicht aus sich selber sein können, sondern geschaffen werden müssen, so scheue ich mich nicht, diesen geheimnisvollen Schöpfer ebenso zu benennen, wie ihn alle Kulturvölker der Erde früherer Jahrtausende genannt haben: Gott! Damit kommt der Physiker, der sich mit der Materie zu befassen hat, vom Reiche des Stoffes in das Reich des Geistes. Und damit ist unsere Aufgabe zu Ende, und wir müssen unser Forschen weitergeben in die Hände der Philosophie."*179*

Wenn wir den Gesamtzusammenhang betrachten, werden zwei Dinge ganz deutlich. Max Planck sagt, dass es keine Materie an sich gibt. Die Worte „an sich" sind dabei ganz wichtig. Er negiert nicht auf physikalischer Sicht die Existenz von Materie, sondern sagt, dass hinter der Materie noch eine andere Kraft steckt. Und hinter dieser Kraft steht nach Planck letztendlich Gott.

Er sagt ganz deutlich, dass die Forschung an einen Punkt gelangt, an dem sie in den Bereich der Philosophie übergeht. Damit macht er deutlich, dass es ab einem gewissen Punkt keine Antworten mehr geben kann, die (nur?) auf wissenschaftlicher Forschung beruhen. In diesem Abschnitt gibt Planck seine religiöse Einstellung wieder. Dass Gott der Urgrund hinter allem ist, ist seine persönliche Anschauung und eine Glaubensfrage. Die Tatsache, dass ein anerkannter Naturwissenschaftler und Forscher an Gott glaubt, bedeutet nicht, dass die Wissenschaft einen Beweis für die Existenz von etwas Höherem erbracht hat. Wie sich zeigt, ist mit Urgrund Gott gemeint und kein irgendwie geartetes Feld, das von Vertretern alternativer Heilmethoden Matrix genannt wird.

---

[179] Archiv zur Geschichte der Max-Planck-Gesellschaft, Abt. Va, Rep. 11 Planck, Nr. 1797, abgerufen im März 2015 unter http://www.weloennig.de/MaxPlanck.html.

Eine andere weit verbreitete Aussage über Materie lautet, dass Materie nach Einstein verdünnte Energie ist. Dieser Satz stammt von Hans-Peter Dürr, der im Zusammenhang mit diesem Zitat meist auch namentlich genannt wird, was die Nachprüfbarkeit des Zitats ermöglicht.

Hans-Peter Dürr war ein Mitarbeiter des Nobelpreisträgers Werner Heisenberg, einer der Gründerväter der Quantenmechanik. Später wurde Dürr geschäftsführender Direktor des Max-Planck-Instituts für Physik und Astrophysik in München. Insbesondere nach dem Ende seiner beruflichen Tätigkeit setzte er sich mit philosophischen Fragestellungen auseinander. In dem Interview, in dem er davon spricht, dass nach Einstein Materie verdünnte Energie ist, erläutert er diese Aussage nicht näher.

Der Begriff verdünnte Energie stammt nicht von Einstein. Die Aussage, dass Materie nach Einstein verdünnte Energie ist, könnte auf Einsteins berühmte Formel $E = mc^2$ zurückgehen. Wandelt man die Formel um, dann ist Masse gleich Energie geteilt durch Lichtgeschwindigkeit im Quadrat ($m = E/c^2$). Wie wir wissen ist die Lichtgeschwindigkeit sehr groß (300.000 km/s).

Das heißt, man teilt die Energie durch eine sehr große Zahl. Dieses Teilen durch eine große Zahl könnte man eventuell als Verdünnung auffassen. Auf den Internetseiten der Anbieter von alternativen Heilmethoden wird dieser Satz von Dürr zwar zitiert, aber nicht näher erläutert.[180] Noch wird dargestellt, inwiefern diese Aussage für Heilungsprozesse relevant sein soll.

Erstaunlich ist, dass man jedoch gleichzeitig auch die Aussage findet, dass Materie verdichtete Energie ist, also genau die gegenteilige Aussage. Worin für Heilungsprozesse ein Vorteil darin bestehen soll, dass Materie verdichtete Energie

---

[180] Die Ausführungen von Dürr sind wahrscheinlich für viele Anbieter alternativer Heilmethoden deshalb so interessant, weil Dürr als renommierter Quantenphysiker mit Aussagen, dass die Welt voller Möglichkeiten ist und der Mensch Teil eines größeren geistigen Ganzen ist, Auffassungen vertritt, die bei diesen Anbietern sehr verbreitet sind.

ist, wird auf den Internetseiten nicht oder nur ansatzweise erklärt.[181] Es wird davon ausgegangen, dass etwas, was „nur aus Energie besteht", leichter zu verändern ist als etwas Materielles. Aus wissenschaftlichen Erkenntnissen lässt sich diese Annahme nicht herleiten. In der Physik sind Materie und Feld, in dem in der Esoterik die reine Energie verortet wird, zwei parallel existierende Entitäten. Dies entspricht auch der Auffassung Einsteins, wie die weiter unten aufgeführten Zitate belegen. Leider werden auch, wie so oft, in diesem Zusammenhang keine Quellenangaben gemacht, so dass man nur Spekulationen darüber anstellen kann, was zu dieser Aussage geführt hat:

Auf einer Internetseite wird diese Erkenntnis Einsteins auf das Jahr 1905 datiert, so dass man annehmen kann, dass die Schlussfolgerung aus Einsteins spezieller Relativitätstheorie gezogen wird. Einstein hat gesagt, dass die Masse eines Körpers ein Maß für dessen Energiegehalt ist. Aus dieser Aussage könnte man herleiten, dass Materie verdichtete Energie ist.

Der Begriff verdichtete Energie könnte vielleicht im Kontext von Aggregatzuständen zu verstehen sein. Unter Energie verstehen viele etwas nicht Greifbares. Mit Materie assoziiert man meist etwas Festes. Wenn man sich Energie wie Äther oder Gas vorstellt, dann bedeutet das, dass die atomaren Teilchen dieses Stoffes sehr beweglich sind und einen großen Abstand voneinander haben. Bei festen Stoffen hingegen haben die atomaren Teilchen kaum Bewegungsfreiheit und ihr Abstand voneinander ist sehr gering. Aufgrund dieses geringeren Abstands könnte man feststoffliche Materie als verdichtete Energie bezeichnen. Dieses Erklärungsmodell ist jedoch nur reine Spekulation.

---

[181] Es ist wichtig zu begreifen, dass Einsteins Formel nicht bedeutet, dass Masse und Energie das gleiche sind. Sie drückt eine Äquivalenz aus. Wie wichtig eine genaue Wortwahl ist, möchte ich am folgenden Beispiel erläutern. Oft wird in esoterischen Kreisen gesagt, dass in der Hierarchie höher gestellte Wesen aus der geistigen Welt höher schwingen. Verdichtete Energie bedeutet rein physikalisch eine höhere Schwingung. Höher schwingende geistige Wesen bestünden folglich aus verdichteter Energie. Gleichzeitig wird Materie als verdichtete Energie definiert. Das würde konsequenterweise bedeuten, dass Wesen aus der geistigen Welt aus Materie bestünden.

In einer Rede und in einem Buch Einsteins finden sich folgende Aussagen, die jedoch als Quelle bei keiner der oben aufgeführten Behauptungen von Vertretern alternativer Heilmethoden genannt wird.

Einstein hält im Jahr 1920 eine Rede u. a. über den Äther, der in den vorhergehenden Jahrhunderten als Substanz für die Ausbreitung des Lichts gesehen wurde. Dort heißt es:

„Da nach unseren heutigen Auffassungen auch die Elementarteilchen der Materie ihrem Wesen nach nichts anderes sind als Verdichtungen des elektromagnetischen Feldes, so kennt unser heutiges Weltbild zwei begrifflich vollkommen voneinander getrennte, wenn auch kausal aneinander gebundene Realitäten nämlich Gravitationsäther und elektromagnetisches Feld oder - wie man sie auch nennen könnte - Raum und Materie."[182]

In dem von Albert Einstein und Leopold Infeld 1938 verfassten Buch „Die Evolution der Physik" heißt es auf S. 263:

„Was unseren Sinnen als Materie erscheint, ist in Wirklichkeit nur eine Zusammenballung von Energie auf verhältnismäßig engem Raum. (...) Ein durch die Luft geworfener Stein ist in diesem Sinne ein veränderliches Feld, bei dem die Stelle mit der größten Feldintensität sich mit der Fluggeschwindigkeit des Steines durch den Raum bewegt."

„Wir könnten die Materie auch als Regionen im Raum betrachten, in denen das Feld außerordentlich stark ist. (...) In einer solchen neuen Physik wäre kein Raum mehr für beides: Feld und Materie; das Feld wäre als das einzig Reale anzusehen."[183]

---

[182] „Äther und Relativitäts-Theorie, Rede gehalten am 5. Mai an der Reichs-Universität zu Leiden von Albert Einstein, Verlag von Julius Springer 1920", http://www.mahag.com/rede.htm, abgerufen Sep. 2015
[183] Einstein, Albert, Infeld Leopold, Die Evolution der Physik, Anaconda Verlag, Köln 2007, die Originalausgabe erschien 1938 in New York in englischer Sprache (The Evolution of Physics).

„Dem Feldbegriff wird zwar im Rahmen der Relativitätstheorie sehr große physikalische Bedeutung beigemessen, doch ist es uns vorläufig nicht gelungen, ihn zu einer reinen Feldphysik zu verarbeiten. Vorläufig müssen wir also noch beides als gegeben hinnehmen: Feld und Materie."[184]

In der Rede von 1920 betrachtet Einstein die Materie als „Verdichtung des elektromagnetischen Felds" und in dem Buch von 1938 als „Zusammenballung von Energie". Er räumt aber auch ein, dass Materie nicht in einer reinen Feldphysik beschrieben werden kann. Auf den Begriff des Feldes gehe ich in dem Kapitel „Es gibt das Feld" in Teil II näher ein. Insofern sind Behauptungen, dass Einstein Materie als verdichtete Energie betrachtete, richtig. Auch wenn man Einstein guten Gewissens als Genie bezeichnen kann, sollte man sich für Augen halten, dass nicht alle je von ihm getroffenen Aussagen heute noch Gültigkeit haben. Materie kann auf der Grundlage des heutigen Erkenntnisstandes nicht als Verdichtung des elektromagnetischen Feldes betrachtet werden. Es wurden neben der elektromagnetischen Kraft und der Gravitation seit seiner Aussagen aus den 20er Jahren noch zwei weitere Grundkräfte gefunden. Im Zusammenhang mit den Begriffen Materie und Feld, räumt Einstein selbst ein, dass Materie in der Physik nicht als verdichtetes Feld beschrieben werden kann. Diese Aussage von ihm stammt aus dem Jahr 1938, aber sie ist bis heute gültig.

Zusammenfassung:

Sowohl Einstein als auch Planck gehen von der Existenz von Materie aus. Ob Materie und alle uns umgebenden Kräfte einmal in einer einheitlichen Feldtheorie beschrieben werden können, wird die Zukunft zeigen. Materie im Sinne von mit Ruhemasse versehenen Teilchen existiert und Masse lässt sich gemäß Einsteins Formel in Beziehung zur Energie setzen.

---

[184] Einstein, Albert, Infeld, Leopold, ibid, S. 266

6. Alles ist Schwingung

Hier einige Beispiele von Aussagen, wie sie auf Internetseiten von Anbietern alternativer Heilmethoden zu finden sind:

„Es gibt nur eine einzige Energie, die alles in Schwingung bringt: es gibt also nur Energie und Schwingung. Materie ist daher nichts anderes als verdichtete Energie in Form von ganz niedriger Schwingung.“

„Bei der Quantenheilung handelt es sich um die praktische Anwendung von Erkenntnissen der modernen Quantenphysik. Alles ist Schwingung, alles ist Energie.“

„Je langsamer und dichter die Schwingung, desto fester erscheint die Materie, weil unser Gehirn es so dekodiert.“

„Die Quantenphysik beweist, dass es jenseits unseres Verstandes keine feste Materie im klassischen Sinn gibt, sondern alles nur aus Schwingung und Information besteht.“

„In der Quantenphysik wird weiter jede Realität als Vibration oder Schwingung und als wellenförmiges Muster beschrieben: alles ist Licht, Information und Resonanz; es gibt keine Materie an sich!“

„Matrixen basiert auf Erkenntnissen der Quantenphysik, nach denen alles Schwingung, Licht und Information ist.“

Bevor ich auf die Bedeutung des Begriffs Schwingung in der Quantenphysik eingehe, möchte ich den Begriff erst einmal in seiner allgemeinen Bedeutung erläutern.

Mit Schwingung bezeichnet man die wiederholte zeitliche Schwankung einer Größe um eine Ruhelage herum, wobei mit Schwankung die Abweichung von einem Mittelwert gemeint ist.

Ein anschauliches Beispiel für eine Schwingung ist ein Pendel, das hin- und herschwingt. Die meisten Menschen assoziieren Positives mit dem Begriff Schwingung. Es gibt auch den Ausdruck, dass wir uns beschwingt fühlen, wenn es uns gut geht und wir voller Energie und Tatendrang sind. Vielleicht denken wir auch an eine Sinuswelle, die auch harmonische Schwingung genannt wird und so aussieht:

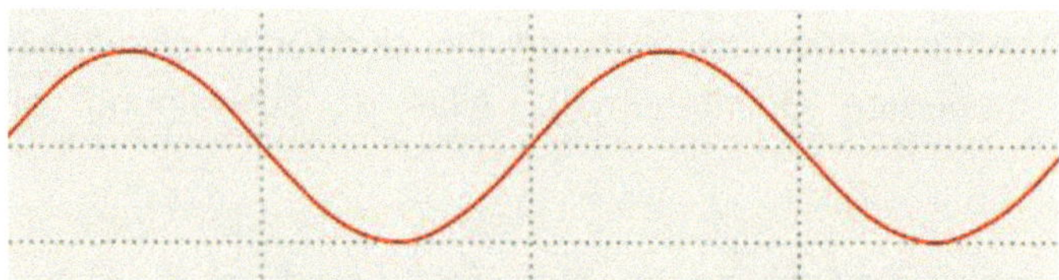

Aber eine Schwingung kann auch folgende Formen haben:

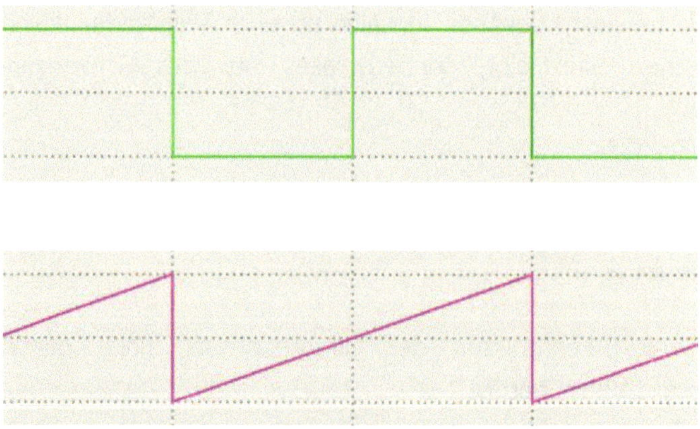

Quelle: https://de.wikipedia.org/wiki/Schwingung

Schwingungen können folglich auch nicht harmonische Bewegungen sein. Eine Welle dehnt sich im Raum aus. Wellen werden definiert als die sich „räumlich ausbreitende Veränderung (Störung) oder Schwingung einer ort- und zeitabhängigen physikalischen Größe."[185] Man kann sich das etwa so vorstellen, dass sich bei einer Schwingung beispielsweise ein Objekt oder Energie zwischen zwei Orten hin und her bewegt und dass bei einer Welle eine Veränderung oder Störung verursacht wird, die sich im Raum ausbreitet, ohne dass der Verursacher (Objekt) sich weiter durch den Raum bewegt. Mit anderen Worten: Eine Welle transportiert Energie, jedoch keine Materie. Stellen Sie sich z. B. die Welle vor, die entsteht, wenn Sie einen Stein ins Wasser werfen. Um den Stein entsteht eine kreisförmige Welle. Das Wasser direkt neben dem Stein bewegt sich jedoch nicht nach außen, sondern nur die „Störung" wird nach außen getragen und das Wasser bewegt sich an der jeweiligen Stelle.

Ähnlich aber nicht ganz so anschaulich ist der Ablauf bei Schallwellen. Der Schall bewegt sich fort, indem sich die Druck- und Dichteverhältnisse der Luft verändern. Wasser- und Schallwellen sind Beispiele für Wellen, die sich über ein Medium fortbewegen. Elektromagnetische Wellen bewegen sich im Vakuum fort, wobei die Quantenphysik gezeigt hat, dass es im Vakuum ständig zu so genannten Quantenfluktuationen kommt, so dass es ein Vakuum, das heißt einen vollkommen leeren Raum, nicht gibt.

Durch die Erforschung des Atoms im 20. Jahrhundert hat man erkannt, dass das, was uns so fest und stabil erscheint wie z. B. der menschliche Körper, ein Fels oder ein Baum aus Atomen besteht, die ständig in Bewegung sind. Wie wir wissen, besteht das Atom aus einem Kern und einer Elektronenhülle. Zwischen dem Kern und den Elektronen befindet sich ein großer (fast) leerer Raum.

Sowohl der Atomkern schwingt als auch die einzelnen Elektronen. Atome verbinden sich auch zu Gruppen, den Molekülen. Auch Moleküle schwingen, wobei es unterschiedliche Schwingungsformen wie z. B. Wipp-, Schaukel- oder Dreh-schwingungen gibt.

---

[185] http://de.wikipedia.org/wiki/Welle, abgerufen Mai 2015

Schwingungen können z. B. durch die Aufnahme (Absorption) und Abgabe elektromagnetischer Strahlung ausgelöst werden. Eine Form der elektromagnetischen Strahlung ist das für uns sichtbare Licht. Durch die Aufnahme von Licht können:

1. Elektronen in einen angeregten Zustand versetzt werden,
2. die Schwingungen der Atome beeinflusst werden,
3. Rotationsbewegungen eines Moleküls (Atomgruppen) angeregt werden.

Die Schwingungen gehen einher mit Veränderungen der Energieniveaus.[186] Die Frequenz des Lichts hat eine Auswirkung darauf, was für Schwingungen bzw. Änderungen des Energieniveaus stattfinden. Die Schwingungen von Molekülen bewegen sich im Infrarotbereich.[187] Wenn wir die Schwingungen von Atomen oder Elektronen direkt sichtbar machen könnten, würde es uns beim Zuschauen schwindelig werden. Sie bewegen sich nicht so schön gemütlich wie das Pendel einer Penduluhr. Auch ist die Stärke der Schwingung extrem klein. Damit wir uns ein Bild davon machen können, in welchen Größenordnungen wir uns bewegen, hier nun einige Zahlen:

Das Cäsiumistop ^{133}Cs (Isotope haben eine andere Neutronenzahl als das ursprüngliche Atom) schwingt etwa 10 Milliarden Mal in einer Sekunde. Um genau zu sein, schwingt es 9,192631770 Milliarden Mal pro Sekunde. Das weiß man so genau, weil Cäsisum der Taktgeber von Atomuhren ist.[188]

---

[186] Die meisten Veränderungen können nicht direkt unter einem Mikroskop beobachtet werden, weil die Bewegungen zu schnell und zu klein sind.

[187] Über die Auswertung von Spektrallinien lässt sich z. B. die Atomsorte bestimmen. Die Spektroskopie wird auch in der Astronomie eingesetzt, da sich durch das Sichtbarmachen elektromagnetischer Schwingungen von Sternen, Aussagen über Eigenschaften von Himmelskörpern treffen lassen.

[188] Auch wenn eine Atomuhr nur eine Abweichung von 1 Sekunde in 20 Millionen Jahren, hat das Max-Planck-Institut für Quantenoptik in Garching eine Methode zur Frequenzmessung entwickelt, die den Einsatz von Atomkernschwingungen für Atomuhren möglich machen könnte. Diese wären noch genauer.

Im Vergleich dazu noch einige andere Größen zur Schwingungsdauer:[189]

Schwingungsdauer einer Schallwelle	10^{-3} s	Eine Tausendstel Sekunde
Schwingungsdauer einer Radiowelle (Mittelwellenbereich)	10^{-6} s	Eine Millionstel Sekunde
Dauer einer Molekülrotation	10^{-12} s	Eine Millionstel Milliardstel Sekunde
Durchgangszeit des Lichts durch ein Atom	10^{-18} s	Eine Milliardstel Milliardstel Sekunde
Schwingungsdauer einer Atomkernschwingung	10^{-21} s	Eine 1000 Milliardstel Milliardstel Sekunde

Diese Zahlen machen deutlich, wie schnell die Schwingungen sind. Die Teilchen bewegen sich nicht nur extrem schnell, die Bewegungen sind auch extrem klein. Die De-Broglie-Wellenlänge von Elektronen bewegt sich in dem Bereich von Milliardstel Meter.[190] Die Beispiele zeigen, dass sowohl Materie im Sinne von mit Ruhemasse behafteter Teilchen, aus denen der menschliche Körper besteht, schwingen, als auch Teilchen ohne Ruhemasse wie das Photon.

In der Quantenphysik gibt es zwei bedeutende Gleichungen für den Wellencharakter von Teilchen. Das sind die De-Broglie-Gleichung oder auch De-Broglie-Wellenlänge genannt und die Schrödinger-Gleichung.

De Broglie stellte 1924 in seiner Doktorarbeit die These auf, dass jeder bewegten Materie, also auch klassischen Teilchen wie z. B. dem Elektron, eine Frequenz und damit eine Wellenlänge zugeordnet werden kann, die De-Broglie-Wellenlänge.

---

[189] Dransfeld, Klaus; Kienle, Paul, Kalvius, Georg Michael, Physik I: Mechanik und Wärme; Verlag Oldenbourg 2005
[190] Diese Zahl bezieht sich auf die De-Broglie-Wellenlänge, vgl. https://www.uni-ulm.de/fileadmin/website_uni_ulm/nawi.inst.251/Didactics/quantenchemie/html/e-Welle.html.

Daraus entwickelte er die Theorie der Materiewellen, für die er 1929 den Nobelpreis für Physik erhielt.

Der Nachweis von Wellen erfolgt über Beugungserscheinungen, die auftreten, wenn ein Teilchenstrahl eine sehr kleine Öffnung durchquert. Die These von de Broglie verlangte zu ihrer Überprüfung den Nachweis solcher Beugungserscheinungen.

Dabei ist die Größe der Öffnung von Bedeutung, denn die Beugung und Interferenz sind erst dann nachweisbar, wenn die Öffnung in der Größenordnung der Wellenlänge ist. De Broglie ging davon aus, dass man den Quantencharakter von Materie nur erklären kann, wenn man Materie eine Wellenlänge zuordnet. Die Wellenlänge berechnet sich aus dem Planckschen Wirkumsquantum (h = 6,626 * 10^{-34} Js) geteilt durch den Impuls.[191] Aufgrund der extrem kleinen Zahl kann die de Broglie-Gleichung für Materie in für uns wahrnehmbaren Größenordnungen nicht zu nachprüfbaren Ergebnissen führen. Dies sei an dem Beispiel eines Fußballs veranschaulicht. Die Materiewelle, die einem Fußball nach der oben genannten Formel zugeordnet werden kann, beträgt 6,6 *10^{-35} m. Wollte man den Wellencharakter nachweisen, müsste der Fußball durch einen Spalt fliegen, der etwas größer als diese Zahl ist. Dieses Beispiel zeigt, wie schwierig es ist, die Erkenntnisse und auch die Erkenntnismethoden der Quantenphysik auf die uns wahrnehmbare Welt zu übertragen.

Die zweite wichtige Gleichung ist die im Jahre 1926 von dem österreichischen Physiker Erwin Schrödinger entwickelte Schrödinger-Gleichung. Inspiriert wurde Schrödinger von de Broglie. Mit der Schrödinger-Gleichung ermittelt man die das Quantensystem beschreibende Wellenfunktion. Das heißt, das Ergebnis der Schrödinger-Gleichung ist eine Wellenfunktion. Diese Wellenfunktion gibt u. a. Aufschluss über die Wahrscheinlichkeit von Aufenthaltsorten des Teilchens.

---

[191] Der Impuls ist gleich die Masse multipliziert mit der Geschwindigkeit.

Damit kann man z. B. eine Aussage darüber treffen, ob sich ein Elektron z. Bsp. mit 90%iger Wahrscheinlichkeit an diesem Ort und mit 10%iger Wahrscheinlichkeit an jenem Ort aufhält.

Bevor ich die oben aufgeführten Zitate untersuche, möchte ich Aussagen von Richard Bartlett, dem Begründer von Matrix Energetics, beleuchten, die wahrscheinlich die Grundlage für viele weit verbreitete Aussagen sind.

Richard Bartlett verwendet bei der Erklärung seiner Heilmethode Begriffe aus der Quantenphysik. Auf seiner Internetseite heißt es, dass man die Wellenformen in der Matrix verändern und damit die Realität zum Kollabieren bringen kann. Gleichzeitig gehe bei der Behandlung eine spürbare Welle durch den Körper. Außerdem wird auf der Internetseite von stehenden Wellen gesprochen, ohne dass der Zusammenhang näher erläutert wird.

In der Quantenphysik gibt es den so genannten Kollaps der Wellenfunktion, was bedeutet, dass die Wellenfunktion, mit der überlagernde Zustände von Quantenobjekten berechnet werden, durch eine Messung des Quantenobjekts und der damit einhergehenden Reduktion auf einen konkreten Zustand nicht mehr anwendbar ist. Die Quantenphysik spricht nicht davon, dass Realitäten zum Kollabieren gebracht werden können. Auf der Internetseite heißt es weiterhin, dass Transformation dadurch stattfindet, dass man „auf Quantenebene mit den Wellenfronten (Energie und Information), die die Realität schaffen", kommuniziert. Es gibt keine Versuche in der Quantenphysik, die beweisen, dass Formen von Wellen durch das Bewusstsein beeinflusst werden können. Durch das Einstreuen von Begriffen aus der Quantenphysik mögen die Aussagen wissenschaftlich erscheinen, was sie jedoch nicht sind.

Kommen wir nun zu den oben aufgeführten Aussagen. Wie die Ausführungen zu Atom- und Molekülschwingungen und zu den quantenphysikalischen Wellengleichungen zeigen, ist es durchaus berechtigt zu behaupten, dass Materie ständig in Bewegung ist und schwingt.

In oben genannten Zitaten wird Materie als verdichtete Energie niedriger Schwingung bezeichnet. Das Thema verdichtete Energie habe ich schon im vorhergehenden Kapitel erläutert, so dass hier auf Begriffe wie niedrige, langsame und dichte Schwingung eingegangen wird.

Mit niedriger Schwingung könnte die Amplitude (Ausschlag/Auslenkung) oder die Frequenz gemeint sein. Ein niedriger Ausschlag oder eine langsame Bewegung eines Pendels geht mit weniger Energie einher. Je schneller sich etwas bewegt oder je höher der Ausschlag ist, desto größer ist die Energie. Das gilt in der klassischen Physik und der Quantenphysik gleichermaßen.

Die Energie eines Lichtteilchens[192] ergibt sich aus der der Frequenz der Schwingung multipliziert mit dem Planckschen Wirkungsquantum. Das heißt, die Energie wird größer, was übertragen heißt, dass sich Energie verdichtet, wenn die Frequenz höher ist. „Dichte Schwingungen" haben daher eine hohe Frequenz und können nicht gleichzeitig als langsam bezeichnet werden.

hohe Frequenz

niedrige Frequenz

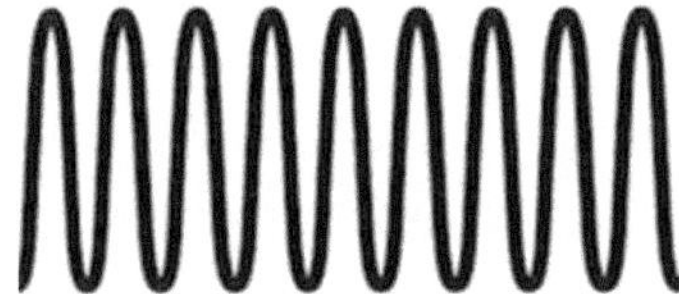

Die linke Welle hat eine höhere Frequenz und daher auch eine höhere Energie. Verdichtete Energie und niedrige Schwingung sind, physikalisch gesehen, folglich Gegensätze, die sich einander ausschließen.

Nach den oben aufgeführten Aussagen besteht Materie aus Energie und diese wiederum schwingt. Dies erweckt den Eindruck, als würden sich Materie und Schwingungen einander ausschließen.

---

[192] Zur Veranschaulichung wird hier der Begriff „Lichtteilchen" verwendet. Der Begriff Teilchen darf nicht im klassischen Sinn in der Bedeutung eines kleinen Stückchens Materie verstanden werden.

Dies ist jedoch nicht der Fall. Die Teilchen, aus denen unser Körper besteht, haben eine Ruhemasse und können daher als Materie bezeichnet werden. Das, was schwingt, sind folglich Materieteilchen. Es gibt auch Teilchen wie die Lichtteilchen, die masselos sind. Diese Teilchen stehen im ständigen Austausch mit den Materieteilchen unseres Körpers. Wie oben beschrieben, werden durch die Aufnahme von Lichtteilchen, Schwingungen im Körper erzeugt.

Der menschliche Körper besteht aus ruhemassebehafteten Teilchen (Materie), die im Austausch mit masselosen Lichtteilchen stehen.

Daher besteht „alles" aus mehr als nur „Energie und Schwingung", „Licht, Information und Resonanz", „Schwingung und Information" oder „Schwingung, Licht und Information". Schon die Vielzahl der Varianten deutet darauf hin, dass es sich eher um metaphorische Beschreibungen als aus der Quantenphysik hergeleitete wissenschaftlich belegte Erkenntnisse handelt. Auf welche Urkraft oder Urkräfte sich alle physikalischen Kräfte zurückführen lassen, wird die Wissenschaft noch zeigen müssen. Im Rahmen der so genannten Weltformel beschäftigen sich Wissenschaftler mit dieser Frage.

Theorien, dass es gesunde und krankmachende Schwingungen im Körper des Menschen gibt und dass ganze Organe nicht in Harmonie schwingen, lässt sich aus der Quantenphysik nicht herleiten. Hierauf gehe ich noch näher im 3. Teil ein.

Bartlett erwähnt die Stringtheorie auf seiner Internetseite, ohne jedoch eine Verbindung zwischen ihr und seiner Methode herzustellen. Die Stringtheorie besagt, dass die Materie aus schwingenden Saiten (Strings) aufgebaut ist. Durch die Art der Schwingung dieser Strings werden die Eigenschaften der Teilchen festgelegt. Auf diese Theorie, die aufgrund dieses Ansatzes in esoterischen Kreisen auf großes Interesse stoßen müsste, wird selten Bezug genommen. Vielleicht fehlt es an einem Vorreiter, der versucht, Heilung und Stringtheorie in einen Zusammenhang zu bringen. Vielleicht ist die Stringtheorie auch deshalb nicht so interessant, weil es bisher keine Beweise oder fundierte Hinweise auf die Richtigkeit der Theorie gegeben hat. Strings sind nach der Theorie so klein, dass sie selbst in den leistungsfähigsten Teilchenbeschleunigern nicht direkt nachgewiesen werden können.

Zusammenfassung:

Aussagen wie z. B., dass ein Mensch reines Licht und reine Energie ist, mögen als Metapher sehr schön sein. Sie sind jedoch keine wissenschaftliche Beschreibung des Menschen.

7. Alles ist Energie

Im Folgenden werden wieder einige Aussagen von Anbietern alternativer Heilmethoden aufgeführt, die u. a. auf Internetseiten zu finden sind und bei denen die Quantenphysik als Beleg für die Richtigkeit der Aussage herangezogen wird:

„Die Quantenphysik hat festgestellt, dass alles was ist, energetische Einheiten sind."

„„Alles ist Energie und alles lässt sich auf Energie zurückführen", sagte schon Albert Einstein."

„Alles ist Energie. Es gibt nichts anderes als Energie. Auch Materie ist reine Energie.

„Das Universum ist ein energetisches Universum; dies hat die Quantenphysik bewiesen: Energie kommt dabei immer in zwei Zuständen vor: entweder Energie fließt (dann zeigt sie sich als Welle) oder Energie ist blockiert (sie zeigt sich als Materie). Materie (Teilchen = Photonen, Elektronen, Neutronen, Quanten) existiert in zwei Formen: als Teilchen und als Welle gleichzeitig."

„Fassen wir nochmal wichtige Erkenntnisse der Quantenphysik zusammen: Alles ist Energie, alles besteht aus Wellen und Information...."

„Alles ist Licht und Energie."

Bevor ich auf die oben genannten Aussagen eingehe, möchte ich den Begriff Energie näher erläutern. Ausführlich wird der Begriff im Kapitel „Alles ist Energie" in Teil I erklärt.

Viele denken bei dem Begriff Energie an etwas Mystisches oder Ätherisches. In den klassischen Naturwissenschaften als auch in der Quantenphysik und in der Relativitätstheorie ist Energie definiert und lässt sich berechnen. Natürlich lässt sich mit einer Definition oder mit Berechnungen ein Phänomen nicht vollends erklären oder begreifbar machen, aber dennoch soll hier aufgezeigt werden, dass Energie nicht so ätherisch ist, wie zum Teil Aussagen von Vertretern alternativer Heilmethoden vermuten lassen.

Energie ist die Antriebskraft, die aufgewendet werden muss, um eine Veränderung herbeizuführen. Das kann z. B. die Kraft sein, die notwendig ist, um z. B. einen Körper zu bewegen, eine Flüssigkeit zu erwärmen oder einen elektrischen Strom fließen zu lassen. Für die Energie gilt der Energieerhaltungssatz. Er besagt, dass in einem abgeschlossenen System die Gesamtenergie erhalten bleibt, Energie kann weder vermehrt noch vermindert werden. Auch wenn man von Energieerzeugung spricht, wird letztendlich nur eine Form der Energie in eine oder mehrere andere Formen der Energie umgewandelt. Die Einheit zur Messung der Energie ist Joule, eine Einheit, die wir von Nahrungsmitteln kennen. Die Einheit Joule lässt sich auch in Kilowattstunden umrechnen. Diese Einheit kennen wir von unserer Stromrechnung. Damit wir uns eine Vorstellung von der Größenordnung der Einheiten machen können, möchte ich einige Beispiele aufführen. Ein Joule ist die Energie, die benötigt wird, um z. B. eine Schokolade um einen Meter anzuheben. Das ist eine recht kleine Einheit. Da ein Haushalt ein Vielfaches davon an Energie für Strom benötigt, erscheint in der Stromrechnung die Einheit Kilowattstunde. Mit der Energie, die ein Vierpersonenhaushalt jährlich an Strom verbraucht, könnte man etwa 14,5 Milliarden Schokoladen anheben. Das zeigt, in welch großen Bandbreiten wir uns bewegen, wenn wir von Energie sprechen. Energie kann in unterschiedlichen, zum Teil von einander abhängigen Formen vorkommen:

- Kinetische Energie
- Potenzielle Energie
- Kernenergie
- Thermische Energie
- Chemische Energie
- Elektrische Energie
- Magnetische Energie
- Elektromagnetische Schwingungen

Weiterhin wird erklärt, wie Energie im Bereich Quantenphysik und Relativitätstheorie definiert werden.

Kinetische Energie

Mit kinetischer Energie ist die Energie gemeint, die man aufbringen muss, um einen Gegenstand zu bewegen. Die Formel, mit der diese Energie berechnet wird, ist die halbe Masse des bewegten Körpers multipliziert mit der Geschwindigkeit des Körpers im Quadrat. Das bedeutet, dass die kinetische Energie, die ein Ball mit 200 Gramm, der in 2 Sekunden 10 Meter durch die Luft fliegt 2,5 Joule beträgt. (E(kin) = ½ *0,2 kg * (10m : 2s)² = 2,5 Joule. Wir wollen uns nicht weiter mit Formeln beschäftigen. Dieses Beispiel sollte veranschaulichen, dass sich Energie messen und berechnen lässt.

Potenzielle Energie

Mit potentieller Energie wird die Energie eines physikalischen Systems bezeichnet, die durch seine Lage in einem Kraftfeld oder durch seine aktuelle System-Konfiguration bestimmt wird.[193] Daher spricht man auch von Lageenergie. Mit potentieller Energie bezeichnet man z. B. die Energie, die ein Körper durch seine Lage in einem Gravitationsfeld hat. Wenn Sie z. B. ein Pendel, das natürlicherweise durch sein Gewicht nach unten hängt zur Seite ziehen, dann verfügt es in der Seitenlage über potenzielle Energie. Sobald Sie das Pendel loslassen, bewegt es sich nach unten. Die potenzielle Energie wird in Bewegungsenergie umgewandelt.

Thermische Energie

Mit thermischer Energie bezeichnet man die Energie, die in den ungeordneten Bewegungen der Atome oder Moleküle gespeichert ist. Eine Wärmezufuhr führt zu einer stärkeren Bewegung der Atome und Moleküle und damit zu einer höheren

---

[193] Vgl. https://de.wikipedia.org/wiki/Potentielle_Energie

thermischen Energie. In ungeordneten Bewegungen von Atomen ist thermische Energie gespeichert.

Kernenergie

Kernenergie entsteht durch die Spaltung oder Fusion von Atomkernen. Bei der Spaltung von Atomkernen entsteht für den Menschen schädliche Radioaktivität. Durch die Spaltung der Atomkerne kann sehr viel Energie erzeugt werden, wodurch die Kern- bzw. Atomenergie auf den ersten Blick sehr lukrativ erscheint.

Chemische Energie

Mit chemischer Energie bezeichnet man die Energie, die in Stoffen aufgrund ihrer chemischen Verbindung gespeichert ist. Chemische Energie wird bei der Veränderung eines Stoffes freigesetzt. Verbrennt man z. B. Holz, so wird die im Holz gespeicherte Energie in Wärme- und Lichtenergie umgewandelt. Bei der Verbrennung von Holz wird die im Holz gespeicherte chemische Energie in Licht und Wärme umgewandelt:

Elektrische Energie

Elektrische Energie entsteht durch elektrische Ladung. Es gibt Teilchen, die eine negative elektrische Ladung haben wie z. B. das Elektron und andere, die eine positive elektrische Ladung haben wie das Proton. Die elektrische Ladung beruht auf der Elementarladung, die eine Naturkonstante ist.[194] Wenn elektrische Ladung transportiert wird, dann sprechen wir von Strom. Elektrische Energie ist für uns z. B. spürbar bei Gewittern. Dann kann die elektrische Ladung in der Luft dazu führen, dass wir einen kleinen Stromschlag bekommen, wenn wir an Metall fassen. Viele kennen sicherlich den Versuch, mit einem Fell immer in gleicher Richtung über einen Stab zu streichen. Durch das Streichen richten sich die Elektronen in

---

[194] Die Elementarladung ist die kleinste frei existierende elektrische Ladungsmenge und ist eine Naturkonstante. Ihr Wert beträgt $1,6 \times 10^{-19}$ Coulomb. Geladene freie Teilchen besitzen ein ganzzahliges Vielfaches dieser Zahl.

den Atomen aus und es entsteht elektrische Ladung, die indirekt sichtbar gemacht werden kann, wenn man diesen Stab an die Haare hält und sich die Haare aufstellen.

Magnetische Energie

Unter magnetischer Energie versteht man die Kraftwirkung von magnetischen oder magnetisierten Gegenständen. Den meisten sind sicherlich Stabmagneten, um den sich Eisenspäne ausrichten, aus der Schule bekannt. Dass ein Gegenstand ein Magnet ist, hat mit Ladungen zu tun. Magnetismus entsteht durch bestimmte Bewegungen von Elektronen um den Atomkern und durch ihren Spin (Eigendrehimpuls), wobei die Anordnung der Atome insgesamt noch eine Rolle spielt (Kristallgitterstruktur). Magnetische Felder können auch durch bewegte Ladung erzeugt werden. Fließt z. B. durch eine Spule Strom, so entsteht um die Spule ein magnetisches Feld. Wie die Feldlinien verlaufen, kann man bei einem Magneten sehr gut mit Eisenspänen sichtbar machen.

Elektromagnetische Schwingungen

Elektromagnetische Schwingungen bestehen aus der Kopplung von elektrischen und magnetischen Feldern. Die beiden Felder sind, wie im 19. Jahrhundert erkannt wurde, zwei eng miteinander verbundene Kräfte. Bewegte elektrische Ladung erzeugt Magnetfelder und sich zeitlich verändernde Magnetfelder erzeugen elektrische Felder. So bedingen sich die beiden Felder gegenseitig. Beispiele für elektromagnetische Strahlung sind z. B. Radiowellen oder das für das menschliche Auge sichtbare Licht.

Farben entstehen durch elektromagnetische Wellen mit einer bestimmten Frequenz. Das Trägerteilchen der elektromagnetischen Welle ist das Photon. Der elektromagnetischen Welle zugrunde liegende Mechanismus wird als elektromagnetische Wechselwirkung bezeichnet und gehört zu den vier fundamentalen Wechselwirkungen. Da der elektromagnetischen Strahlung in unserer Betrachtung eine ganz besondere Rolle zukommt, wird sie auch in dem Kapitel „Alles ist Licht." behandelt.

Energie in der Quantenphysik

Sowohl Plancks als auch Einsteins Theorien aus dem Jahr 1900 bzw. 1905 deuteten darauf hin, dass elektromagnetische Strahlung nicht in beliebigen Größen vorkommt sondern gequantelt. Man kann sich das so vorstellen, dass die elektromagnetische Strahlung aus winzig kleinen „Energiepaketen", den Quanten besteht. Auch wenn der Begriff Quant oft im Sinne von „kleines Teilchen" verwendet wird, bedeutet er das kleinstmögliche „Energiepaket" einer physikalischen Einheit. Ein Quant ist folglich kein sehr kleines Materieteilchen.

Die Energie eines Photons berechnet sich mithilfe des Planckschen Wirkungsquantums:

$$E = h * f$$

mit dem planckschen Wirkungsquantum h und der Frequenz der Welle f.

Das Plancksche Wirkungsquantum ist gerundet eine 6,6 geteilt durch eine 1 mit 34 Nullen. Sie merken, hier befinden wir uns wirklich im Bereich des Kleinen. Das Plancksche Wirkungsquantum ist auch für andere Energieberechnungen auf Quantenebene relevant wie z. B. bei der Berechnung des Drehimpulses von Elektronen. Diese Formel wurde exemplarisch aufgeführt. Wichtig ist, sich zu vergegenwärtigen, dass sich Energiezustände von Quantenobjekten berechnen lassen.

Energie in Relativitätstheorie

Eine der bekanntesten Formeln ist sicherlich die Formel, die Einstein im Rahmen seiner Relativitätstheorie entwickelte:

$$E = mc^2$$

E ist die Ruheenergie, m die Ruhemasse und c die Lichtgeschwindigkeit. Mit dieser Formel wird die Äquivalenz von Energie und Masse ausgedrückt.

Grundkräfte

Jetzt kennen wir die unterschiedlichen Formen der Energie. Was für uns von großem Interesse ist, ist jedoch etwas, was in der Physik nicht als Energie sondern als Grundkraft bezeichnet wird. Diese Grundkräfte sind auch Energieformen. Sie werden Grundkräfte genannt, weil sie die elementaren Kräfte sind, die für alle uns bekannten physikalischen Prozesse auf Mikro- und auf Makroebene verantwortlich sind. Alle beobachtbaren Abläufe auf der Erde und im Weltall lassen sich auf diese vier Grundkräfte zurückführen. Die vier Grundkräfte werden über ein so genanntes Austauschteilchen vermittelt. Daher spricht man auch von Wechselwirkung. Durch dieses Austauschteilchen wird die jeweilige Kraft übermittelt. Wenn wir uns die Vielzahl der physikalischen Prozesse anschauen, dann ist es ganz erstaunlich, dass die dahinterliegenden Kräfte auf vier Formen beschränkt werden können. Diese vier Grundkräfte oder elementaren Energieformen sind:

- die starke Wechselwirkung
- die schwache Wechselwirkung
- die elektromagnetische Wechselwirkung
- die Gravitation

Die starke Wechselwirkung

Die starke Wechselwirkung wirkt im Atomkern. Der Atomkern besteht aus Protonen und Neutronen. Diese wiederum bestehen aus Quarks. Die starke Wechselwirkung ist für den Zusammenhalt der Quarks verantwortlich. Dabei tauschen die Quarks das Austauschteilchen der starken Wechselwirkung aus. Dieses Austauschteilchen hat den bezeichnenden Namen Gluon. Dieser Begriff ist an das englische Wort für Kleber „glue" angelehnt. Das Gluon klebt, bildlich gesprochen, die Quarks der Protonen und Neutronen zusammen. Außerdem bewirkt es, dass die Protonen und Neutronen untereinander „zusammenkleben". Die starke Wechselwirkung hat nur eine geringe Reichweite. Sie wirkt nicht über das Atom hinaus. Die Gluonen können auch mit sich selbst wechselwirken. Auf die Elektronen haben sie keinen Einfluss. Die relative Stärke dieser Grundkraft ist, wie am Namen zu erkennen ist, sehr groß. Sie ist um ein Vielfaches höher als die der anderen Grundkräfte.

Die schwache Wechselwirkung

Die schwache Wechselwirkung wirkt auf Quarks und Elektronen sowie auf die anderen weniger bekannten Leptonen[195]. Die schwache Wechselwirkung ist für Prozesse in der Sonne und für die Radioaktivität verantwortlich. Sie bewirkt den radioaktiven Zerfall von Atomkernen, in dem sie Quarks in andere Quarks umwandelt. Bei radioaktiven Prozessen wie der Betastrahlung wird ein Neutron in ein Proton und zwei weitere Teilchen umgewandelt. Die schwache Wechselwirkung wird über die Austauschteilchen W(+) und W(-)-Bosonen und über Z-Bosonen übertragen. Die Reichweite der schwachen Wechselwirkung ist sehr gering und geht nicht über den Atomkern hinaus.

Die Gravitation

Die Gravitation ist eine Kraft, die wir alle kennen. Schon ein Baby erfreut sich daran, dass ein Gegenstand, den es loslässt, nach unten fällt. Die Gravitation bewirkt, dass wir auf der Erde stehen und nicht hinunterfallen, auch wenn wir sicherlich in unserer Vorstellung oben auf der Erde stehen und vielleicht glauben, dass wir sowieso nicht hinunterfallen können, sondern nur diejenigen, die sich auf dem unteren Teil befinden. Die Gravitation hält auch Planeten im Weltall auf ihren Bahnen.

Auch wenn uns die Gravitation sehr stark erscheinen mag, so ist sie doch eine sehr schwache Kraft im Vergleich zu den anderen drei Grundkräften. Dass uns ihre Kraft so stark erscheint, liegt daran, dass die Stärke der Gravitation mit der Masse zunimmt und die Erde übe viel Masse verfügt. Die Gravitationskraft wirkt auf alle Teilchen. Im Quantenbereich, in dem es um Teilchen mit extrem kleiner Masse geht, spielt daher die Gravitation eine untergeordnete Rolle.[196] Als

---

[195] Zu den Leptonen gehören das Elektron, das Elektron-Neutrino, das Myon und das Myon-Neutrino und das Tauon und das Tauon-Neutrino. Die Neutrinos und ihre Antiteilchen sind nicht geladen. Elektron, Myon und Tauon sind negativ geladen, ihre Antiteilchen sind positiv geladen.

[196] Nach Albert Einsteins allgemeiner Relativitätstheorie ist Gravitation die Krümmung der Raumzeit. Die Gravitation ist aber insofern von fundamentaler Bedeutung, als dass noch nach einer Theorie gesucht wird, die die Quantenphysik und die Relativitätstheorie, die sich mit der Gravitation beschäftigt, in einer einheitlichen Theorie zusammenführt.

Austauschteilchen der Gravitation nimmt man das Graviton an, das jedoch noch nicht nachgewiesen werden konnte. Die Gravitationskraft nimmt mit der Entfernung ab, hat jedoch eine unendliche Reichweite.

Die elektromagnetische Wechselwirkung

Die elektromagnetische Kraft liegt gemäß der Quantenfeldtheorie den elektromagnetischen Wellen zugrunde, die unterschiedliche Strahlungen umfassen wie die Röntgenstrahlung und das für uns sichtbare Licht. Das Austauschteilchen der elektromagnetischen Kraft ist das Photon. Die elektromagnetische Kraft wirkt auf alle geladenen Objekte (Quarks, Leptonen (z. B. Elektronen) und die W-Bosonen). Die Reichweite der elektromagnetischen Kraft ist unendlich. In diesem Kapitel werde ich auf die elektromagnetische Kraft detaillierter eingehen.

Drei der Grundkräfte sind in dem sogenannten Standardmodell der Elementarteilchenphysik definiert. Dieses Modell beschreibt die bekannten Elementarteilchen und ihre Wechselwirkungen. Die Gravitation, deren Trägerteilchen noch nicht experimentell nachgewiesen werden konnte, wird dort nicht beschrieben.[197] Das Modell entspricht dem heutigen Kenntnisstand, weist jedoch auch Mängel auf. Darüber hinaus gibt es weitere Theorien, die versuchen, die Kräfte zu vereinheitlichen.

So z. B. die große vereinheitlichte Theorie, die davon ausgeht, dass die schwache, starke und elektromagnetische Kraft zum Zeitpunkt des Urknalls eine einzige Kraft waren. Außerdem gibt es Theorien, die die Gravitationskraft noch mit einbeziehen. Sie werden Weltformel oder Theorie von Allem genannt. Sie gehen davon aus, dass alle vier Grundkräfte bei sehr hoher Energie wie beim Urknall auf eine Urkraft zurückzuführen sind. An dieser Stelle sei zusammenfassend gesagt, dass es noch keine in sich schlüssige Theorie gibt, die alle Grundkräfte miteinander vereinen kann.

---

[197] Man hat vermutet, dass es ein Austauschteilchen gibt, dass Teilchen mit Masse versieht. Man geht davon aus, dass dieses Teilchen, Higgs-Boson genannt, im Jahr 2012 im Teilchenbeschleuniger (CERN) nachgewiesen wurde.

Die vier Grundkräfte in tabellarischer Form.

Kraft	Starke Kraft	Elektro-magnetische Kraft	Schwache Kraft	Gravitations-kraft
Träger-teilchen	Gluonen	Photonen	W(+)-, W(-), Z-Bosonen	Graviton ?
Verant-wortlich für	Zusammenhalt des Protons, des Neutrons und der Atom-kerne	Bindung zwischen Kern und Hülle im Atom, Elektrizität und Magnetismus	Radioaktivität, Prozesse in der Sonne, Zerfallsprozesse	Zusammenhalt der Erde, der Sonne, des Planeten-systems
Reich-weite	10^{-15} m	Unendlich	10^{-16} m	unendlich

Sowohl Teilchen mit Ruhemasse als auch Teilchen ohne Ruhemasse können über Energie verfügen. Für uns von besonderem Interesse ist das, dass allen physikalischen Prozessen eine oder eine Kombination der vier Grundkräfte, die eine Form der Energie sind, zugrunde liegt.

Einstein hat mit seiner Formel eine Äquivalenz zwischen Energie und Masse hergestellt, wobei die Masse mit der Lichtgeschwindigkeit im Quadrat zu multiplizieren ist ($E = mc^2$). Aus dieser Formel folgt, dass die Energie mit der Zunahme an Masse steigt.

Die Quantenphysik hat gezeigt, dass aus einem ruhemasselosen Lichtteilchen, ein ruhemassebehaftetes Elektron und sein Antiteilchen, das Positron, entstehen können. Dies geschieht, wenn ein energiereiches Photon auf einen Atomkern trifft.

Aus energiereicher Nicht-Materie kann Materie entstehen und umgekehrt kann aus Materie wie dem Elektron und seinem Antiteilchen, dem Positron, Nicht-Materie entstehen. Die Quantenphysik zeigt, dass ständig Teilchen in Bewegung sind und gegenseitig wechselwirken.

Betrachten wir nun die oben aufgeführten Zitate.

Max Planck und Albert Einstein haben entdeckt, dass bestimmte physikalische Größen in kleinste Einheiten unterteilt sind (gequantelt) und keine beliebigen Werte annehmen können. Sie haben nicht gesagt, dass alles aus Energie oder energetische Einheiten besteht.

Weder Einstein noch Quantenphysiker behaupten, dass sich alles auf Energie zurückführen lässt. Einstein hat mit seiner berühmten Formel $E = mc^2$ eine Äquivalenz zwischen Masse und Energie hergestellt. Auf welche Kraft sich beim Urknall alle Kräfte zurückführen lassen, wird bei der Suche nach einer Weltformel erforscht. Zum jetzigen Zeitpunkt geht man von vier Grundkräften oder fundamentalen Wechselwirkungen aus. Bei der Entstehung dieser Kräfte sind zum Teil massebehaftete Teilchen, sprich Materie, beteiligt.

Oft lassen die Aussagen auf den Internetseiten den Eindruck entstehen, als sei Materie per se etwas Schlechtes und Energie etwas Gutes. Manchmal wird behauptet, dass Materie blockierte Energie sei. Tatsächlich aber findet in der Natur ein ständiger Austausch zwischen Teilchen, die aufgrund ihrer Ruhemasse als Materie bezeichnet werden können, und Teilchen, die man aufgrund nicht vorhandener Ruhemasse wie z. B. das Trägerteilchen des Lichts als Energie bezeichnen könnte, statt. Krankheiten könnten folglich dadurch entstehen, dass der Austausch zwischen Energie und Materie blockiert ist. Dies ist beispielsweise der Fall bei einem Mangel an Vitamin D3. Ein Mangel entsteht, wenn der Körper nicht ausreichend Licht ausgesetzt ist. Auf Quantenebene bedeutet dies, dass ein Austausch des Photons mit Teilchen im Körper des Menschen nicht im ausreichenden Maß stattfindet.

Quantenobjekte haben laut Quantenphysik sowohl einen Teilchen- als auch einen Wellencharakter. Durch eine Messung wird beispielsweise der Ort des Quantenobjekts bestimmt, wodurch es einen Teilchencharakter erhält. Diesen Teilchencharakter als blockierte Energie zu bezeichnen, ist eine individuelle Interpretation, die man so in der wissenschaftlichen Literatur nicht findet.

In diesem Zusammenhang ist die De-Broglie-Wellengleichung von Bedeutung. Sie besagt, dass man jeglicher Form von Materie eine Materiewelle zuordnen kann. Dies wurde in dem Kapitel „Materiewelle und Schrödinger-Gleichung" in Teil I näher erläutert.[198] Die Wellenlänge, die man durch diese Gleichung Makroobjekten wie z. B. einem Ball rechnerisch zuordnen kann, ist jedoch so klein, dass sich die Frage stellt, inwieweit dieser Wert im Zusammenhang mit der Quantenheilung für Makroobjekte von Relevanz ist.

Auffallend sind auch die Unterschiede bei den Aussagen. Manchmal wird geschrieben, dass alles Energie ist, manchmal ist alles Energie und Licht. Es gibt noch weitere Varianten des Satzes „Alles ist...", die in den folgenden Kapiteln erläutert werden. Licht als elektromagnetische Welle ist eine Form von Energie, so dass die Aussage, dass alles Energie und Licht ist, physikalisch gesehen, keinen Sinn macht.

Zusammenfassung:

Mithilfe der Physik lassen sich unterschiedliche Formen von Energie berechnen. Die Quantenphysik beschreibt Wechselwirkungen, an denen masselose und massebehaftete Quantenobjekte beteiligt sind. Aussagen, dass alles Energie sei, sind zu unspezifisch, als dass man sie in dieser Form in der Wissenschaft finden könnte.

---

[198] Eine Materiewelle für einen Ball mit einem Gewicht von 1 kg, der mit 10 Metern pro Sekunde durch die Luft fliegt, hat nach der De-Broglie-Gleichung eine Länge von $6{,}6 * 10^{-35}$ Metern.

8.   Alles ist Licht

Im Folgenden sind einige Beispiele von Aussagen über Licht aufgeführt, bei denen auf die Quantenphysik Bezug genommen wird:

„In der Quantenphysik wird beschrieben, dass alle Materie aus Licht und Information (Bewusstsein) besteht und unsere Realität wird beschrieben als Vibration und wellenförmige Muster. Aus diesen Mustern bilden sich Informationsfelder, sie werden auch morphologische Felder genannt."

„Anders ausgedrückt: Alles in diesem Universum ist Licht und Information."

„Alles auf dieser Welt besteht aus Licht und Information. (...) Neuste Erkenntnisse aus dem Bereich der Quantenphysik belegen und erklären uralte Technologien alternativer Heilmethoden, eine Verschmelzung von Wissenschaft und Spiritualität."

„Diese Transformation findet auf Quantenebene durch die Kommunikation mit den Wellenfronten (Energie und Information) statt, die die gesamte Realität schaffen. (...) Gemäß moderner Physiker kann die gesamte Realität als Vibrationen und Wellenformmuster beschrieben werden und dass alles Licht und Information ist."[199]

Licht wird in den o. g. Beispielen als elementarer Baustein unseres Universums gesehen. Gehen wir zunächst der Frage nach: Was ist Licht und wie entsteht es?

Licht ist eine elektromagnetische Schwingung. Mit Licht bezeichnen wir gemeinhin den für den Menschen sichtbaren Bereich der elektromagnetischen Schwingung. Die elektromagnetische Schwingung besteht aus elektrischen und magnetischen

---

[199] Diese zwei Zitate sind der Internetseite von Richard Bartlett entnommen. Dort heißt es auf Englisch: "This transformation takes place by communicating at the quantum level with the wave fronts (energy and information) that create all of reality. (...) According to modern physicists, all reality can be described as vibrations and waveform patterns, that everything is light and information."

Feldern, die sich gegenseitig bedingen. Elektrische Felder entstehen durch bewegte Ladung. Bewegte Ladung erzeugt magnetische Felder.

Das Photon ist das Austauschteilchen der elektromagnetischen Schwingung. Wie wir im Zusammenhang mit dem Doppelspaltexperiment gesehen haben, das in Teil I in Kapitel 4 und Teil II Kapitel 3 näher beschrieben wurde, hat ein Photon sowohl Teilchen- als auch Wellencharakter. Die Energie eines Photons entspricht dem Planckschen Wirkungsquantum multipliziert mit seiner Frequenz. Das heißt je höher die Frequenz desto höher die Energie. Photonen können nicht beliebige, sondern nur ganz bestimmte Energiezustände annehmen. Das kleinstmögliche „Energiepaket" ist ein Quant.

Materie im Sinne von den uns umgebenden Dingen setzt sich aus Atomen zusammen, die aus neutralen sowie positiv und negativ geladenen Teilchen bestehen. Elektronen sind negativ, Protonen sind positiv geladen. Protonen setzten sich wiederum aus Quarks zusammen, die sich jedoch nicht isolieren lassen. Auch die Quarks haben entweder eine positive oder negative Ladung. Sie beruht auf der Elementarladung, die eine Naturkonstante ist. Jede elektrische Ladung ist von einem elektrischen Feld umgeben. Zwischen entgegengesetzten Ladungen vermittelt dieses Feld anziehende Kräfte. Das heißt ein Objekt mit einem Elektronenüberschuss und eines mit einem Elektronenmangel ziehen sich an. Diese Ladungsunterschiede können, wie z. B. in einer Batterie, durch chemische Prozesse ausgelöst werden. Es geht aber auch viel einfacher. Wenn man mit einem Pullover an einem Luftballon reibt oder mit einem Fell an einem Plastikstab streicht, richten sich die geladenen Teilchen aus, so dass ein leichtes elektrisches Feld entsteht.

Auch bei magnetischen Feldern spielen Ladungen eine Rolle. Die Ausrichtung der negativ geladenen Elektronen und ihr Eigendrehimpuls bewirken, dass auf der einen Seite des Magneten ein positiver Pol und auf der anderen Seite ein negativer Pol entstehen. Im Gegensatz zum elektrischen Feld hat das magnetische Feld immer zwei Pole: einen Plus- und einen Minuspol. Ansonsten sind sie sich sehr ähnlich und bedingen sich gegenseitig. Wenn ein Strom durch eine Leitung fließt, entsteht ein magnetisches Feld und durch die Veränderung des magnetischen Feldes kann ein elektrischer Strom erzeugt werden. Dass diese beiden Kräfte zusammengehören, wurde im 19. Jahrhundert von dem schottischen Physiker James Clerk Maxwell erkannt, der die bekannten Maxwell-Gleichungen entwickelte. Von Feldern spricht man deshalb, weil die jeweilige Kraft der Ladung nicht nur an einem einzigen Punkt wirkt, sondern auf den umliegenden Raum verteilt ist. In der Physik ist ein Feld die räumliche Verteilung einer physikalischen Größe. Wie diese Kraft verteilt ist, sieht man bei Magneten sehr gut an der Ausrichtung von Eisenspänen, die man um den Magneten schüttet. Auch beim elektrischen Feld verlaufen die Kräfte feldlinienartig. Eine elektromagnetische Schwingung ist eine Kopplung von elektrischen und magnetischen Feldern. Wenn man von Welle oder Schwingung spricht, ist nicht gemeint, dass die Elektronen ähnlich einem Pendel harmonisch hin- und herschwingen. Die Schwingung ergibt sich daraus, dass sich die Feldstärke des magnetischen und elektrischen Felds beständig verändert. Elektromagnetische Schwingungen sind im Vakuum Transversalwellen. Das heißt, dass die Schwingung senkrecht zur Ausbreitungsrichtung erfolgt.

Die zeitliche Änderung des elektrischen Feldes ist mit einer räumlichen Änderung des magnetischen Feldes verbunden und umgekehrt. Das sieht graphisch dargestellt so aus:

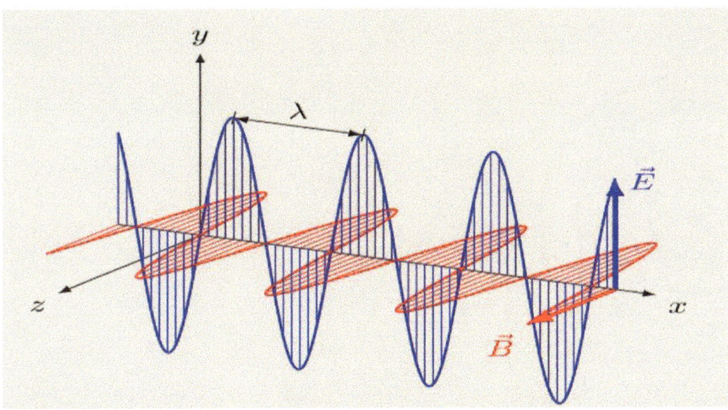

B: magnetische Flussdichte, E: elektrische Flussdichte, λ: Wellenlänge
die Welle breitet sich in x-Richtung aus

Quelle: https://de.wikipedia.org/wiki/Elektromagnetische_Welle, And1mu

Eine höhere Frequenz einer elektromagnetischen Welle bedeutet eine schnellere Veränderung der elektrischen und magnetischen Felder. Was passiert auf quantenphysikalischer Ebene, wenn Licht entsteht? Ein Atom besteht aus einem Atomkern, um den sich die negativ geladenen Elektronen bewegen. Die Elektronen haben verschieden Energiezustände, die mit den so genannten Quantenzahlen beschrieben werden. Für uns in diesem Kontext relevant sind die Hauptquantenzahl und die Nebenquantenzahl. Was in der Quantenphysik mit Haupt- und Nebenquantenzahl bezeichnet wird, hat Bohr in seinem Atommodell Schalen genannt. Auch wenn sich die Elektronen nicht auf festen durch die Schale vorgegeben Weg bewegen, lässt sich mit dem Bohrschen Atommodell sehr gut bildlich darstellen, was im Inneren eines Atoms passiert. Die Elektronen bewegen sich auf Schalen, die unterschiedlich weit vom Kern entfernt sind. Die Hauptquantenzahl, das heißt der Buchstabe der Schale, gibt an, wie nah sich ein Elektron am Atomkern befindet. Je näher sich das Elektron am Atomkern befindet, desto höher ist der Energieaufwand, ihn vom Atomkern wegzubewegen.

Es gibt 7 Schalen mit jeweils mehreren Unterschalen, auf denen sich die Elektronen bewegen. Hier ein exemplarisches Bild eines Calcium-Atoms, das 4 Schalen besitzt.

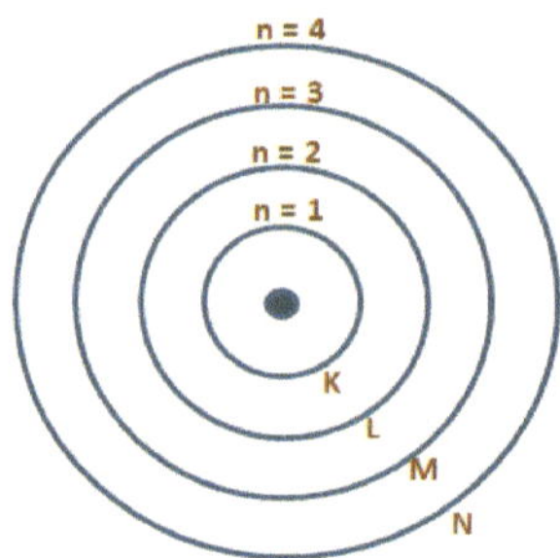

Quelle: © Ute Marth

Wenn ein Elektron z. B. von K nach L springen soll, dann muss dafür mehr Energie aufgebracht werden, als wenn es von M nach N springt. Warum ist das für uns wichtig? Diese Sprünge haben etwas mit der elektromagnetischen Kraft zu tun. Regt man ein Atom z. B. durch Wärmezufuhr, Bestrahlung mit Licht oder

Beschießen mit anderen Teilchen an, springen Elektronen von einer Schale auf eine andere Schale. So kann z. B. ein Elektron aus der 3. Schale in die 4. Schale oder von 2. Schale in die 4. Schale. Der Energieunterschied, der durch den Sprung entsteht, entspricht genau der zugeführten Energie. Und jetzt wird es spannend: Springt das Elektron wieder auf seine ursprüngliche Schale zurück, gibt es Photonen, die Trägerteilchen des Lichtes, ab.

Das heißt, Licht entsteht, wenn ein Elektron in seine ursprüngliche Schale oder seinen ursprünglichen Energiezustand zurückkehrt.

Licht, das heißt die elektromagnetische Schwingung, kann unterschiedliche Wellenlängen und Frequenzen haben. Um welche Frequenz es sich handelt, hängt davon ab, wie groß der Sprung des Elektrons ist. Je größer der Sprung, desto größer die Energie, die zur Anregung des Sprungs aufgebracht werden muss. Wenn das Elektron wieder auf seine ursprüngliche weiter innen liegende Schale zurückspringt, ist dann auch die abgegebene elektromagnetische Energie höher. Einer höheren Energie entspricht dabei eine höhere Frequenz.

Elektromagnetische Schwingungen entstehen jedoch nicht nur durch Sprünge der Elektronen. Die energiereichsten elektromagnetischen Schwingungen entstehen durch den Zerfall des Atomkerns. Dabei entsteht die radioaktive Gammastrahlung.

Die verschiedenen Frequenzbereiche werde ich noch weiter unten näher erläutern. Energiereiche Photonen können auch die Entstehung neuer Teilchen bewirken. Es gibt verschiedene Ansätze zur Berechnung, welche Sprünge zu welchen Frequenzen der elektromagnetischen Kraft führen. Detaillierte Berechnungen sind nicht so einfach, wenn man sich vorstellt, wie schnell die Elektronen springen. So ein Sprung eines Elektrons dauert etwa eine 300 Billionstel Sekunde.[200]

---

[200] Auch die Zeit, die ein Elektron für den Sprung von einen Material auf das andere brauchte, wurde gemessen: Physiker um Wilfried Wurth von der Universität Hamburg stoppten für den Wechsel eines Elektrons von einem Schwefelatom auf das Metall Ruthenium eine Zeit von nur einer drittel Billiardstel Sekunde. http://www.handelsblatt.com/technik/forschung-innovation/hamburger-forscher-beobachten-ultraschnelle-elektronenspruenge/2528776.html, abgerufen Juli 2015:

Das heißt, in unserer Umgebung haben wir ein für uns nicht direkt wahrnehmbares ständiges Gehüpfe von Teilchen. Ständig werden Elektronen angeregt und fallen in ihren ursprünglichen Energiezustand zurück. Ständig wird Licht absorbiert und wieder abgegeben.

Jedes Lebewesen und jeder Gegenstand, ein Baum, ein Stein, ein Auto geben, wenn sie eine Temperatur über dem absoluten Nullpunkt haben, elektromagnetische Schwingung ab.

Um diese Prozesse besser zu beschreiben, wurde die Quantenelektrodynamik entwickelt, die ich im nächsten Kapitel näher beschreibe.

Es gibt verschiedene Formen der elektromagnetischen Schwingung. Die jeweilige Form wird durch die Frequenz bestimmt. Die Gesamtheit der Formen ist im elektromagnetischen Spektrum erfasst.

Das elektromagnetische Spektrum

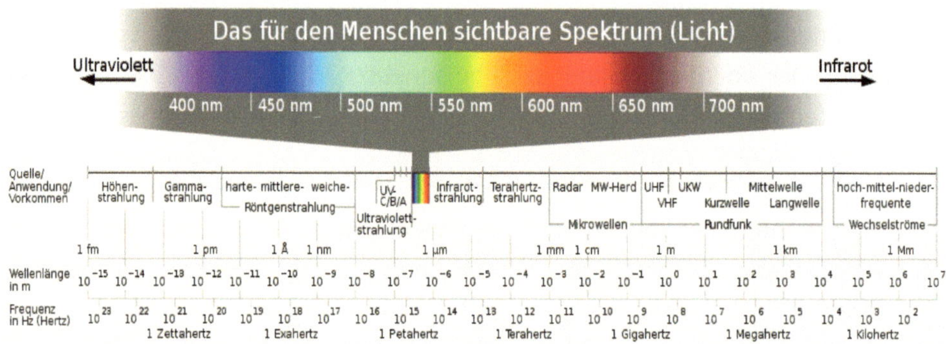

Quelle: https://de.wikipedia.org/wiki/Elektromagnetische_Welle, Horst Frank/Phrood/Anony

Die elektromagnetische Schwingung reicht von der extrem energiereichen Höhenstrahlung, das heißt der Strahlung der Sonne, der Milchstraße und anderer Galaxien bis hin zu niederfrequenten Strahlung, die von Antennenanlagen ausgeht oder bei Bahnstrom und früher in der U-Boot-Kommunikation eingesetzt wird. Der niederfrequente Bereich geht von 3 Hertz bis 30 kHertz mit einer Wellenlänge von

10.000 km bis 100.000 km bis zur Höhenstrahlung mit einer Frequenz von 10^{23} und einer Wellenlänge von 10^{-15} m (1 geteilt durch eine 1 mit 15 Nullen). Die Bandbreite ist folglich riesig. Ein kleiner Ausschnitt dieser großen Bandbreite stellt das für den Menschen sichtbare Licht dar. Das weiße Licht entsteht durch die Zusammensetzung unterschiedlicher Wellenlängen der Farben.

Hier die Wellenlängen und Frequenzen von sechs Spektralfarben.

Farbname	Wellenlängenbereich	Frequenzbereich
rot	≈ 700–630 nm	≈ 430–480 THz
orange	≈ 630–590 nm	≈ 480–510 THz
gelb	≈ 590–560 nm	≈ 510–540 THz
grün	≈ 560–490 nm	≈ 540–610 THz
blau / indigo	≈ 490–450 nm	≈ 610–670 THz
violett	≈ 450–400 nm	≈ 670–750 THz

Quelle: https://de.wikipedia.org/wiki/Spektralfarbe

Die Farbe Rot entspricht einer elektromagnetischen Schwingung mit einer Wellenlänge von ca. 700 Nanometer, das heißt von 700 Milliardstel Meter, und einer Frequenz von ca. 450 Billionen Hertz. Das menschliche Auge nimmt jedoch nicht direkt die Farbe wahr, sondern die elektromagnetische Frequenz regt die so genannten Zapfen, lichtempfindlichen Zellen, im Auge an und wird im Gehirn zu einer Farbe umgesetzt. Bei einer Rot-Grün-Blindheit, bei der ein Mensch nicht zwischen Rot und Grün unterscheiden kann, gibt es gewisse Fehlfunktionen in den Zapfen, so dass der Mensch die beiden Farben nicht unterscheiden kann. Wenn wir uns vorstellen würden, dass alle Menschen diese Fehlfunktion hätten, dann könnten Menschen nicht zwischen rot und grün unterscheiden. Das zeigt, wie schwer es ist, von einer objektiven vom wahrnehmenden Subjekt unabhängigen Realität zu sprechen.

Strahlen, die für uns nicht sichtbar sind, aber doch in unserem Alltag eine Rolle spielen, sind Röntgenstrahlen. Sie haben, wie aus dem oben aufgeführten Schaubild ersichtlich, eine höhere Frequenz. Bei Röntgenstrahlen finden aufgrund der hohen Frequenz Elektronensprünge in den weiter innen liegenden Schalen statt.

Licht bewegt sich enorm schnell und zwar mit ca. 300.000 Kilometern pro Sekunde. Eine weitere Zahl sei zur Orientierung genannt: Wenn ein Teelicht leuchtet, entstehen in der Flamme jede Sekunde etwa 10^{20} Photonen.[201]

Fassen wir die wichtigsten Punkte zum Thema Licht nochmals zusammen:

- Licht ist eine elektromagnetische Schwingung
- die Form der elektromagnetischen Schwingung wird durch ihre Frequenz bestimmt
- je höher die Frequenz desto höher die Energie
- mit Licht wird meist die für Menschen sichtbare elektromagnetische Schwingung bezeichnet
- elektromagnetische Schwingungen entstehen, wenn z. B. angeregte Elektronen in ihren ursprünglichen Energiezustand zurückspringen, oder durch Veränderungen im Atomkern
- sie ist eine der vier Grundkräfte
- sie wird in der Quantenphysik im Rahmen der Quantenelektrodynamik beschrieben
- das Austauschteilchen der elektromagnetischen Schwingung ist das Photon

---

[201] http://de.wikipedia.org/wiki/Elementarteilchen

- das Photon kann in Abhängigkeit seiner Frequenz neben der Anregung von Elektronen und Veränderungen im Atomkern auch die Entstehung von Teilchen bewirken
- das Photon kann sowohl einen Teilchen- als auch einen Wellencharakter haben

Betrachten wir vor diesem Hintergrund nun die oben angeführten Zitate. Zwei Aussagen, die man immer wieder findet sind:

- Die Quantenphysik hat gezeigt, alles ist Licht und Information.
- Die Quantenphysik hat gezeigt, alles ist Energie und Information.

Richard Bartlett schreibt auf seiner Internetseite in einem Passus, dass Energie und Information die gesamte Realität schaffen. Einige Zeilen weiter heißt es, dass alles Licht und Information ist. Diese zwei unterschiedlichen Aussagen haben unter Umständen für Verwirrung gesorgt, da man auf anderen Internetseiten eine Zusammenführung dieser beiden Sätze findet: Alles ist Energie, Licht und Information.

Licht ist eine elektromagnetische Welle, die aus elektrischen und magnetischen Feldern besteht. Elektrizität und Magnetismus sind Formen von Energie. Daher kann man Licht als eine Form von Energie betrachten. Licht ist damit eine Teilmenge von Energie. Das Trägerteilchen des Lichts ist ein Photon, das masselos ist. Die Energie eines Photons kann man berechnen. Die Energie eines Photons des sichtbaren Lichts beträgt ca. 3 eV (= ca. $4{,}8 * 10^{-19}$ Joule).

Licht ist eine Form von Energie, doch gleichzeitig ist an deren Entstehung Materie (ruhemassebehaftete Teilchen) beteiligt.

Oft wird der Eindruck erweckt als sei Energie etwas, was vollkommen unabhängig von Materie existiere. Dem ist nicht so. Licht entsteht, wenn anregte Elektronen in ihren ursprünglichen Zustand zurückspringen.

Das heißt, weder unser Universum noch unser Körper besteht nur aus Licht und Information. Der Begriff Information wird in dem Kapitel „Alles ist Information" behandelt.

Die Quantenphysik hat gezeigt, dass Licht (die elektromagnetische Wechselwirkung) nur eine der vier Grundkräfte ist. Sicherlich ist sie eine der faszinierendsten Grundkräfte, da sie für uns neben der Gravitation direkt wahrnehmbar ist. Licht erscheint uns in schillernden Farben, Licht ist an der Photosynthese beteiligt, wodurch der für Lebewesen wichtige Sauerstoff entsteht, ein Regenbogen besteht aus Licht, ein Sonnenuntergang leuchtet in bunten Farben.[202] Von hellem Licht berichten Menschen mit Nahtoderfahrungen. Auch wenn uns das Licht so beeindruckt, so ist es nur eine der vier Grundkräfte, die das Universum bestimmen. Die starke Wechselwirkung hält die Teilchen zusammen und die schwache Wechselwirkung spielt bei Kernzerfallsprozessen in der der Sonne eine Rolle, die uns das Sonnenlicht bescheren. Licht hat im Gegensatz zur schwachen und starken Wechselwirkung eine unendliche Reichweite und ist rasant schnell.

Theoretische Physiker versuchen, in einer Weltformel alle Kräfte auf eine Urkraft zurückzuführen. Eine ansatzweise experimentell bestätigte Theorie gibt es dazu noch nicht.

In einigen dieser Theorien zur Weltformel wird das Bestehen von Paralleluniversen angenommen. Vielleicht wird die Zukunft einmal zeigen, dass es Paralleluniversen gibt, in denen Lichtmuster gespeichert sind, auf die das geübte menschliche Bewusstsein zugreifen kann. Ansätze in diese Richtung gibt es von Michael König. Er stellt in seinem Buch „Das Urwort – Die Physik Gottes" sein Erklärungsmodell vor, das sich auf Theorien von Burkhard Heim und Jean Emile Charon stützt.

---

[202] 1975 gelang Fritz-Albert Popp, der experimentelle Nachweis von Biophotonen, einer schwachen Lichtabstrahlung in der Biologie. Jede lebendige Substanz strahlt ein schwaches Licht mit Wellenlängen zwischen 200 und 800 Nanometern ab. Die genauen Prozesse dieser schwachen Zellstrahlung sind noch nicht erforscht. Menschen beziehen laut Popp auf zellulärer Ebene Energie und ordnende Signale aus Licht. Vgl. http://www.spiegel.de/wissenschaft/mensch/biophotonen-das-raetselhafte-leuchten-allen-lebens-a-370918.html

Michael König unterscheidet zwischen einer inneren und einer äußeren Raumzeit, zwischen denen über Photonen und Elektronen ein ständiger Austausch besteht. Das Elektron als ein massebehaftetes Teilchen wird als kleinste Einheit des Bewusstseins gesehen. Impulse zwischen Elektronen und Photonen in der äußeren Raumzeit werden auf Elektronen in der inneren Raumzeit übertragen. Durch diese Impulsübertragung verändert sich die Anordnung der Photonen und damit verändert sich das Lichtmuster. In diesen Mustern sind Erfahrungen und Informationen gespeichert. Das heißt Erfahrungen und Informationen sind in Lichtmustern in der inneren Raumzeit kodiert.

Michael König ist Quantenphysiker, gehört jedoch nicht zum wissenschaftlichen Establishment. Seine Theorie, die, wie der Titel schon zeigt, religiös ausgerichtet ist, wird nicht von etablierten Quantenphysikern vertreten, gleichwohl sie interessante Hypothesen und Ansätze enthält. Ob diese weniger wahrscheinlich sind als manche Ansätze von Anhängern der Stringtheorie, wäre zu überprüfen.

9.   Es gibt das Feld

Das Feld wird von Vertretern alternativer Heilmethoden oft als Urgrund allen Seins bezeichnet. In ihm sollen Informationen über das Universum gespeichert sein. Aufgrund der großen Bedeutsamkeit gibt es zahlreiche Varianten dieser Aussagen, die im Folgenden aufgeführt werden.

„Die Quantenphysik spricht vom „Nullpunktfeld", vom Quantenfeld, vom Urfeld oder eben schlicht vom Feld und bezeichnet damit ein interagierendes Energiefeld, das alle Dinge potenziell enthält."

„Die Matrix ist ein interaktives und ständig interagierendes Energiefeld das alle Dinge potenziell enthält. Die Quantenphysik spricht hier vom „Nullpunktfeld" oder schlicht vom „Feld"."

„Der Urgrund unserer Realität ist ein Feld (Nullpunktfeld, Matrix oder einfach Feld), über das alles miteinander verbunden ist. In diesem Feld ist alles, was jemals gedacht, gefühlt und erlebt wurde, gespeichert. In der Matrix ist die Gegenwart, die Vergangenheit und alles, was in Zukunft möglich ist, in unendlichen Variationen potentiell enthalten."

„Das Feld", wie Einstein es einmal kurz und bündig formuliert hat, „ist unsere einzige Wirklichkeit"."

„In der Physik nannte Albert Einstein das Allumfassende einfach "das Feld"."

„Albert Einstein versuchte, eine wissenschaftliche Erklärung für die Einträge in die Akasha-Chronik zu finden."

„Die Felder in der Quantenphysik sind nicht nur immateriell, sondern wirken in ganz andere, größere Räume hinein, die nichts mit unserem vertrauten dreidimensionalen Raum zu tun haben. Es ist ein reines Informationsfeld – wie eine Art Quantencode. Es hat nichts zu tun mit Masse und Energie. Dieses

Informationsfeld ist nicht nur innerhalb von mir, sondern erstreckt sich über das gesamte Universum. Der Kosmos ist ein Ganzes, weil dieser Quantencode keine Begrenzung hat. Es gibt nur das Eine." (Hans-Peter Dürr)[203]

Die Schwingungen und Wellenformen in der Matrix können verändert werden, was bedeutet, dass jeder die aktuelle Realität zum Kollabieren bringen kann (...).[204]

„In der Quantenphysik wird beschrieben, dass alle Materie aus Licht und Information (Bewusstsein) besteht und unsere Realität wird beschrieben als Vibration und wellenförmige Muster. Aus diesen Mustern bilden sich Informationsfelder, sie werden auch morphologische Felder genannt."

„Das Nichts ist das Feld, das alles miteinander verbindet. Max Planck, der Vater der Quantenphysik, identifizierte es bereits 1944. Er hat es als die "Matrix" bezeichnet."

Bevor ich auf die unterschiedlichen Aussagen näher eingehe, gebe ich einen Überblick, was mit Feld in der Physik und in der Quantenphysik gemeint ist.

In Teil I habe ich die Feldtheorien bereits ausführlicher beschrieben. Hier gebe ich einen kurzen, leicht verständlichen Überblick.

In der klassischen Physik bezeichnet man als Feld eine Funktion, die jedem Raumpunkt eine Zahl, einen Vektor oder ein anderes mathematisches Objekt zuordnet. Bei der Beschreibung eines Kraftfeldes trifft man Aussagen über die Stärke und die Richtung der wirkenden Kraft. Diese Kraft kann man bei einem magnetischen Feld sichtbar machen, indem man Eisenspäne um einen Magneten verteilt. Die Späne richten sich entlang der magnetischen Feldlinien aus. In der Quantenfeldtheorie sind Quantenfelder Operatoren, das heißt Funktionen für Funktionen. Eine beobachtbare Größe ergibt sich erst, wenn man sie auf einen

---

[203] Hans-Peter Dürr im PM 5/2007, https://web.archive.org/web/20140819102139/http://www.pm-magazin.de/a/am-anfang-war-der-quantengeist
[204] The vibrations and waveforms in this matrix can be changed, meaning that anyone can collapse the current reality (...). http://www.matrixenergetics.com/WhatIs.aspx, abgerufen Juni 2016

Zustand anwendet. In diesem Sinne ist ein Quantenfeld kein Feld im Sinne der klassischen Definition

Teilchen werden in der Quantenfeldtheorie als angeregte Zustände definiert. Die Kraft des Feldes wird über Austauschteilchen übertragen. Die Kräfte, die in dem Quantenfeld wirken, werden mathematisch beschrieben.

Diese Berechnungen umfassen Differential- und Pfadintegralrechnung. Dies sei hier erwähnt, nicht um Sie zu langweilen, sondern um deutlich zu machen, dass Felder in der Quantenphysik mittels einer hochkomplexen Mathematik beschrieben werden.

In diesem Zusammenhang sind für uns die Begriffe Quantenvakuum, Vakuumenergie und Quantenfluktuationen von Bedeutung. Unter Vakuum verstehen wir allgemein einen leeren Raum. In der Quantenphysik bezeichnet man mit Vakuum den Zustand der geringstmöglichen Energie, da es keinen komplett leeren Raum gibt. In diesem Vakuum entstehen und vergehen ständig virtuelle Teilchen. Diese Teilchen nennt man virtuell, weil sie nicht direkt nachweisbar sind. Virtuelle Teilchen können entstehen, wenn ein virtuelles Teilchen und sein jeweiliges Antiteilchen sich gegenseitig vernichten.

Das heißt, in einem Quantenvakuum haben wir ein ständiges Entstehen und Vergehen von virtuellen Teilchen. Dieses ständige Entstehen und Vergehen nennt man Quantenfluktuationen. Aufgrund dieser Fluktuationen gibt es auch kein komplett leeres Vakuum. Die Energie, die durch diese Fluktuationen entsteht, heißt Vakuumenergie. Aufgrund dieser Vakuumenergie können in einem ansonsten teilchenleeren Raum Teilchen entstehen.[205]

Die mathematische Grundlage für Quantenfluktuationen und der damit verbundenen Feldtheorie ist die Heisenbergsche Unschärferelation. Energie und

---

[205] John Wheeler hat die Energiedichte des Vakuums ermittelt. Sie würde nach seiner Berechnung 10^{108} J/cm3 betragen. (wiki: Vakuumenergie, abgerufen Sep. 2015) Manche sehen in dem Casimir-Effekt den Beweis für Quantenfluktuationen. Mit Casimir-Effekt bezeichnet man den Sachverhalt, dass zwei leitfähige Platten im Vakuum zusammengedrückt werden.

Impuls sind unbestimmt und schwanken bei kleinen Abständen und Zeitintervallen. Je kleiner die betrachtete Raumregion desto größer die Fluktuationen. Bei großen Fluktuationen können beispielsweise Elektronen und ein Positronen entstehen, wobei sich diese Teilchen wieder ganz schnell gegenseitig vernichten und dabei die gleiche Energie an den leeren Raum sozusagen zurückzahlen, die sie sich vorher ausgeborgt haben. So können aus einem leeren Raum Teilchen entstehen.[206]

In diesem Zusammenhang möchte ich auch auf den Begriff Nullpunktsenergie eingehen. Unter Nullpunktsenergie versteht man die Differenz zwischen der Energie, die ein quantenmechanisches System im Grundzustand besitzt, und dem Energieminimum, welches das System hätte, wenn man es klassisch beschreiben würde.[207]

Planck hat mit Nullpunktsenergie den Sachverhalt bezeichnet, dass es selbst am absoluten Nullpunkt der Temperatur noch atomare Restschwingungen gibt.[208] Der Begriff Nullpunktfeld wird in der Quantenphysik nicht verwendet und hat keine wissenschaftliche quantenphysikalische Definition. Er wird häufig von esoterischen Kreisen und Vertretern alternativer Heilmethoden benutzt und dort unterschiedlich interpretiert. Darauf gehe ich später noch ein.

Im Folgenden möchte ich kurz die verschiedenen Quantenfeldtheorien und ihre zeitliche Entwicklung beschreiben. Wie wir bereits wissen, gibt es vier Grundkräfte: die elektromagnetische, die starke und die schwache Wechselwirkung sowie die Gravitation. Die Beschreibung der elektromagnetischen, der schwachen und der starken Grundkraft erfolgt im Rahmen des Standardmodells der Teilchenphysik.

---

[206] Greene, Brian, Das elegante Universum, Siedler Verlag, Berlin 2000, S. 148
[207] Wiki, Nullpunktsenergie, abgerufen Sep. 2015
[208] Veröffentlichungen aus dem Archiv der Max-Planck-Gesellschaft, begründet von Eckart Henning, herausgegeben von Lorenz Friedrich Beck, Bd. 20, https://www.archiv-berlin.mpg.de/49053/hausreihe_20.pdf, S. 83 (unter Bezugnahme auf M. Planck: Das Prinzip der Relativität und die Grundgleichungen der Mechanik. Verhandlungen der Physikalischen Gesellschaft (1906). Nachdruck in: M. Planck: Physikalische Abhandlungen und Vorträge, Braunschweig 1958 (im Folgenden: PAV), Bd. 2)

Dieses Standardmodell beruht auf den Feldtheorien für diese drei Kräfte:

- die Quantenelektrodynamik für die elektromagnetische Kraft
- die Quantenchromodynamik für die starke Wechselwirkung
- und eine Feldtheorie, die keinen eigenen Namen trägt, für die schwache Wechselwirkung und die später mit der elektromagnetischen Kraft zur elektroschwachen Feldtheorie zusammengeführt wurde und auch Quantenflavourdynamik genannt wird

Die Quantenelektrodynamik wurde in den 30er Jahren entwickelt, in den 60er Jahren folgten die Quantenchromodynamik und die Feldtheorie für die schwache Wechselwirkung. Die Quantenchromodynamik und die schwache Wechselwirkung wurden später vereinheitlicht und in der Theorie zur elektroschwachen Wechselwirkung (gelegentlich auch Quantenflavourdynamik genannt) zusammengeführt. Wie oben erwähnt ist allen gemeinsam, dass Quantenobjekte als Anregungszustände gesehen werden. Das heißt, die jeweilige Kraft wird über die bereits weiter oben beschriebenen Austauschteilchen übertragen.

Nach diesem kurzen Überblick kommen wir zu Albert Einstein, der von Anbietern alternativer Heilmethoden oft in Zusammenhang mit Feldern genannt wird.

Albert Einstein hat sich, wie wir wissen, die spezielle und die allgemeine Relativitätstheorie begründet. Sie beschäftigen sich mit Gesetzen im makroskopischen Bereich: dem Verhältnis von Raum und Zeit und der Bedeutung der Gravitation. Der makroskopische Bereich ist nicht das Forschungsgebiet der Quantenphysik, allerdings berücksichtigen die Quantenfeldtheorien wie die Quantenelektrodynamik die spezielle Relativitätstheorie.[209] Die Relativitätstheorie ist auch bei der Vereinheitlichung der Gravitation und der drei anderen Grundkräfte von Belang. Obwohl Einstein durch die Entdeckung des photoelektrischen Effekts und durch andere Arbeiten einen wesentlichen Beitrag zur Quantenphysik geleistet hat und regen Kontakt zu berühmten Quantenphysikern der damaligen Zeit wie z.

---

[209] Daher spricht man von relativistischer Quantenfeldtheorie.

B. Niels Bohr unterhielt, kann man ihn insofern nicht als vehementen Vertreter der Quantenphysik ansehen, als er ihr Zeit seines Lebens skeptisch gegenüberstand. Stets glaubte er, dass die Quantenphysik noch das fehlende Puzzleteilchen entdecken würde, mit dem man die unerklärlichen Phänomene der Quantenphysik logisch erschließen könnte. Dieses Puzzleteilchen ist bis heute nicht gefunden und es scheint die immanente Eigenschaft von quantenphysikalischen Phänomenen zu sein, dass sie keiner uns bekannten Logik folgen.

Auch Einstein versuchte, eine einheitliche Feldtheorie zu entwickeln, die quantenphysikalische Phänomene mit den Gesetzen der Gravitation verbindet. Er beschäftigte sich in diesem Zusammenhang mit der Kaluza-Klein-Theorie, die fünf Dimensionen postuliert.

Die Feldtheorien Einsteins beruhen auf mathematischen Funktionen und Feldgleichungen. Wenn Einstein von Feldern spricht, dann geht es um eine mathematische Darstellung.

Einstein hat 1920 eine Rede zum Thema Relativitätstheorie und Äther gehalten. [210] Mit Äther hat man zu dieser Zeit eine Art Substanz bezeichnet, die als Träger für das Licht fungieren sollte. In dieser Rede findet sich absolut nichts, was darauf hinweist, dass Einstein vermutete, dass im Raum Informationen, Codes oder eine göttliche Blaupause des Menschen gespeichert sind. Auch in anderen Publikationen finden sich keine Anhaltspunkte für eine esoterische Interpretation von Feldern.

Nach diesem Überblick zu den Begriffen Feld und Feldtheorien in der Quantenphysik, möchte ich nun auf die einzelnen Behauptungen eingehen.

In den verschiedenen Aussagen werden diesem Feld unterschiedliche Namen gegeben, die alle mehr oder weniger das gleiche bezeichnen: Das Nullpunktfeld, das Quantenfeld, die Matrix, die Akasha-Chronik, das Urfeld, das Informationsfeld, das morphische Feld, das morphogenetische Feld und das morphologische Feld. Allen Beschreibungen dieser Begriffe ist gemeinsam, dass damit ein Feld gemeint

---

[210] http://www.mahag.com/rede.htm, abgerufen Sep. 2015

ist, in dem alles, was, geschah, geschieht und geschehen wird, gespeichert ist. Es ist damit eine Art Weltgedächtnis gemeint. Mit diesem Feld kann gemäß den Vertretern alternativer Heilmethoden der Mensch interagieren und die Dinge, die potenziell darin enthalten sind, beeinflussen. In diesem Feld sie auch enthalten, was viele göttliche Blaupause nennen, das heißt die Information über den einzelnen Menschen in seiner göttlichen, reinen Form und damit auch in seiner gesunden körperlichen Form. Dies alles sei in diesem einzigen Feld gespeichert. Die Felder, die Dinge potenziell enthalten, die göttliche Seite der Felder und der Bereich, in dem alles Vergangene gespeichert ist, werden nicht voneinander unterschieden. Damit unterscheiden sich diese Vorstellungen von dem im vorherigen Kapitel genannten Modell von Michael König, der Informationen in unterschiedlichen Raumzeiten ansiedelt.

Welche dieser Begriffe finden wir nun in der Quantenphysik? Den einzigen der o. g. Begriffe, der auch in der Quantenphysik verwendet wird, ist der der Quantenfelder. Dieser Begriff kommt im Zusammenhang mit den Quantenfeldtheorien vor und deren physikalischen Größen werden mit komplexen mathematischen Funktionen berechnet. In der Quantenphysik wird nicht davon ausgegangen, dass diese Felder ein Weltgedächtnis enthalten.

Der Begriff Nullpunktfeld ist in der Quantenphysik nicht definiert und wird dort auch nicht verwendet.

Da Begriffe wie Nullpunktfeld nicht in der Quantenphysik verwendet werden und man offensichtlich gern die Quantenphysik als Beleg für die Richtigkeit von Behauptungen zu einem Feld, in dem alles, was war, ist und wird oder sein kann, heranziehen möchte, wird einfach behauptet, dass die Quantenphysik einfach nur von Feld spricht und damit aber dieses Nullpunktfeld oder morphogenetisches Feld meint. Dies ist eine Unterstellung. In der Quantenphysik werden Quantenfelder mathematisch dargestellt. Die Quantenphysik beschäftigt sich nicht damit, ob in diesen Feldern ein Weltgedächtnis codiert ist. Das ist nicht Forschungsgegenstand der Quantenphysik.

> **Die Quantenphysik beschäftigt sich nicht mit der Frage, ob in Feldern ein Weltgedächtnis codiert ist.**

Daher ist die Behauptung, dass die Quantenphysik bewiesen hätte, dass in solchen Feldern alle Informationen über die Welt enthalten ist, nicht korrekt.

Durch die Behauptung, dass in der Quantenphysik immer dann, wenn von Feld geredet wird, dieses Nullpunktfeld gemeint ist, hat offensichtlich zu der Aussage geführt, dass sich Einstein mit den Einträgen in die Akasha-Chronik beschäftigt hat. Aus seinen Publikationen geht dies nicht hervor. Es wäre wünschenswert, wenn Aussagen auf Quellen zurückgeführt werden. Sollten solche Aussagen über Channelings entstanden sein, so sollte dies erwähnt werden.

Es war Einsteins Ziel, eine vereinheitlichte Theorie zu finden, die sowohl für die Gravitation als auch für die elektromagnetische Wechselwirkung gültig ist. Nichts in seinen Ausführungen deutet darauf hin, dass er davon ausging, dass in diesen Feldern ein Weltgedächtnis gespeichert ist.

Für die Behauptung, dass für Albert Einstein das Allumfassende einfach das Feld war, wird keine Quellenangabe gemacht. Wie oben beschriebenen, suchte Einstein nach einer Theorie, die Gravitation und die elektromagnetische Wechselwirkung vereinheitlicht. In diesem Kontext findet man von ihm keine Aussagen über das Feld als Allumfassendes.

Auch für die Aussage, dass das Feld unsere einzige Wirklichkeit ist, findet man keine Quellenangaben. Lynne Mc Taggert schreibt in ihrem akribisch recherchierten Buch über das Nullpunktfeld[211] , dass Einstein erkannte, dass „die einzige fundamentale Wirklicht die darunter liegende Einheit war – das Feld selbst". Sie zitiert jedoch Einstein nicht, sondern umschreibt seine Aussage mit eigenen Worten. Die Aussage, auf die sie sich bezieht, stammt wiederum nicht von einem von Einstein verfassten Dokument, sondern ist Fritjof Capras Buch „Das Tao der Physik" entnommen. [212]

---

[211] Mc Tagger, Lynne, Das Nullpunkt-Feld, 5. Auflage 2007, S. 48
[212] Capra, Fritjof, Das Tao der Phsik, Droemersche Verlagsanstalt, München 1997, S. 209

Capra zitiert in seinem Buch Einstein folgendermaßen:

„Wir können daher Materie als den Bereich des Raumes betrachten, in dem das Feld extrem dicht ist … in dieser neuen Physik ist kein Platz für beides, Feld und Materie, denn das Feld ist die einzige Realität."

Diesen wichtigen Abschnitt zitiert er nicht aus einem Originalwerk Einsteins, sondern aus einem Buch von Milic Capek.[213] In dem Buch von Capek finden wir glücklicherweise die Quellenangabe des Originaltextes. Er stammt aus dem von Albert Einstein und Leopold Infeld verfassten Buch „Die Evolution der Physik". Dieses Buch wurde 1938 in englischer Sprache verfasst. In der deutschen Übersetzung heißt es:

„Wir könnten die Materie auch als Regionen im Raum betrachten, in denen das Feld außerordentlich stark ist. (…) In einer solchen neuen Physik wäre kein Raum mehr für beides: Feld und Materie; das Feld wäre als das einzig Reale anzusehen."*214*

Entscheidend ist, dass es in Capras Buch heißt, dass das Feld als die einzige Realität anzusehen *ist*, und im Original, dass das Feld als die einzige Realität anzusehen *wäre*. In der einen Version wird der Indikativ, die grammatische Form zur Darstellung der Wirklichkeit, und im Original der Konjunktiv, die Möglichkeitsform, verwendet. Es ist ein Unterschied, ob das Feld die einzige Realität ist oder die einzige Realität wäre. Auch in der englischen Originalfassung wird die Möglichkeitsform verwendet.[215]

---

[213] Capec, Milic, The Philosophical Impact of Contemporary Physics, New Jersey 1961, S. 319
[214] Einstein, Albert, Infeld Leopold, Die Evolution der Physik, Anaconda Verlag, Köln 2007, die Originalausgabe erschien 1938 in New York in englischer Sprache (The Evolution of Physics).
[215] „There would be no place, in our new physics, for both field and matter, field being the only reality." Einstein, Albert, Infeld, Leopold, The evolution of physics, S. 258, https://archive.org/details/evolutionofphysi033254mbp

Eine sichere Quelle, wie die Aussage zu verstehen ist, liefert Einstein selbst. Dazu braucht man nur drei Seiten weiterzulesen.

Dort heißt es:

„Dem Feldbegriff wird zwar im Rahmen der Relativitätstheorie sehr große physikalische Bedeutung beigemessen, doch ist es uns vorläufig nicht gelungen, ihn zu einer reinen Feldphysik zu verarbeiten. Vorläufig müssen wir also noch beides als gegeben hinnehmen: Feld und Materie."[216]

Einstein spricht von Vorläufigkeit. Seit seiner Aussage sind mittlerweile mehr als 70 Jahre vergangen. Zwar wurden ab den 40er Jahren Quantenfeldtheorien für drei der vier Grundkräfte entwickelt. Eine experimentell nachgewiesene Theorie, die diese Quantenfeldtheorien mit der Gravitation vereint, das heißt die sogenannte Weltformel, wurde, wie schon im Kapitel „Es gibt keine Materie, Materie ist verdünnte Energie, Materie ist verdichtete Energie" beschrieben, bis heute nicht gefunden.

Wie bereits beschrieben, finden sich keine Nachweise, dass Einstein den Begriff Feld je im Sinne eines Weltgedächtnisses oder eines Speicherortes für alles je Gefühlte, Gedachte und Erlebte verwendet hat. Der wortgewandte Gregg Braden weist in einem Vortrag, der auf youtube zu sehen ist, darauf hin, dass sich schon Einstein mit dem Feld beschäftigt hat. Dabei wird eine Folie von einer wissenschaftlich anerkannten Zeitschrift eingeblendet, auf der der Name Einstein und Feld erscheinen. So wird dem Zuhörer suggeriert, dass sich schon Einstein mit diesem alle Informationen umfassenden Feld beschäftigt hat. Die nüchterne Mathematik der Einsteinschen Feldgleichungen wird nicht erwähnt.

> **Es finden sich keine Belege, dass Einstein den Begriff Feld je im Sinne eines Weltgedächtnisses verwendet hat.**

Die oben genannten Beispiele zeigen, dass gerne Aussagen von renommierten Physikern aus dem Kontext gerissen, zum Teil inkorrekt zitiert und für eigene

---

[216] Einstein, Albert, Infeld, Leopold, ibid, S. 267

Zwecke umgedeutet werden. Es wird deutlich, wie wichtig es ist, sich mit den Originaltexten auseinanderzusetzen und sich nicht auf die Richtigkeit von Zweit- oder gar Drittquellen zu verlassen.

Theoretisch wäre es denkbar, dass in quantenphysikalischen Feldern Informationen in irgendeiner Form gespeichert sind, die die Wissenschaft noch nicht entdeckt hat. Geht man davon aus, dass die Annahme eines in Feldern codierten Weltgedächtnisses richtig ist, so könnte es möglich sein, dass diese Informationen in komplett anderen Raumregionen oder Universen codiert sind. Die M-Theorien und die Stringtheorie postulieren 10 bzw. 11 Dimensionen, wobei diese Dimensionen noch nicht nachgewiesen werden konnten. Man könnte darüber spekulieren, ob es analog zu Michael Königs hypothetischem Modell ein Austausch zwischen Feldern in nicht entdeckten Raumregionen mit zum Teil entdeckten Teilchen wie das Photon und das Elektron gibt. Dazu würde auch Dürrs Aussage passen, dass Felder in größere Räume hineinwirken, die nichts mit unseren vertrauten dreidimensionalen Raum zu tun haben. Dies sind jedoch reine Gedankenspiele.

Dürrs Aussage, dass die Felder in der Quantenphysik immateriell sind und nichts mit Masse und Energie zu tun haben, dürfen nicht so verstanden werden, dass Quantenfelder grundsätzlich nichts mit Masse zu tun haben, da die Austauschteilchen dieser Felder zum Teil massebehaftet sind. Außerdem wird dem Quantenvakuum, in dem virtuelle Teilchen entstehen und vergehen, eine Energie zugeschrieben, die Vakuumenergie. Nach der Quantenfeldtheorie gibt es keinen komplett leeren, energiefreien Raum.

Man kann sicher sein, dass Dürr als ehemaliger Leiter des Max-Planck-Instituts über ein umfangreiches und fundiertes Wissen verfügte. Es ist daher anzunehmen, dass diese Aussagen, die er vornehmlich in den letzten Lebensjahren traf, zum Teil eher philosophisch zu interpretieren sind.

Man sollte man sich dabei vor Augen halten, dass der originäre Forschungsgegenstand von Naturwissenschaften keine philosophischen Fragestellungen sind.

Es wird weiterhin behauptet, dass in diesem Feld das Zukünftige in unendlichen Variationen potenziell enthalten ist und dass diese Informationen im Feld, oder auch Matrix genannt, in Form von Wellen und Vibrationen gespeichert sind, die man jederzeit zum Kollabieren bringen kann. Durch dieses Kollabieren wird eine neue Realität kreiert.

Durch die in der Quantenphysik verwendeten Ausdrücke Welle und Kollaps muten diese Aussagen sehr wissenschaftlich an. Betrachten wir nochmals, da es so fundamental ist, was in der Quantenphysik mit Welle und Kollaps bzw. Kollabieren gemeint ist. Ein Teilchen wie z. B. ein Elektron oder ein Photon kann als Welle oder Teilchen beschrieben werden. Wenn es als Welle beschrieben wird, dann wird über die Schrödinger-Gleichung die Aufenthaltswahrscheinlichkeit des Teilchens berechnet. Wird eine Messung durchgeführt, ist das Teilchen auf einen Ort festgelegt. Dann kann man es nach der Kopenhagener Deutung nicht mehr mit einer Wellenfunktion beschreiben, da nun der genaue Ort feststeht. Dies nennt man nach der Kopenhagener Deutung den Kollaps der Wellenfunktion.

Die Wellenfunktion umfasst folglich eine Vielzahl von Möglichkeiten und nach dem Kollaps ist das Teilchen auf eine von den Möglichkeiten festgelegt. Wenn davon die Rede ist, dass die aktuelle Realität, die in der Matrix in Form einer Welle codiert ist, zum Kollabieren gebracht werden kann, passt diese Darstellung und Wortwahl nicht zu den quantenphysikalischen Gegebenheiten. Eine Welle bzw. die Wellenfunktion stellt eine Vielzahl von Möglichkeiten dar und ist somit nicht eine genau festgelegte Realität. Wird die Welle bzw. die Wellenfunktion zum Kollabieren gebracht, gibt es eine festgelegte Realität. Die Wellenfunktion kollabiert und nicht eine aktuelle Realität.

Hier findet eine Verquickung von quantenphysikalischen Prozessen mit nicht wissenschaftlich begründeten Konzepten statt, die nicht logisch und eher irreführend ist.

Auch die Behauptung, dass nach der Quantenphysik alle Materie aus Licht und Information (Bewusstsein) besteht, entspricht nicht den Begebenheiten. Licht sind elektromagnetische Wellen, und, wie wir wissen, gibt es noch drei weitere

Grundkräfte. Materie könnte man auf quantenphysikalischer Ebene insoweit als Information ansehen, als man über Quantenteilchen in dem Moment der Messung eine konkrete Information z. B. über den Aufenthaltsort des Teilchens bekommt.

Information impliziert einen Messvorgang und jemanden, der das Ergebnis des Messvorgangs wahrnimmt. Damit ist auf makroskopischer Ebene ein Mensch notwendig, der aus mehr als Licht und Information besteht.

Immer wieder gern zitiert wird Max Planck. Dabei wird oft auf eine Rede Bezug genommen, die er 1944 in Italien hielt.[217] Das Original wurde in deutscher Sprache verfasst. Diese Rede gibt es in einer englischen Version in einem Buch von Gregg Braden. In der englischen Version heißt es:

„As a man who has devoted his whole life to the most clear headed science, to the study of matter, I can tell you as a result of my research about atoms this much: There is no matter as such. All matter originates and exists only by virtue of a force which brings the particle of an atom to vibration and holds this most minute solar system of the atom together. We must assume behind this force the existence of a conscious and intelligent mind. This mind is the matrix of all matter."[218]

Der Satz „This mind is the matrix of all matter" heißt im Deutschen: Dieser Geist ist der Urgrund aller Materie." Urgrund mit „matrix" zu übersetzen, ist korrekt, da das englische Wort matrix die Bedeutung von Urgrund hat.[219] Ein Urgrund ist jedoch nicht ein Feld, das Informationen über die Welt und das Schicksal der einzelnen Menschen enthält. Und wenn man wissen möchte, was Planck mit Urgrund gemeint hat, dann braucht man die Rede nur weiterzulesen. Leider wird der

---

[217] Archiv zur Geschichte der Max-Planck-Gesellschaft, Abt. Va, Rep. 11 Planck, Nr. 1797, abgerufen im März 2015 unter http://www.weloennig.de/MaxPlanck.html.

[218] https://en.wikiquote.org/wiki/Max_Planck (Übersetzung aus Bradon, Gregg, Healing of Belief)

[219] Das englische Wort „matrix" hat diese Bedeutung : something that constitutes the place or point from which something else originates, takes form, or develops (http://dictionary.reference.com/browse/matrix)

erklärende Teil von Plancks Rede in Gregg Bradens Buch einfach weglassen. Weiter heißt es:

„Dieser Geist ist der Urgrund aller Materie. Nicht die sichtbare, aber vergängliche Materie ist das Reale, Wahre, Wirkliche - denn die Materie bestünde ohne den Geist überhaupt nicht - , sondern der unsichtbare, unsterbliche Geist ist das Wahre! Da es aber Geist an sich ebenfalls nicht geben kann, sondern jeder Geist einem Wesen zugehört, müssen wir zwingend Geistwesen annehmen. Da aber auch Geistwesen nicht aus sich selber sein können, sondern geschaffen werden müssen, so scheue ich mich nicht, diesen geheimnisvollen Schöpfer ebenso zu benennen, wie ihn alle Kulturvölker der Erde früherer Jahrtausende genannt haben: Gott! Damit kommt der Physiker, der sich mit der Materie zu befassen hat, vom Reiche des Stoffes in das Reich des Geistes. Und damit ist unsere Aufgabe zu Ende, und wir müssen unser Forschen weitergeben in die Hände der Philosophie."

Wenn man den Abschnitt bis zum Ende liest, erkennt man, dass Planck mit Urgrund Gott meint. Planck hat also mitnichten von dem gesprochen, was viele als Matrix bezeichnen im Sinne eines interagierenden Feldes, das Informationen über alle Dinge enthält. Es ist bedauerlich, dass berühmte Quantenphysiker entweder verkehrt zitiert werden oder die Zitate aus dem Zusammenhang gerissen werden, so dass sie nicht mehr klar verständlich sind und dann dazu genutzt werden können, die eigenen Thesen zu untermauern.

Wenn Planck hinter allem Gott sieht, dann ist das sein persönlicher Glaube oder seine persönliche Überzeugung. Die Tatsache, dass er das als Wissenschaftler sagt, bedeutet nicht, dass die Quantenphysik einen Beweis für eine höhere Kraft oder gar Gott liefert. Dass Planck für einen esoterisch interpretierten Feldbegriff herhalten muss, dürfte nicht im Sinne von Planck sein und dass Planck an Gott geglaubt hat, beweist nicht, dass es ein Informationsfeld, eine Matrix, ein morphogenetisches Feld oder Ähnliches gibt.

Man kann sich daher wünschen, dass Heilmethoden Verbreitung finden, weil sie wirken, und nicht dadurch, dass man Patienten versucht zu vermitteln, dass die Methode ihre Berechtigung hat, weil sie auf wissenschaftlichen Erkenntnissen aufbaut. Bis heute ist beispielsweise die Akupunktur als Teilgebiet der Traditionellen Chinesischen Medizin nicht hinlänglich erforscht, dennoch werden mittlerweile Behandlungen von Schulmedizinern angeboten und von Krankenkassen bezahlt. Alternative Methoden sollten aufgrund ihrer Wirksamkeit und positiver Erfahrungswerte überzeugen.

Auch wenn wir durchdachte Theorien über den Urknall vor 13 Milliarden Jahren haben und Millionen von Kilometern ins Universum schauen können und dies alles uns glauben lassen mag, dass wir ein sehr umfangreiches Wissen über das Universum haben, so trügt doch dieser Schein. Etwa 5 % des Universums sind erforscht. Etwa 95 % des Universums besteht aus dunkler Materie und dunkler Energie. Man nennt sie dunkel, weil man sie nicht direkt nachweisen kann. Man beobachtet Phänomene, die auf Kräfte schließen lassen, die man jedoch nicht direkt messen kann. Auch ist das Verhalten von Neutrinos wenig erforscht, da dies extrem massearme Teilchen sind, die fast ungeschwächt durch den ganzen Erdball gehen. Vor diesem Hintergrund ist anzunehmen, dass die Quanten- und Astrophysik sicherlich noch Einiges zu Feldern, anderen Dimensionen und deren Wechselwirkungen entdecken wird, was zu einem besseren Verständnis der Welt beitragen wird.

Zusammenfassung:

- In der Quantenphysik gibt es den Begriff Nullpunktfeld nicht.
- Die Feldtheorie in der Quantenphysik beschreibt die Wechselwirkungen der Grundkräfte.
- Die Quantenphysik beschäftigt sich nicht mit der Fragestellung, ob ein Weltgedächtnis in einem irgendwie gearteten Feld gespeichert ist.

10. Es gibt einen göttlichen Bauplan des Menschen im quantenphysikalischen Informationsfeld oder in einem Paralleluniversum

Hier einige exemplarische Behauptungen:

„Laut der Quantenphysik besteht alle Materie aus Licht und Information und unsere Realität wird als Vibration und wellenförmige Muster beschrieben. Diese Muster bilden biologische Informationsfelder."

„Jeder Organismus hat einen unsichtbaren Bauplan und ist mit einem Feld verbunden."

„Die Matrix ist der Urgrund auf dem sich unsere Realität abspielt. Die Quantenphysik hat festgestellt, dass menschliche Wesen wie auch „alles was ist" (Lebewesen, scheinbar „leblose" Materie) energetische *Einheiten* sind in einem Feld aus Energie, verbunden mit allem und jedem auf dieser Welt.

„So ist z.B. in einem anderen Paralleluniversum eine unklare Situation zu unserer Zufriedenheit gelöst. Mit der Matrix–Methode können wir die Seele dazu auffordern, die manifestierte Information zu dieser Thematik aus dem Paralleluniversum in unsere Matrix hier zu integrieren."

Bevor ich auf die einzelnen Behauptungen eingehe, hier zunächst einmal die quantenphysikalischen Grundlagen zu diesen Aussagen.

Im vorangegangenen Kapitel wurde der Begriff Feld erläutert, so dass an dieser Stelle als neues Thema nur die Begriffe Paralleluniversen und Viele-Welten-Ansatz näher beleuchten werden, die in Teil I detailliert beschrieben sind. Bei beiden Begriffen wird davon ausgegangen, dass es neben unserem wahrnehmbaren Universum noch andere nicht entdeckte Universen gibt. Wenn es um Universen geht, dann befinden wir uns in der Welt des Großen. Das heißt, Paralleluniversen sind insbesondere Forschungsgegenstand der Astronomie und Astrophysik. Auch die Stringtheorien beschäftigen sich im Rahmen der Entwicklung einer Weltformel damit. Hinter den Stringtheorien steht eine komplexe Mathematik. Diese komplexe Mathematik hat gezeigt, dass man zu sinnvollen mathematischen Ergebnissen kommt, wenn man zusätzliche Dimensionen annimmt. Das kann man als Nichtmathematiker nicht wirklich verstehen und wir nehmen diesen Sachverhalt einfach so hin.[220] Der bekannte Physiker Brian Greene unterscheidet zwischen neun Versionen von Paralleluniversen.

In einer Version wäre das Universum unendlich und unsere Welt gäbe es nochmals in vollkommen identischer Form. Wenn man davon ausgeht, dass das Universum unendlich ist, dann wiederholen sich zwangsweise die Bedingungen, die zu unserer Welt geführt haben, nochmals. Also irgendwo im Universum könnte ein Mensch leben, der mit Ihnen identisch ist. Das klingt abstrus, scheint aber nicht unlogisch, wenn man von einem unendlichen Universum ausgeht.

Ein weiteres Modell ist das holografische Universum, auf das kurz eingegangen werden soll, da der Begriff in esoterischen Kreisen, jedoch in einem anderen Sinn, verwendet wird.

In der theoretischen Physik versteht man unter holografischem Universum ein Universum, dessen Bedingungen an dem weit entfernten Rand dieses Universums festgelegt werden. Unsere dreidimensionale Welt ist demnach die Projektion von einer zweidimensionalen Realität. Das heißt, das, was in diesem Universum passiert, ist die Folge dessen, was am zweidimensionalen Rand des Universums stattfindet.

In esoterischen Kreisen wird oft von einer holografischen Matrix gesprochen, um zu sagen, dass in einem Teil des Feldes die Information des gesamten Feldes

---

[220] Die theoretische Physik hat oft aufgrund mathematischer Berechnungen Vorhersagen getroffen, die durch Experimente später nachgewiesen werden konnten.

gespeichert ist.[221] Diese Interpretation ist wahrscheinlich auf David Bohms Theorie zurückzuführen. Er gebraucht in seinem Buch, in dem er ein ganzheitliches Weltbild auf der Grundlage einer impliziten und expliziten Ordnung entwirft, die Metapher eines Hologramms.[222] Die Holografie ist ein technisches Verfahren, bei dem sich alle Informationen über das aufgenommene Objekt auch auf Teilen des aufgenommenen Films oder der Fotoplatte befinden.

Bohm schreibt, dass in einem impliziten Sinne in jedem Raum- und Zeitabschnitt eine Gesamtordnung enthalten ist. Bohm versteht unter implizit eine eingefaltete Ordnung, aus der in der ausgefalteten, expliziten Form die für uns wahrnehmbaren Dinge entstehen. Dieses Weltbild Bohms unterscheidet sich von dem, was in der theoretischen Physik mit holografischem Universum gemeint ist. Eine Gemeinsamkeit besteht jedoch darin, dass unsere wahrnehmbare dreidimensionale Welt Ausdruck von etwas anderem ist: einer anderen Realität bzw. einer impliziten Ordnung

Das Paralleluniversum und das holografische Universum sind nur zwei Modelle, mit denen sich die Stringtheorie beschäftigt. In der Quantenphysik gibt es nur ein Modell von Paralleluniversen, das Viele-Welten-Ansatz genannt wird und von Hugh Everett 1957 entwickelt wurde. Was hat es mit dieser Theorie auf sich? Wie wir wissen, lässt sich das Verhalten von Teilchen über eine Wellenfunktion beschreiben. Mit dieser Wellenfunktion wird die Wahrscheinlichkeit, mit der sich ein Teilchen an einem bestimmten Ort befindet, beschrieben. An welchem Ort sich das Teilchen genau befindet, können wir erst sagen, wenn wir es messen. Wenn die Messung durchgeführt wird, ist das Teilchen auf einen Ort festgelegt.

---

[221] Auf der Internetseite von Gregg Braden heißt es: The matrix of the universe is holographic, meaning that any portion of the field contains everything else in the field. (Die Matrix des Universums ist holografisch, was bedeutet, dass jeder Teil des Feldes alles andere in dem Feld enthält.), www.greggbraden.com, abgerufen Mai 2015

[222] Bohm, David, Die implizite Ordnung – Grundlagen eines dynamischen Holismus, Dianus-Trikont, München 1985, S. 191

Es gibt also keine Wahrscheinlichkeiten mehr, sondern der eine bestimmte Ort ist durch die Messung festgelegt. Dadurch ist die Wellenfunktion nicht mehr anwendbar. Dies nennt man den Kollaps der Wellenfunktion. Gemäß der so genannten Kopenhagener Deutung wird dieser Kollaps so erklärt, dass der Wellenfunktion keine tatsächliche Realität zugeschrieben werden kann, sondern, dass sie rein formal zu sehen ist, als mathematische Funktion zur Aussage von Wahrscheinlichkeiten.

Mit dem Viele-Welten-Ansatz, der jedoch von den meisten Quantenphysikern nicht als schlüssige Theorie anerkannt wird, kann der Kollaps der Wellenfunktion vermieden werden. Die Wellenfunktion bricht durch die Messung nicht zusammen, da der gemessene Wert in nur einer Welt realisiert wird und in anderen Welten andere Zustände bestehen können.

Das heißt, das Teilchen ist noch nach wie vor unbestimmt und lässt sich daher durch die Wellenfunktion beschreiben, da es in anderen Welten andere Zustände haben kann. Man spricht auch von unterschiedlichen Realitätszweigen. Das ist etwas schwer verdauliche Kost. Everett selbst sprach noch nicht von anderen Welten sondern von anderen Zuständen in einem Zustandsraum. Bruce deWitt gab Everetts Theorie den Namen Viele-Welten-Interpretation.[223] Brian Greene bezeichnet diese Welten als Universen oder Quanten-Multiversum.[224] Es handelt sich bei dieser Theorie um ein Erklärungsmodell. Beweise für die Richtigkeit konnten noch nicht erbracht werden.

Betrachten wir vor diesem Hintergrund die oben aufgeführten Zitate.

Die Aussagen, dass alles Licht ist und aus Wellen besteht, wurden schon in den vorhergehenden Kapiteln näher beleuchtet. Deshalb sei an dieser Stelle nur kurz gesagt: Die Quantenphysik hat gezeigt, dass es auf der Ebene des Mikrokosmos noch zwei weitere Grundkräfte gibt, die schwache und die starke Kraft. Als vierte

---

[223] Ursprünglich hieß die Theorie nur relative state formulation.
[224] Greene, Brian, Die verborgene Wirklichkeit, Paralleluniversen und die Gesetze des Kosmos, Siedler Verlag, 2012, S. 263

Grundkraft gibt es noch die Gravitation, die schon vor der Entstehung der Quantenphysik nachgewiesen und erforscht wurde. Das bedeutet, dass Licht oder allgemein elektromagnetische Strahlung nur eine der vier Grundkräfte ist. Zum Thema Wellen lässt sich sagen, dass das Verhalten von Teilchen mit einer Wellenfunktion beschrieben werden kann.[225] Dass diese Wellen jedoch gewisse Muster haben, die Informationen über den Aufbau, das Wesen und das Schicksal eines Menschen enthalten, lässt sich mit der Quantenphysik nicht belegen. Diese Vorstellung findet man in der Theorie von Michael König, die er in seinem Buch *Urwort Die Physik Gottes* vorstellt. Zwar ist Michael König ein Quantenphysiker, seine Theorie entspricht jedoch weder verbreiteten Vorstellungen von bekannten Quantenphysikern, noch ist sie bewiesen. Dass jeder Mensch mit einem Feld verbunden ist, in dem seine persönlichen Informationen codiert sind und das mit anderen Feldern interagiert, kann nicht aus quantenphysikalischen Erkenntnissen oder Forschungen hergeleitet werden.

Viele Beschreibungen auf den Internetseiten von Anbietern alternativer Heilmethoden zum göttlichen Bauplan beginnen mit den Worten „Laut Quantenphysik". Dann folgen Beschreibungen, bei denen für den Leser nicht mehr erkenntlich ist, welche Aussagen sich noch aus der Quantenphysik herleiten lassen sollen und wann persönliche Auffassungen beschrieben werden. Es werden immer wieder Begriffe aus der Quantenphysik eingestreut, so dass der Leser Gefahr läuft, zu glauben, dass alle Aussagen das Ergebnis wissenschaftlicher Forschung oder zumindest von den etablierten Quantenphysikern vertretene Theorien seien. Auch der in diesem Zusammenhang gern zitierte Max Planck, der von einem Urgrund sprach, der für ihn Gott ist, hat nicht an Felder geglaubt, in denen der persönliche Bauplan festgelegt ist. Planck selbst hat nicht von einer Matrix gesprochen. Das Missverständnis kann daher rühren, dass viele fälschliche Behauptungen aus den USA stammen und die englische Übersetzung des Begriffs Urgrund matrix ist. Der englische Begriff matrix wird in der Rückübersetzung dann mit Matrix übersetzt

---

[225] Weitere Informationen dazu findet man in den Kapiteln „Alles ist Schwingung" und „Bewusstsein schafft Realität".

und als ein Feld interpretiert, das alle Informationen, auch die des menschlichen Bauplans, enthält.

Neben der Annahme eines persönlichen Feldes in der Matrix findet man auch die Behauptung, dass der göttliche Bauplan eines Menschen in einem Paralleluniversum umgesetzt ist und man sich nur auf diese Realität zu fokussieren braucht. Auch hier wird auf die Quantenphysik und den oben beschriebenen Viele-Welten-Ansatz Bezug genommen. Wie oben beschrieben ist der Viele-Welten-Ansatz ein Erklärungsmodell, das eine Alternative zur Kopenhagener Deutung darstellt und die zum Ziel hat, einen Kollaps der Wellenfunktion durch die Einführung paralleler Welten zu vermeiden.

Und so charmant das Modell von Paralleluniversen auch sei, in dem der Mensch gemäß seinem göttlichen Bauplan stets gesund und glücklich existiert, so viele Gefahren birgt es auch. Sollte der Mensch in einem Universum schwer krank sein und sich aufgrund seiner enormen Ängste nicht auf Gesundheit sondern auf den Tod fokussieren, könnte er dann auch in der Realität landen, in der er stirbt oder extrem leidet.

Eine weitere Frage ist die, wie ein solcher göttlicher Bauplan aussehen soll. Viele schreiben, dass in ihm alles so festgelegt ist, wie es sein soll, dass dort alles vollkommen ist und erst später durch Prägungen und Gedanken Krankheit, Blockaden und Unvollkommenheit entstehen. Wie sind in diesem Zusammenhang Aussagen von Autoren einzuordnen, die davon ausgehen, dass Seelen vor ihrer Geburt Seelenpläne festlegen, zu denen durchaus Krankheiten oder Schicksalsschläge gehören können, durch die die Seele etwas lernen möchte. Durch Quantenheilung, so liest man, lässt sich die natürliche Ordnung wiederherstellen. Ist eine natürliche Ordnung frei von jeglicher Krankheit?

Einige Quantenheiler schreiben, dass sie auf einer energetischen Ebene arbeiten. Andere wiederum schreiben, dass sie auf einer reinen Bewusstseins- oder Informationsebene arbeiten, was nach ihren Erklärungen bedeutet, dass nicht direkt positive Energie übertragen wird, sondern, dass man auf der Ebene des göttlichen Plans ansetzt. Gleichzeitig wird aber auch behauptet, dass durch

Auflegen beider Hände die Zellen miteinander verschränkt werden, wobei eine Hand auf gesunden Zellen liegt und eine auf kranken und dass durch die Verschränkung der Zellen die kranken wieder gesund werden. Wenn Hände auf den Körper aufgelegt werden, befindet man sich auf der körperlichen und bestenfalls auf einer energetischen Ebene und nicht mehr auf der reinen Informationsebene.[226] Wie diese Verschränkung stattfinden kann, wird nicht erläutert. Was in der Quantenphysik unter Verschränkung gemeint ist, wird im nächsten Kapitel erläutert. Es stellt sich dabei die Frage, warum überhaupt die Hände aufgelegt werden müssen, wenn man auf einer reinen Informationsebene arbeitet.

Zusammenfassend lässt sich sagen, dass die Quantenphysik weder von Feldern ausgeht, in denen der göttliche Bauplan eines Menschen codiert ist, noch hat sie bewiesen, dass es Parallelwelten gibt. Und kein Quantenphysiker behauptet, dass man durch geistige oder gedankliche Fokussierung zwischen den Universen hin- und herspringen kann und man damit seine eigene Realität schafft.

Anton Zeilinger, einer der renommiertesten Quantenphysiker, sagt dazu in einem Interview:

Die Idee, dass es in mehreren Universen mehrere Götter gibt – in einem ist er gutwillig, in einem anderen böswillig, im dritten ist seine Macht nur beschränkt –, das ist eine atheistische Position. Damit weicht man dem Bekenntnis zu einem Gott aus. Das ist genauso ein Ausweg wie die Idee in der Quantenmechanik, dass sich bei jeder Messung das Universum in mehrere Universen aufspaltet. Das ist nur erfunden worden, um der Härte auszuweichen, dass der einzelne Prozess zufällig ist. Das wollen manche Leute nicht, und deshalb erfinden sie diese Multiversen, die ich für überflüssig halte.[227]

---

[226] Das Thema Verschränkung, das heißt die Korrelation zwischen Teilchen, wird detaillierter in den Kapiteln Quantenverschränkung und Alles ist miteinander verbunden beschrieben.
[227] http://diepresse.com/home/presseamsonntag/1379827/Zufall-ist-wo-Gott-inkognito-agiert, 23.3.2013, abgerufen Oktober 2015

11. Alles ist miteinander verbunden

Hier einige Aussagen von Anbietern alternativer Heilmethoden:

„Die Quantenphysik erklärt, dass durch die Quantenverschränkung alles miteinander verbunden ist."

„Die Quantenphysik lehrt uns, dass wir alle miteinander verbunden sind."

„Da laut Quantenphysik alles mit allem verbunden ist,…"

„Die Quantenverschränkung sagt aus, dass alle vorhandenen Teilchen im Universum miteinander verbunden sind und sich folglich gegenseitig beeinflussen."

„Hier kommt das Prinzip der "Verschränkung" zum Tragen. Die Quanten beider Personen nehmen eine gleiche Eigenschaft (Ausrichtung) an."

„… zwei Kraftpunkte werden berührt und durch die Vorstellungskraft miteinander verbunden. (In der Quantensprache: verschränkt)."

Die Aussage, dass alles miteinander verbunden ist, wird oft mit einem ganz speziellen Phänomen in der Quantenphysik, der Verschränkung, erklärt. Was ist in der Quantenphysik mit Verschränkung gemeint? Verschränkung bedeutet, dass zwei oder mehrere Teilchen nicht unabhängig voneinander beschrieben werden können. Die Eigenschaften des einen Teilchens sind mit den Eigenschaften des anderen Teilchens verbunden, wobei vor der Messung diese Eigenschaften noch nicht feststehen. Diese Verschränkungszustände sind ein grundlegendes Charakteristikum von Quantenobjekten.

Zu diesem Phänomen wurden in unterschiedlichen Forschungseinrichtungen in diversen Ländern Experimente durchgeführt. Bevor ich im Detail auf die Ergebnisse eingehe, möchte ich vorab betonen, dass diese Verschränkung nicht direkt ohne Eingriffe in der Natur gemessen werden kann.

Es gibt jedoch stichhaltige Hinweise, dass Quantenverschränkungen bei unterschiedlichen Prozessen wie der Richtungsorientierung bei Vögeln und bei der Photosynthese eine Rolle spielen, man kann jedoch, das sei nochmals betont, nicht einfach Quantenteilchen in der Natur sozusagen einfangen und prüfen, ob sie verschränkt sind. Und Teilchen sind auch nicht ständig miteinander verschränkt. Wie also kommt man zu verschränkten Teilchen?

Erzeugung von verschränkten Teilchen

Die ersten Teilchen, die im Labor miteinander verschränkt wurden, waren Photonen. Dazu wurde ein Kristall mit einem Laser beschossen. Photonen haben bestimmte Schwingungsrichtungen, auch Polarisation genannt. Mit der Polarisation wird beschrieben, ob ein Photon horizontal, vertikal oder in eine andere Richtung schwingt. Diese Polarisation wurde miteinander verschränkt. Bei der Verschränkung steht noch nicht fest, welche Polarisation die beiden Teilchen haben. Misst man nun an einem Teilchen die vorher noch nicht festgelegte Polarisation, weiß man automatisch, welche Polarisation das andere Teilchen im Moment der Messung hat. Die Polarisation steht bei dem anderen Teilchen sofort, ohne Zeitverzögerung fest.

Es ist auch möglich, Elektronen über ihren Spin miteinander zu verschränken. Misst man vereinfacht gesagt z. B., dass sich das eine Elektron rechts herum dreht, weiß man automatisch, dass sich das verschränkte Elektron links herum dreht. Auch die Spins von Atomen lassen sich verschränken. Wie wir sehen, wird der Zustand der Verschränkung durch eine Manipulation hergestellt. Diese Manipulation kann in manchen Fällen sehr komplex sein. Bei einem von Anton Zeilinger vorgenommenen Versuch wird ein Kristall mit 80 Millionen Lichtpulsen in der Sekunde bestrahlt. Das bedeutet einen enormen technischen Aufwand.

Es ist auch möglich, Teilchen indirekt miteinander zu verschränken, was im Kapitel „Quantenverschränkung" in Teil I beschrieben wird.

Versuchsbedingungen bei Quantenverschränkungen: Temperatur, Dauer und Entfernung

Bei den Verschränkungsexperimenten in den Laboren müssen sich die Forscher warm anziehen, denn viele Versuche werden bei Temperaturen leicht unter dem absoluten Nullpunkt – das sind minus 273 Grad Celsius – durchgeführt. Nicht immer muss es so kalt sein; bei vielen Versuchen herrschen Temperaturen von minus 100 Grad Celsius. Bei der Verschränkung von Atomen, für die man Kalzium-Ionen verwendet, werden diese fast auf den absoluten Nullpunkt heruntergekühlt. Niedrige Temperaturen führen dazu, dass sich die Teilchen langsamer bewegen und unerwünschte Wechselwirkungen ausgeschlossen werden.

Wie lange halten Verschränkungszustände an? Wie wir wissen, bewegen sich Teilchen ständig. Damit kommt es fortwährend zu Wechselwirkungen. Diese Wechselwirkungen führen zu einer Zerstörung einer bestehenden Verschränkung. Ein Verschränkungszustand hält etwa eine Billiardstel Sekunde an. Das ist eine extrem kurze Zeit. Es gibt Versuche, bei denen man Atome sozusagen einfängt und dann die Verschränkung für ca. 100 Mikrosekunden aufrechterhalten werden kann. Diese langen Zeiten werden nur dann erreicht, wenn man die Atome durch bestimmte Versuchsanordnungen gefangen hält.[228]

Die Entfernung zwischen den verschränkten Quantenobjekten kann bei Experimenten zur Quantenteleportation, bei denen Quantenzustände übertragen werden, bis zu ca. 140 km betragen. Ganze Atome wurden über eine Entfernung von 20 Metern miteinander verschränkt. Die Überwindung größerer Distanzen ist technisch durchaus denkbar.[229]

Wie wir sehen, werden bei der Erforschung der Quantenverschränkung die Verschränkungszustände künstlich erzeugt und die Versuche finden im Allgemeinen

---

[228] Atome lassen sich mit einer optischen Dipol-Falle gefangen halten. Sie basiert auf einer Wechselwirkung zwischen dem Atom und Licht. http://www.forschen-mit-licht.mpg.de/9563/Atome_im_Quantendialog?seite=2, abgerufen Dezember 2015

[229] https://www.mpg.de/5886331/verschraenkung_quantenrepeater_quantenkommunikation, abgerufen Dezember 2015

bei extrem kalten Temperaturen statt. Allerdings wurden in den letzten Jahren Phänomene beobachtet wurden, die auf die Nutzung von Verschränkungszuständen in biochemischen Prozessen in der Natur hinweisen, die bei natürlichen Temperaturverhältnissen stattfinden. Auch bei der Untersuchung von Verschränkungszuständen in der Natur müssen Abläufe künstlich im Labor nachgestellt werden. Dennoch lassen die Untersuchungen den Schluss zu, dass Verschränkungszustände in der Natur genutzt werden.

Verschränkung bei Algen und Bakterien

Dass Verschränkung bei Pflanzen eine Rolle spielt, hat man durch die Untersuchung der Photosynthese bei Algen und Bakterien feststellen können. An einem Grünen Schwefelbakterium haben Forscher die Photosynthese untersucht und dabei festgestellt, dass Anregungszustände auf mehreren Farbstoffen sitzen können, die miteinander verschränkt sind. Der Versuch ist detailliert in Kapitel „Quantenverschränkung" in Teil I beschrieben.

Betrachten wir in diesem Zusammenhang einmal die Entfernung und die Dauer. Eine Verschränkung von Teilchen fand über eine Entfernung von 2,8 nm statt. Das sind 2,8 Milliardstel Meter. Der Zustand der Verschränkung hielt 2 Picosekunden an. Das sind 2 Billionstel Sekunden.[230]

Es gibt Theorien und erste Forschungsergebnisse, die nahelegen, dass Anregungszustände durch bestimmte Vibrationsmoden aufrechterhalten werden und die Effizienz der Ladungstrennung vom Grad der „elektronischen Kohärenz" abhängt. Das heißt, dass bestimmte Schwingungsarten und Kohärenz die Effizienz in biologischen Systemen erhöhen.

Da quantenphysikalische Prozesse bei biologischen makroskopischen Prozessen wenig erforscht sind, ist es erfreulich, dass die Ergebnisse der im Labor vorgenommenen Experimente darauf hinweisen, dass Quantenverschränkung von

---

[230] 2,8 Milliardstel Meter sind 0,000 000 0028 Meter, 2 Billionstel Sekunden sind 0,000 000 000 002 Sekunden.

der Pflanzen- und Tierwelt genutzt werden. Welche Rolle Quantenverschränkung bei Tieren haben könnte, wird im Folgenden beschrieben.

Quantenverschränkung bei Tieren

Jedes Jahr im Herbst sind wir wahrscheinlich alle fasziniert, wenn wir das Geschnatter der Gänse am Himmel hören und zuschauen, wie majestätisch sie sich formieren und gen Süden fliegen. Etwas lautloser, aber genauso beeindruckend nehmen auch die Rotkehlchen ihren Weg gen Süden auf. Vögel orientieren sich bei ihrem Flug an der Sonne, dem Nachthimmel und/oder dem Erdmagnetfeld, wobei die Neigung der Feldlinien als auch die Änderungen des magnetischen Flusses eine Rolle spielen. Man geht davon aus, dass manche über einen Magnetfeldrezeptor im Schnabel verfügen.

Versuche zeigen, dass es auch im Auge der Vögel Rezeptoren gibt. Rotkehlchen können sich nur bei Licht, und zwar bei hinreichend kurzwelligem Licht, am Magnetfeld orientieren. Dies erklärt man sich mit einem sogenannten Radikal-Paar-Mechanismus. Ein Radikal-Paar besteht aus zwei Molekülhälften mit jeweils einem ungepaarten Elektron. Diese beiden ungepaarten Elektronen wechseln ständig ihre Spins und haben einen Einfluss auf den Zustand der Moleküle. Es scheint, dass der Vogel diese Zustandsveränderungen wahrnehmen kann und dadurch erkennt, wie die Richtung des Erdmagnetfelds verläuft. Untersuchungen zeigen, dass dieser Radikal-Paar-Mechanismus nur funktionieren kann, wenn die Quantenverschränkung und das damit verbundene Hin- und Herwechseln zwischen den Elektronenzuständen eine gewisse Zeit anhält, bevor er durch äußere Wechselwirkungen, das heißt Dekohärenz, zerstört wird. Diese Zeitspanne beträgt 100 Mikrosekunden. Das sind 0,0001 Sekunden. Das ist für Quantenzustände ein langer Zeitraum. Auch findet der Prozess bei normalen Temperaturen statt.[231]

Folglich gibt es Hinweise auf Verschränkungszustände in der Natur, die bei normalen Temperaturen und im Mikrosekundenbereich stattfinden. Die meisten

---

[231] Der Versuch ist im Kapitel „Verschränkung" in Teil I beschrieben.

Experimente werden jedoch bei extrem niedrigen Temperaturen durchgeführt und die Verschränkungszustände dauern nur etwa ein Billionstel Sekunden an. Der Abstand zwischen den verschränkten Teilchen liegt im Allgemeinen im Bereich von Milliardstel Metern. Zwar konnten bei einigen Versuchsaufbauten Verschränkungszustände über größere Distanzen hergestellt werden, jedoch wurden bisher noch keine in der Natur vorkommenden Verschränkungszustände entdeckt, die über einzelne Zellen hinausgehen.

Betrachten wir vor diesem Hintergrund die oben aufgeführten Aussagen.

Wir haben gesehen, dass Verschränkung ein klar definierter Begriff ist und mehr bedeutet als miteinander verbunden sein. Verschränkung ist eine grundlegende Eigenschaft in der Quantenphysik. Dennoch können Verschränkungen nicht direkt in der Natur sondern nur in Labors nachgestellten Versuchen beobachtet werden. Diese zeigen, dass Verschränkungsprozesse bei in der Natur vorkommenden biologischen Prozessen zwar länger andauern und weiter reichen als erwartet, jedoch handelt es sich dennoch nur um Bruchteile von Sekunden bzw. Millimetern.

Daher lässt sich die Aussage, dass alles miteinander verbunden ist in dem Sinne, dass eine ständige, anhaltende und gleichzeitige Verbindung zwischen allem – das heißt allen Objekten der belebten und unbelebten Natur - besteht, nicht aus der Quantenphysik herleiten.[232] Natürlich ist es vorstellbar, dass alles in einer von der Wissenschaft noch nicht entdeckten Form verbunden ist. Das Nichtvorhandensein wissenschaftlicher Beweise bedeutet nicht, dass die Behauptung grundsätzlich falsch sein muss. Falsch jedoch ist, dass die Quantenphysik dafür Beweise gefunden hat.

Könnten die Erkenntnisse anderer Wissenschaften in diesem Kontext relevant sein? Die Kosmologie beschäftigt sich mit der Urknalltheorie. Danach war vor ca. 14 Milliarden Jahren das gesamte Universum auf einem extrem kleinen Raum

---

[232] Im Rahmen der Nicht-Lokalität geht auf der Grundlage des Kollaps' der Wellenfunktion durch eine Ortsmessung an einem Teilchen in allen anderen beliebig weit entfernten Raumbereichen die Aufenthaltswahrscheinlichkeit dieses Teilchens auf Null. In diesem Sinn besteht eine Verbundenheit.

verdichtet, und Materie, die heute weit voneinander entfernt ist, war früher auf dichtem Raum zusammengedrängt. Daher ist es denkbar, dass ein Teilchen, das früher im Weltall herumsauste oder einen Stern bildete, heute Teil Ihrer Leber ist. In diesem Sinne könnte man behaupten, dass alles irgendwie miteinander verbunden ist. Ob ein Teilchen, dass früher Bestandteil eines Sterns war, dies heute noch „weiß", ist nicht erforscht.

Auch wurden in der Psychologie Phänomene wie Telekinese (das Bewegen von Materie durch Gedankenkraft), Telepathie und das Hellsehen immer wieder untersucht. Eine allgemein anerkannte wissenschaftliche Erklärung für diese Phänomene, wurde bisher nicht gefunden.

Es gibt auch keine Hinweise, dass Verschränkungsprozesse zwischen den Quantenteilchen eines einzelnen Menschen oder zwischen mehreren Menschen willentlich herbeigeführt werden können. Wie oben beschrieben, konnten Atome so miteinander verschränkt werden, dass ihre Schwingungen identisch waren. [233] Jedoch hat es noch keine Versuche gegeben, die Verschränkungszustände bei Menschen untersuchen, das heißt, wie die Atome oder Elektronen innerhalb eines Menschen oder mit denen eines anderen Menschen verschränkt sein könnten. Solche Versuche sind zumindest zurzeit nicht durchführbar, was nicht erstaunlich ist, wenn man sich vergegenwärtigt, wie klein Atome und Elektronen sind. [234]

Deshalb lassen sich Aussagen, dass der Behandelnde durch Auflegen der Hände eine Verschränkung seiner Teilchen mit denen des Patienten herbeiführt oder eine Verschränkung innerhalb eines einzelnen Menschen zwischen den Teilchen der Stellen bewirkt, auf denen die Hände aufgelegt werden, mit Hilfe der Quantenphysik nicht belegen. Wie diese Verschränkung stattfinden soll und wie man von dieser grobstofflichen Ebene der physischen Berührung zu einer

---

[233] http://www.faz.net/aktuell/wissen/physik-chemie/quantenphysik-im-gleichklang-schwingen-1652765.html, Veröffentlichung in Nature, Ausgabe 459, Juni 2009, http://www.nature.com/nature/journal/v459/n7247/full/nature08006.html
[234] Ein Elektron ist ca. 10^{-19} Meter groß.

Verschränkung auf Quantenebene gelangt, wird von den Quantenheilern nicht erklärt.

Schon allein aus rein technischen Gründen gibt es keine Versuche, die untersuchen, ob durch die Berührung mit der Hand eine Verschränkung zwischen den Quantenteilchen zweier Menschen bewirkt wird und die Atome in Gleichklang oder Harmonie gebracht werden. Auch gibt es keine Studien, die zeigen, wie eine gesunde Schwingung eines Atoms im Körper eines Menschen auszusehen hätte.

12. Alles ist möglich

Hier einige Aussagen von Vertretern alternativer Heilmethoden:

„Die Möglichkeiten existieren sozusagen nebeneinander wellenförmig und erst beim Hinschauen triffst du die Wahl und die Welle zerfällt in einen Partikel von Erfahrungen.

„Alles ist möglich! Das besagt die Quantenphysik, die vom Feld der Möglichkeiten spricht."

„Alles schwingt, alles bewegt sich, also ist alles veränderbar."

Auf vielen Internetseiten von Anbietern der Quantenheilung findet man den Satz „Alles ist möglich." unter Bezugnahme auf die Quantenphysik. Manchmal wird die Aussage noch näher begründet und manchmal wird sie ohne weitere Begründungen in den Raum gestellt. Als Begründungen für die Aussage werden das Doppelspaltexperiment, das Feld der Möglichkeiten oder die Matrix sowie Parallelwelten genannt. Ich erläutere im Folgenden kurz den physikalischen Hintergrund zu diesen drei Punkten, bevor ich im Anschluss untersuche, ob aus diesen quantenphysikalischen Phänomenen die Aussage, dass alle möglich sei, hergeleitet werden kann.

Die die nächsten drei Abschnitte sind Zusammenfassungen von bereits erläuterten Themen und können bei Bedarf überspringen werden.[235]

---

[235] Das Doppelspaltexperiment habe ich in Teil I und in Teil II im Kapitel „Bewusstsein schafft Realität" ausführlich erklärt. Die Feldtheorien wurden in Teil I und in Teil II im Kapitel „Es gibt das Feld." beschrieben. Das Thema Parallelwelten/Viele-Welten-Interpretation wurde in Teil I und in Teil II im Kapitel „Es gibt einen göttlichen Bauplan des Menschen in diesem Feld oder in einem Paralleluniversum" näher beschrieben.

Das Doppelspaltexperiment

Beim Doppelspaltexperiment werden kleine Teilchen z. B. Elektronen durch eine Platte mit zwei Spalten geschossen. Die Elektronen können alle möglichen Wege zwischen der Elektronenquelle und der Fotoplatte gleichzeitig zurücklegen und verhalten sich wie eine Welle. Wird gemessen, durch welchen Spalt das Elektron geflogen ist, verliert sich der Wellencharakter. Der Messvorgang reduziert die Möglichkeiten auf einen konkreten Zustand.

Die Feldtheorie

In der Quantenphysik gibt es Feldtheorien, die die elektromagnetische, die schwache und die starke Kraft beschreiben. Diese Kräfte werden als angeregte Zustände definiert. Hinter den Feldtheorien steht eine komplexe Mathematik. Quantenfeldtheorien beschäftigen sich nicht mit Feldern im Sinne von Feldern, die alle Informationen über das Weltgeschehen umfassen. Auch die Einsteinschen Feldgleichungen setzen sich, wie aus dem Namen schon zu schließen ist, mit Feldern mathematisch auseinander.

Parallelwelten/Viele-Welten-Interpretation

Die Stringtheorie versucht, die Gesetze des Mikrokosmos mit denen des Makrokosmos zu vereinen. Oder anders gesagt: Sie versucht die Grundkräfte der elektromagnetischen, schwachen und starken Kraft mit der Gravitation zu vereinheitlichen und mathematisch zu beschreiben. Zu mathematisch sinnvollen Lösungen gelangt man, wenn man als Ergebnis nicht „unendlich" erhält, was durch die Annahme von mehreren Dimensionen erreicht werden kann. Das ist für den Laien zugegebenermaßen schwer zu verstehen, so dass wir diesen Sachverhalt einfach als gegeben hinnehmen. Diese zusätzlichen Dimensionen können Parallelwelten umfassen. Eine Art der Parallelwelt könnte eine exakte Kopie unserer Erdkugel mit allen Eigenschaften und Bewohnern sein; auch eine leicht abgewandelte Version wäre denkbar. Geht man von der Unendlichkeit des Universums aus, dann sind solche Vorstellungen durchaus möglich. Zum jetzigen

Zeitpunkt hat jedoch weder die Quantenphysik noch die Stringtheorie oder die Astronomie Paralleluniversen beweisen können.

Außerdem gibt es die so genannte Viele-Welten-Interpretation. Dieser Begriff stammt aus der Quantenphysik. Diese Interpretation zielt darauf ab, den Messvorgang so zu erklären, dass die Wellenfunktion beim Messvorgang nicht ihre Gültigkeit verliert und der Wellencharakter des Teilchens nicht kollabiert. Die Wellenfunktion gibt an, mit welcher Wahrscheinlichkeit sich ein Teilchen an einem gewissen Ort befindet. Durch den Messvorgang befindet sich das Teilchen genau an dem gemessenen Ort, wodurch die Wellenfunktion nicht mehr anwendbar ist und das Teilchen nicht mehr mit einer Wellenfunktion beschrieben werden kann. Der Viele-Welten-Ansatz geht davon aus, dass der gemessene Zustand zwar in einem Universum realisiert wurde, aber in einem anderen Universum noch unbestimmt ist. Everett, der Begründer dieser Theorie, sprach jedoch nicht von anderen Welten sondern von anderen Zuständen in einem Zustandsraum. Erst später wurde der Begriff Viele-Welten-Interpretation eingeführt. Dieses Erklärungsmodell wird von vielen Physikern abgelehnt. Wichtig ist, zu verstehen, dass es sich auch hier um ein Erklärungsmodell handelt und keine Beweise für seine Richtigkeit erbracht werden konnten. Das gleiche gilt für andere Theorien zu Paralleluniversen.

Ist laut Quantenphysik alles möglich?

Nach der Erläuterung des Doppelspaltexperiments, des Feldbegriffs und der Viele-Welten-Interpretation möchte ich der Frage nachgehen, ob die Aussage, dass alles möglich ist, aus der Quantenphysik hergeleitet werden kann.

Mit dem Doppelspaltexperiment lässt sich nicht beweisen, dass alles möglich ist, da nicht der Beobachter aus der Vielzahl von Möglichkeiten eine Möglichkeit mit seinem Bewusstsein auswählt. Die Reduzierung auf eine Realität aus den unterschiedlichen Möglichkeiten ist auf den reinen Messvorgang zurückzuführen.

Es gibt viele Untersuchungen, die der Frage nachgehen, ob durch bloße Gedankenkraft Materie verändert werden kann. Dieses Thema beschäftigt sicherlich ein breites Publikum seit Uri Geller in Fernsehsendungen Löffel verbogen hat, die man zuhause auf den Fernseher legte. Zahlreiche Untersuchungen kommen zu dem Schluss, dass durch Gedanken Zustände verändert werden können. Lynne McTaggert nennt in ihrem Buch „Das Nullpunkt-Feld" zahlreiche Beispiele, die den Schluss nahelegen, dass durch Gedankenkraft, insbesondere durch vereinte Gedankenkraft mehrerer Menschen, Veränderungen bewirkt werden können. Im Internet gibt es Plattformen, auf denen sich Menschen auf der ganzen Welt treffen, um zu einer bestimmten Uhrzeit für den Weltfrieden zu beten. Einen Beweis für die Manipulation von Materie, der von der breiten Wissenschaft anerkannt wird, gibt es jedoch nicht. Solche Untersuchungen und Versuche sind auch nicht Forschungsgegenstand der Quantenphysik. Dennoch ist es möglich, dass bestimmte wissenschaftliche Disziplinen durch Versuche eines Tages solche Manipulationen mit Hilfe quantenphysikalischer Phänomene beweisen und beschreiben.

Ein weiterer Begriff, der der Quantenphysik zugeschrieben wird, ist das Feld der Möglichkeiten. Diesen Ausdruck findet man in der Quantenphysik nicht. Er ist wahrscheinlich von dem Sachverhalt abgeleitet, dass Quantenobjekte vor der Messung keinen bestimmten Zustand haben. Dass eine bewusste Auswahl eines bestimmten Zustands bzw. einer bestimmten Möglichkeit getroffen werden kann, hat die Quantenphysik nicht bewiesen. Auch hat der Begriff Feld in der Quantenphysik nicht die Bedeutung eines interagierendes Informationsfeldes, das alle Möglichkeiten potenziell enthält. Gerne wird der Quantenphysik auch der Begriff des Nullpunktfeldes zugeschrieben. Dieser Begriff kommt in Fachbüchern zur Quantenphysik nicht vor. Es gibt den Begriff der Nullpunktsenergie und den der Quantenfluktuationen. Wie bereits beschrieben, ist mit Nullpunktsenergie die Differenz zwischen der Energie, die ein quantenmechanisches System im Grundzustand besitzt, und dem Energieminimum, welches das System hätte, wenn man es klassisch beschreiben würde, gemeint.[236] Mit Quantenfluktuationen bezeichnet man die ständige Entstehung und Vernichtung virtueller Teilchen. Es

---

[236] https://de.wikipedia.org/wiki/Nullpunktsenergie, abgerufen Okt. 2015

gibt daher keinen komplett leeren Raum.[237] Die Veränderungen, die durch Quantenfluktuationen entstehen, können gemessen werden. Damit beschäftigt sich die Quantenphysik.

Ob diese Quantenfluktuationen in irgendeiner Form Informationen über die Vergangenheit, Gegenwart und Zukunft der Welt oder die Baupläne der einzelnen Menschen umfassen, ist wiederum nicht Forschungsgegenstand der Quantenphysik. Aus der Beobachtung der Auswirkungen von Quantenfluktuationen lässt sich die Existenz dieser interagierenden, alles umfassenden Informationsfelder im esoterischen Sinn nicht herleiten.

Auch Einstein, der auch im Zusammenhang mit dem Begriff Feld immer wieder gern zitiert wird, spricht in einem mathematischen und naturwissenschaftlichen Sinn über das Feld. Als Beleg sei hier ein Zitat von ihm aufgeführt: „Die ganze Theorie muß einzig auf partielle Differentialgleichungen und deren singularitätsfreie Lösungen gegründet sein."[238] Mit singularitätsfreien Lösungen sind sinnvolle Ergebnisse sein, die als Wert nicht gegen unendlich gehen. In seinen Ausführungen über das Thema findet man keine einzige Stelle, aus der hervorgeht, dass er in einem Feld ein interagierendes alles umfassendes Informationsfeld oder ein Feld der Möglichkeiten sieht, das ich durch Fokussierung manipulieren kann.

Als weitere Erklärung für den Satz „Alles ist möglich." findet man den Hinweis auf Parallelwelten, meist im Sinne des Viele-Welten-Ansatzes. Der Viele-Welten-Ansatz bezieht sich auf quantenphysikalische Zustände und ist als theoretisches Erklärungsmodell gedacht. Die meisten renommierten Quantenphysiker vertreten nicht die Auffassung, dass alle quantenphysikalischen Möglichkeiten auf makroskopischer Ebene in vielen physischen Welten nebeneinander bestehen.

---

[237] Aus diesem Grund macht die Aussage, dass Menschen zum größten Teil aus Nichts bestehen, weil der Abstand zwischen dem Atomkern und den Elektronen so groß ist, keinen Sinn. Zwar ist der Abstand zwischen Atomkern und Elektron sehr groß - wenn man den Atomkern auf ca. 1,5 Meter vergrößern würde, wäre das Elektron ca. 45 Kilometer entfernt und ca. 0,1 Millimeter groß -, aber dazwischen, so darf man vor dem Hintergrund der Quantenfeldtheorie annehmen, gibt es nicht den kompletten leeren, energielosen Raum.

[238] Einstein, Albert, Aus meinen späten Jahren, Stuttgart, 1984, 3. Auflage, S. 85

Manche Anbieter behaupten, dass man durch gedankliche Fokussierung die Welt Realität werden lässt, in der man gesund ist.

Bin ich in der Parallelwelt krank?

Es erscheint vielleicht auf den ersten Blick sehr sympathisch, dass es Sie und mich in unendlichen Varianten gibt und man dann die angenehmste zur Realität werden lässt; doch könnte genau dies fatale Folgen haben. Legt man den Ansatz von Parallelwelten zugrunde, dann könnte es eine exakte Kopie unserer Welt und eine Variante mit beispielsweise gesünderen Menschen geben. Das ist bei der Annahme eines unendlichen Universums theoretisch möglich. Es gäbe unterschiedliche Zustände oder Welten, die parallel nebeneinander existieren. Die eine Realität ist aber sozusagen nicht realistischer als die andere. Es gäbe dann nicht das wahre Ich, die wirkliche Identität eines Menschen und andere weniger reale Versionen. Es würden alle Versionen oder Zustände gleichberechtigt parallel nebeneinander existieren. Wir müssten die Illusion eines wahren Ichs oder einer Welt, die realistischer als die andere ist, aufgeben. Das heißt, in der einen Welt wäre ich gesund und hätte ein langes Leben, aber in einer anderen wäre ich krank und würde früh sterben. Und beide Varianten wären Realität.

Die Frage nach der Ich-Identität

Nehmen wir an, dass ich in der einen Welt verheiratet bin, Kinder habe, blond bin, gerne zum Bowlen gehe, leidenschaftlicher Ferrari-Fahrer und Chef eines Ölkonzerns bin und dass ich in der anderen Welt ledig bin, ohne Kinder, braunhaarig, unsportlich, ohne Führerschein und arbeitslos. Wie lange kann man dann noch von Ich-Identität sprechen? Bin ich „ich" in der ersten Variante und bin ich auch noch „ich" in der zweiten Variante? Die Ich-Identitäten verschwimmen und der eine wird zum anderen. Dann macht die Aussage, dass wir alle verbunden sind in einer engeren als eventuell beabsichtigten Bedeutung Sinn, weil es keine Grenzen mehr zwischen einzelnen Menschen gibt. Begriffe aus der Esoterik wie z. B. *All-Eins-Sein* kämen dann zum Tragen, weil es kein echtes Ich mehr gäbe.

Abgesehen davon, wie man zu dieser philosophischen Frage steht, lässt sich mit Sicherheit sagen, dass Parallelwelten noch nicht nachgewiesen werden konnten.

Auch die Annahme, dass sich per se etwas Bewegliches oder Schwingendes einfacher verändern lassen soll als etwas Festes, ist physikalisch nicht nachvollziehbar. Auch um etwas, was sich in Bewegung befindet, zu verändern, muss Energie aufgebracht werden. Wie viel Energie dafür notwendig ist, hängt von vielen Faktoren ab. Aber da Veränderung, wie häufig erklärt wird, auf einer Informationsebene stattfindet, sollte es unerheblich sein, ob sich das zu Verändernde in Bewegung befindet oder nicht.

Auch in dem bekannten und erfolgreichen Film „What the bleep do we (k) now?! Ich weiß, dass ich nichts weiß!" wird die These vertreten, dass die Realität durch unser Bewusstsein steuerbar und alles möglich ist. Dieser Film, der sich den Anstrich eines wissenschaftlich fundierten Dokumentarfilms über die Quantenphysik gibt, erweckt den irreführenden Eindruck, dass sich die Quantenphysik mit Fragen des Bewusstseins und der Erschaffung und Beeinflussung der Realität durch Gedanken oder Bewusstsein beschäftigt. Durch das Mitwirken von Quantenphysikern wird der Anschein erweckt, als seien alle dort dargestellten Sachverhalte Inhalte und Ergebnisse der wissenschaftlichen Forschung der Quantenphysik. Das ist nicht so, und in der Tat wurde auch von dem Quantenphysiker David Albert kritisiert, dass er in dem Film so zitiert wurde, dass der Eindruck entstehen könne, er unterstütze die These, dass Quantenphysik mit Bewusstsein verknüpft sei.[239]

Zusammenfassend sei nochmals betont, dass die Quantenphysik weder mit dem Doppelspaltexperiment noch mit den Feldtheorien oder der Viele-Welten-Interpretation den Beweis erbracht hat, dass alles möglich ist.

---

[239] https://de.wikipedia.org/wiki/What_the_Bleep_do_we_(k)now!%3F, abgerufen Okt. 2015

13. Alles ist Information

Im Folgenden sind einige Aussagen exemplarisch aufgeführt:

„Die Quantenphysik formuliert das heute so: Alles ist Information."

Ein Grundprinzip der Quantenphysik ist: (...) Alles ist Information oder Bewusstsein.

„Die Quantenphysik kann es heute bestätigen: Das Universum, in dem wir leben, besteht nicht aus festen Objekten, sondern aus Energie und Information."

Es gibt auch Varianten wie „Alles ist Information und Licht.", „Alles ist Information und Energie." und „Alles ist Information, Licht und Energie.", die schon in vorhergehenden Kapiteln behandelt wurden.

Betrachten wir zunächst einmal die Bedeutung des Begriffs Information, dem neben den Begriffen Materie und Energie eine grundlegende Bedeutung zukommt. Wie wird er in der Umgangssprache verwendet, wie wird er im Bereich Informationstechnologie gebraucht und was sagen Quantenphysiker über diesen Begriff.

Man findet folgende Definition:

Information ist Wissen, das ein Sender einem Empfänger mittels Signalen über ein bestimmtes Medium vermitteln kann.

Als Eigenschaften der Information werden u. a. folgende Punkte genannt:

- Information benötigt keinen fixierten Träger. Nicht das Informationsmedium ist die Information, sondern das, was das Medium transportiert.
- Sie ist dialogisch, also sender- und nutzerbezogen – und damit kommunikationsabhängig: Ohne funktionierenden Kommunikations-

kanal erreicht die vom Sender abgeschickte Information den Empfänger nicht.

- Sie entsteht durch Übertragung von Materie (mikroskopisch und makroskopisch), von Energie oder von Impulsen. Den Menschen erreicht sie über die Sinnesorgane sowie im chemisch biologischen Sinne über Rezeptoren und Nerven.

Drei Punkte sind wichtig: Information ist Wissen, es wird über einen Kanal übertragen und es bedarf eines Senders und Empfängers.

In der Informationstechnologie ist eine einzelne Information ein Bit. Ein Bit ist die kleinstmögliche Unterscheidung zwischen zwei Möglichkeiten. Sie wird durch die Zahlen 0 und 1 dargestellt. Das entspricht einem Ja oder Nein.

Was sagen Quantenphysiker zu dem Begriff Information? Der berühmte amerikanische Quantenphysiker John Wheeler vertrat die Auffassung, dass alle physischen Dinge in ihrem Ursprung informationstheoretisch sind und dass wir am Universum teilhaben, insofern, als Realität durch das Stellen von Ja/Nein-Fragen entsteht, auf die man durch Messvorgänge eine Antwort erhält. Er war Begründer des Partizipatorischen Anthropischen Prinzips, das ich weiter unten erläutern werde.

In einem 2001 geführten Interview sagt Anton Zeilinger[240]:

„Es stellt sich letztlich heraus, dass Information ein wesentlicher Grundbaustein der Welt ist. Wir müssen uns wohl von dem naiven Realismus, nach dem die Welt an sich existiert, ohne unser Zutun und unabhängig von unserer Beobachtung, irgendwann verabschieden."

und

---

[240] Interview von 2001 mit Anton Zeilinger in telepolis, http://www.heise.de/tp/artikel/7/7550/1.html, abgerufen Dezember 2015

„Ich bin (…) ein Anhänger der Kopenhagener Interpretation. Danach ist der quantenmechanische Zustand die Information, die wir über die Welt haben."

In einem 2012 mit Anton Zeilinger geführten Interview sagt er:[241]

„Information ist der Wahrheitswert einer logischen Aussage. Wenn die Aussage ist: Meine Schuhe sind schwarz, dann ist das entweder wahr oder falsch. Im Fall der Verschränkung ist der Wahrheitswert der Aussage: Diese beiden Teilchen tragen die gleichen Eigenschaften nach der Messung. Es ist keine Aussage darüber, ob die Teilchen vorher schon diese Eigenschaften haben."

Und weiterhin:

„Für mich deutet das in die Richtung, dass Information fundamentaler ist als alle anderen Konzepte. Schon das Johannes-Evangelium beginnt mit "Am Anfang war das Wort". Das kann ich auch mit Information übersetzen."

Die Aussagen, die John Wheeler und Anton Zeilinger über den Begriff Information treffen, sind sich sehr ähnlich:

- Information ist der Wahrheitsgehalt einer Aussage und man gelangt zu einer Antwort durch das Stellen von Ja/Nein-Fragen.
- Information ist die kleinstmögliche Unterscheidung zwischen zwei Möglichkeiten.
- Die Welt entsteht nicht ohne unser Zutun.
- Hinter dem Materiellen steht die Information.

Die Aussage, dass Information der Wahrheitsgehalt einer Aussage ist, scheint einleuchtend und die Gültigkeit dieser Aussage ist nicht auf die Quantenphysik beschränkt. Spezifisch für die Quantenphysik ist jedoch, dass nach der Kopenhagener Deutung Zustände von Quantenteilchen so lange unbestimmt sind,

---

[241] http://www.wienerzeitung.at/themen_channel/wissen/natur/506880_Das-Loch-im-Verstaendnis-der-Welt.html,%202012, abgerufen Dez. 2015

bis sie durch einen Messvorgang auf einen Zustand reduziert werden. Bevor z. B. die Schwingungsrichtung eines Photons gemessen wird, ist sein Zustand unbestimmt, und es kann keine Aussage diesbezüglich über das Photon gemacht werden. Das führt uns zu der nächsten Aussage, dass die Welt nicht ohne unser Zutun entsteht und dass wir an der Welt teilhaben. Diesen Ansatz der Partizipation nannte John Wheeler das Partizipatorische Anthropische Prinzip. Anthropisches Prinzip bedeutet, dass das beobachtbare Universum nur deshalb beobachtbar ist, weil es alle Eigenschaften hat, die dem Beobachter ein Leben ermöglichen. Wäre bewusstseinsfähiges Leben nicht möglich, wäre niemand da, der es beschreiben könnte. Mit dem Begriff Partizipatorisch hat Wheeler dieses Prinzip erweitert und trägt damit dem quantenphysikalischen Phänomen Rechnung, dass erst durch den Messvorgang und damit dem dahinterstehenden menschlichen Bewusstsein eine Zustandsbeschreibung auf Quantenebene möglich ist. Wheeler ist auch bekannt für den Satz „It for bit." Damit ist gemeint, dass erst eine Aussage über einen Zustand getroffen werden kann, wenn man eine Ja/Nein-Frage stellt. Alle Dinge sind in ihrem Ursprung informationstheoretisch. Man kann erst zu einer Aussage über ein Ding durch Fragen gelangen. Dazu braucht es jemanden, der Fragen stellt. Insofern nennt sich sein Ansatz partizipatorisch. Der Mensch nimmt durch das Erlangen von Informationen am Universum teil. [242]

Durch den Messvorgang findet nach der Kopenhagener Deutung, deren Anhänger auch Anton Zeilinger ist, eine Zustandsreduktion statt, das heißt, der vorher unbestimmte Zustand, der mit einer Wellenfunktion beschrieben werden kann, geht in einen festgelegten Zustand über, und die Wellenfunktion kollabiert. Hinter dem Messvorgang steht der Beobachter; somit nimmt erst durch seine Beobachtung das Quantenteilchen eine bestimmte Realität an. Es sei hier nochmals betont, dass Wheeler mit diesem Partizipatorischen Anthropischen Prinzip nicht gemeint hat, dass der Beobachter durch sein Bewusstsein das Ergebnis in irgendeiner Form manipulieren kann.

---

[242] https://en.wikipedia.org/wiki/John_Archibald_Wheeler,abgerufen Dez. 2015, dort findet sich das folgende Zitat: "(...) that which we call reality arises in the last analysis from the posing of yes-no questions and the registering of equipment-evoked responses; in short, that all things physical are information-theoretic in origin and that this is a *participatory universe*."

Die dritte Aussage beider Quantenphysiker betrifft das hinter der Materie liegende. Zeilinger sagt, dass Information ein wesentlicher Grundbaustein unserer Welt ist und dass Information fundamentaler als andere Konzepte ist. Er geht sogar so weit, dass er eine Analogie zu einer Aussage in der Bibel macht: Am (sic) Anfang war das Wort. Er setzt den Begriff Wort mit Information gleich. Wheeler sagt, dass alle physischen Dinge in ihrem Ursprung informationstheoretisch sind.

Weder Zeilinger noch Wheeler schließen das Materielle oder Physische aus. Vielmehr führen sie es auf die Information zurück. Stellen wir uns die DNA vor, die die Informationen für die Ausformung der jeweiligen Zelle enthält. Abgesehen davon, dass in diesem Fall Materie Träger der Information ist, da die Information durch die Anordnung der Bausteine (Basen) codiert ist, kann die Information nur durch die Existenz von etwas Physischem zur Realität werden. Dies war ein Beispiel auf der Ebene des Makrokosmos. Auch auf Quantenebene zeigt sich, dass Information nur durch den Messprozess offenbar wird. Das eine kann nicht ohne das andere bestehen.

Anton Zeilinger hebt durch die Analogie zu dem biblischen Satz „Im Anfang war das Wort" auf eine philosophische oder religiöse Ebene ab. Der Begriff Wort ist eine Übersetzung des griechischen Wortes lógos und hat im biblischen Kontext auch andere Bedeutungen wie „Gottes Weisheit vereinigt in der Person Jesus Christi". Im Prolog des Johannes-Evangeliums heißt es: „Im Anfang war das Wort, und das Wort war bei Gott, und Gott war das Wort." Wort wird mit Gott gleichgesetzt, und es stellt sich die Frage, ob Zeilinger seine Aussage so verstanden wissen wollte, dass die hinter allem stehende Information mit Gott gleichzusetzen ist oder als von ihm ausgehend betrachtet werden soll. Das sind religiöse und philosophische Fragestellungen und wie auch immer die Aussage Zeilingers zu interpretieren ist, so ist doch eins klar: Es handelt bei der Analogie zum Johannes-Evangelium um eine persönliche Meinung und nicht um die Zusammenfassung quantenphysikalischer, in Experimenten nachgewiesener Erkenntnisse. Persönliche philosophische Aussagen sollten nicht mit wissenschaftlichen Erkenntnissen verwechselt werden, wie das auch bei Bezugnahmen auf Max Planck der Fall ist, der sagte: „Dieser Geist ist der Urgrund aller Materie. (...) Da aber auch Geistwesen nicht aus sich selber sein können, sondern geschaffen werden müssen, so scheue ich mich nicht, diesen geheimnisvollen Schöpfer ebenso zu benennen, wie ihn alle Kulturvölker der Erde früherer Jahrtausende genannt haben: Gott"

Fragen nach dem Ursprung alles Seins und der Beschaffenheit von Realität haben schon Philosophen vor Hunderten von Jahren beschäftigt. Die Auseinandersetzung mit dem Realitätsbegriff fand insbesondere ab dem 18. Jahrhundert statt und führte zu unterschiedlichen Positionen wie dem Realismus, der besagt, dass eine erkennbare Wirklichkeit existiert, die unabhängig vom menschlichen Denken ist, und dem Idealismus, der gemäß dem von dem Idealisten George Berkeley inspirierten Motto „Sein ist wahrgenommen werden" (esse est percepi) die Realität von der Wahrnehmung abhängig macht.

Die Quantenphysik könnte zumindest gemäß der (nicht bewiesenen) Kopenhagener Deutung (unbestimmter Zustand des Teilchens vor der Messung und Erhalt einer konkreten Information durch die Messung) als Beweis für den Ansatz „Sein ist Wahrgenommen werden" herangezogen werden.

Vergegenwärtigen wir uns in diesem Zusammenhang, was Wissenschaft leisten kann, mit einem Ausspruch, der Niels Bohr zugeordnet wird:

„Es gibt keine Quantenwelt, es gibt nur eine quantenphysikalische Beschreibung. Es ist ein Irrtum zu glauben, daß der Gegenstand der Physik darin besteht zu entdecken, wie die Natur ist, die Physik bezieht sich auf das, was wir in Hinblick auf die Natur sagen können."

Jede Wissenschaft stößt irgendwann an Erkenntnisgrenzen. Vielleicht kann man sich Gott als reine Information vorstellen. Vielleicht entzieht sich das hinter allem Stehende, ob man es nun Gott oder Information nennt, grundsätzlich menschlichen Erkenntnismöglichkeiten.

Teil III – Abschließende Betrachtung

1. Einleitung

Im dritten Teil dieses Buches möchte ich auf die Fragestellung eingehen, inwieweit quantenphysikalische Prozesse im menschlichen Körper relevant und messbar sind. Schauen wir uns dazu einige Daten zum Körper des Menschen an.

# 2.	Quantenphysik und der Körper des Menschen

Hier möchte ich einige Eckdaten zum menschlichen Körper nennen, die im Zusammenhang mit der o. g. Fragestellung von Interesse sind.

Was ist ein quantenphysikalischer Prozess in einem Körper?

Wenn ich Sie bei einem Besuch frage, ob Sie einen Kaffee für mich hätten, dann würden Sie wahrscheinlich über die Frage nachdenken, antworten, zum Schrank gehen und eine Tasse holen und so weiter. Ich habe dann bei Ihnen auf der Bewusstseinsebene eine Veränderung und einen quantenphysikalischen Prozess ausgelöst, denn Sie haben über den Kaffee nachgedacht und entsprechende Bewegungen ausgeführt. Wenn Sie zum Masseur gehen, ordentlich durchmassiert werden und sich dann ihre Muskeln ganz locker anfühlen, dann würden Sie vielleicht etwas sagen wie „Meine Muskeln sind ganz locker, ich fühle mich ganz entspannt." Sie würden wohl nicht davon sprechen, dass der Masseur bei Ihnen eine quantenphysikalische Veränderung bewirkt hat.

Viele Anbieter von alternativen Heilmethoden behaupten, dass eine Veränderung auf der körperlichen Ebene durch eine Veränderung auf Quantenebene bewirkt wurde. Wenn ich meinen Arm bewege und mein Arm aus Zellen besteht und die Zellen aus chemischen Elementen und die chemischen Elemente aus Atomen und die Atome aus Protonen, Neutronen und Elektronen und wenn die Protonen und Neutronen aus Quarks bestehen, ja dann haben sich die kleinsten Teilchen meines Körpers verändert, sonst wäre ja mein Arm noch an der gleichen Stelle. Wenn ein Kind einen Ball wirft, dann hat es einen quantenphysikalischen Prozess ausgelöst, denn auch der Ball besteht aus Atomen und diese wiederum auch wieder aus Protonen, Neutronen und Elektronen. Doch wenn man die Dinge so betrachtet, dann ist wirklich alles ein quantenphysikalischer Prozess. Auch der, wenn Sie die Kaffeetasse in die Spülmaschine räumen.

Wenn man von Veränderungen auf der quantenphysikalischen Ebene spricht, dann ist es entscheidend, die Veränderungen auch auf der quantenphysikalischen Ebene zu beobachten oder nachzuweisen, dass sie in der Größenordnung des Planckschen Wirkungsquantums stattfinden.

Welche Möglichkeiten haben wir, quantenphysikalische Prozesse auf einer Quantenebene in einem Körper zu untersuchen. Ich nehme es gleich vorweg: Zurzeit so gut wie keine!

Sicherlich fühlen sich viele Klienten nach einer Quantenheilung besser, oder es werden Prozesse angestoßen, die zur Heilung führen. Wenn behauptet wird, dass auf quantenphysikalischer Ebene eingegriffen wurde, dann in dem Sinne, dass auch der Wurf eines Balles ein quantenphysikalischer Prozess ist. Was sich aber im Einzelnen auf der quantenphysikalischen Ebene getan hat, in welcher Millionstel Sekunde sich welches Elektron an welcher Stelle befunden hat, kann der Heiler nicht sagen und lässt sich auch nicht messen.

In vielen dieser Methoden wird davon gesprochen, dass man auf der Informationsebene arbeitet. Das ist grundsätzlich vorstellbar und die Quantenphysik beschäftigt sich mit dem Begriff Information. Anton Zeilinger sagt: „Information ist der fundamentale Baustein des Universums."[243] Man kann einen Quantenzustand als Information betrachten. Und wie wir gesehen haben, lässt sich über die Quantenteleportation Information übertragen, ohne den Inhalt der Information zu kennen.

Damit klar wird, was zu leisten wäre, wenn wir auf quantenphysikalischer Ebene Prozesse in unserem Körper beobachten wollen, einige Daten:

Der menschliche Körper besteht aus ca. 80 Billionen einzelnen Zellen.[244] Eine Zelle enthält etwa 36 Billionen Atome. Der ganze menschliche Körper besteht dann aus

---

[243] Zeilinger, Anton, Einsteins Spuk, Teleportation und weitere Mysterien der Quantenphysik, München 2007, S. 73
[244] Die größte menschliche Zelle ist die weibliche Eizelle mit 0,12 Millimeter.

etwa 208 x 10^{25} Atomen. Weil diese Zahlen nicht genau berechnet werden können, runden wir jetzt in etwas größerem Maßstab ab und erhalten eine Zahl, die man auch häufiger findet:

Der menschliche Körper besteht aus 10^{27} Atomen. Das ist eine Milliarde mal eine Milliarde mal eine Milliarde oder eine 1 mit 27 Nullen: 1.000.000.000.000.000.000.000.000.000 Atome

Ein Atom ist 10^{-10} m groß, das sind 10 Milliardstel Meter 0,0000000001 Meter. Der Durchmesser des Atomkerns beträgt ein Zehntausendstel des gesamten Atomdurchmessers, er enthält jedoch über 99,9 % der Atommasse.[245] Was sind das für Atome in unserem Körper? Atome verbinden sich und dadurch entstehen unterschiedliche chemische Elemente. Aus welchen chemischen Elementen besteht der Körper?

Die chemischen Elemente im menschlichen Körper nach Gewicht und Atommasse[246]

Element	Gewicht in %	Atommasse in %
Sauerstoff (O)	56,1	25,5
Kohlenstoff (C)	28,0	9,5
Wasserstoff (H)	9,3	63
Stickstoff (N)	2,0	1,4
Calcium	1,5	0,31
Chlor (Cl)	1	
Phosphor (P)	1	

---

[245] https://de.wikipedia.org/wiki/Atom
[246] http://www.chemie.fu-berlin.de/medi/suppl/mensch.html, abgerufen im Juni 2014

Kalium (K)	0,25	0,06
Schwefel (S)	0,2	0,05
Natrium (Na)		0,03
Magnesium (Mg)		0,01

Quelle: http://www.chemie.fu-berlin.de/medi/suppl/mensch.html

Der Mensch besteht insgesamt aus ca. 21 Elementen, darunter 10 Spurenelemente.[247]

Nach Substanzklassen aufgeteilt, sieht das Verhältnis so aus:

Substanzklasse	**Gewicht in %**
Wasser	ca. 60
Proteine	16
Lipide	10
Kohlenhydrate	1,2
Nucleinsäuren	1
Mineralstoffe	5

Quelle: http://www.chemie.fu-berlin.de/medi/suppl/mensch.html

Die Substanzklasse Wasser entsteht auf atomarer Ebene durch die Verbindung von Wasserstoff und Sauerstoff (H_2O).

Die Hauptbestandteile des Menschen sind Wasserstoff, Sauerstoff und Kohlenstoff. Wasserstoff hat 1 Elektron, Sauerstoff hat 8 Elektronen und Kohlenstoff hat 6

---

[247] Eisen: im roten Blutfarbstoff und in Cytochromen, Iod: Proteine bzw. Hormone in der Schilddrüse, Fluor: im Zahnschmelz, Zink, Kupfer, Mangan, Selen, Chrom, Molybdän, Cobalt: in Enzymen. Silicium und Aluminium kommen im menschlichen Körper nur in Spuren vor.

Elektronen. Das heißt die Anzahl der Elektronen ist nochmals höher als die schon gigantische Zahl von 10^{27} für die Atome.

Die meisten Zellen des menschlichen Körpers werden ständig erneuert. Einige Zellen behalten wir unser ganzes Leben lang, manche Zellen haben nur eine Lebensdauer von wenigen Stunden und manche Zellen entstehen nicht neu. Die Glatzenträger wissen es: Haarfollikel erneuern sich nicht.

Auch Sinneshaarzellen im Ohr nicht und viele davon werden bis zu unserem Lebensende durch Lärm und laute Musik zerstört. Zellen, die den Darm auskleiden, werden innerhalb von wenigen Tagen erneuert, Hautzellen etwa alle 2 Monate, rote Blutkörperchen ca. 4 Monate, weiße Blutkörperchen nach einigen Tage. Zellen in der Leber werden ca. 8 Monate alt, Zellen in Knochen 30 Jahre.

In jeder Sekunde sterben etwa 50 Millionen Zellen, etwa genauso viele entstehen neu.

Warum altern wir dann? Im Alter entstehen weniger neue Zellen. Außerdem kommen Schädigungen durch UV-Strahlung oder freie Radikale hinzu, so dass bei der Zellerneuerung, also dem Abschreiben des genetischen Codes, Fehler entstehen.

Aufgrund der Größe und der Anzahl der Teilchen wäre es nur schwer möglich, genau zu untersuchen, was auf Quantenebene in einem menschlichen Körper abläuft. Man kann nicht einfach Gewebeproben unter das Mikroskop legen und beobachten, was die kleinen Teilchen da machen.

Es besteht nur in sehr eingeschränktem Maße die Möglichkeit, das Verhalten z. B. von Elektronen im Körper zu beobachten. Mit bestimmten Mikroskopen, auf die weiter unten näher eingegangen wird, kann man unter gewissen Umständen die Abgabe von Photonen nach vorheriger Bestrahlung mit Laserlicht messen. Diese Verfahren dienen der Bildgebung.

Wenn die Quanteneigenschaften eines Teilchens in einer Zelle manipuliert werden könnten, würde sich aufgrund der sehr kurzen Lebensdauer mancher Zellen die Frage der Nachhaltigkeit stellen.

In alternativen Heilmethoden ist oft die Rede von Schwingungen oder Wellen. Krankheit wird in der Quantenheilung durch disharmonische, sich nicht im Gleichgewicht befindliche Schwingungen von Organen, Geweben oder Emotionen hervorgerufen.[248] Genaue Definitionen von harmonischen Schwingungen im Rahmen der Quantenheilung sind mir nicht bekannt. Auch ist nicht definiert, was auf subatomarer Ebene im Körper ablaufen müsste, damit Heilung stattfinden kann.

Die oben genannten Zahlen wie z. B. die große Anzahl von Atomen, aus denen ein Mensch besteht, sollen verdeutlichen, wie komplex eine Beschreibung von Veränderungen im menschlichen Körper theoretisch wäre, wenn man einzelne Prozesse auf atomarer Ebene beschreiben wollte.

Ein angeregtes Elektron springt im Bruchteil einer Sekunde in seinen Grundzustand zurück. Es gibt weder in der Quantenheilung noch in der Schulmedizin Werte, die besagen, wie schnell oder langsam oder wie häufig ein Elektron springen müsste, damit z. B. ein Organ „harmonisch schwingt".

In der Quantenphysik wird die Aufenthaltswahrscheinlichkeit von Quantenobjekten wie z. B. Elektronen mit einer Wellenfunktion beschrieben. Es ist eine fundamentale Eigenschaft der Quantenphysik, dass der Zustand eines Quantenobjektes erst durch eine Messung ermittelt wird.

Vor der Messung ist sein Zustand unbestimmt. Es kann daher keine auf der Quantenphysik basierende Aussage geben, wo sich Quantenobjekte im Körper

---

[248] Vgl. Kinslow, Frank Dr., Quantenheilung – Wirkt sofort – und jeder kann es lernen, VAK, Kirchzarten 2009

eines Menschen befinden sollten, damit Gesundheit oder eine „harmonische Schwingung" von z. B. Organen gewährleistet ist.

Teilchen, aus denen der Mensch besteht, befinden sich nachweislich ständig in Bewegung. Atome und Moleküle schwingen.

Es gibt aber auch keine wissenschaftlich Forschungen, wie Molekülschwingungen auszusehen haben, damit das Organ gesund ist. Der Behandlungsansatz, kranke Organe durch Informationen in eine gesunde harmonische Schwingung zu bringen, lässt sich daher nicht auf Erkenntnisse der Medizin oder der Quantenphysik zurückführen.

Im Folgenden soll aufgezeigt werden, welche technischen Möglichkeiten es gibt, um Prozesse im Körper oder Körpergewebe zu untersuchen.

3. Möglichkeiten von bildgebenden Geräten in der Medizin und Diagnostik

Es gibt keine Geräte, die die ständigen Bewegungen von Elektronen und Photonen im Körper eines Menschen sichtbar machen können. Sehr wohl gibt es jedoch bildgebende Verfahren und Mikroskope, bei denen Elektronen und Photonen eine Rolle spielen.

Einige werden hier kurz erklärt, um zu veranschaulichen, welche technischen Möglichkeiten zurzeit bestehen.

Wichtige bildgebende Verfahren, mit denen Untersuchungen direkt am Menschen möglich sind:

- Klassisches Röntgen
- Computertomographie
- Elektrische Impedanz-Tomographie
- Magnetresonanztomographie
- Positronen-Emissions-Tomographie
- Fluoreszenztomographie

Untersuchungsmöglichkeiten von menschlichen Gewebeproben:

- Rasterelektronenmikroskope
- Fluoreszenzmikroskopie
- Spektralphotometer/Schwingungsspektroskopie

Bevor ich auf die Methoden eingehe, vergegenwärtigen wir uns nochmals, was Photonen und Elektronen sind. Die Elektronen sind die negativ geladenen Teilchen, die um den Atomkern kreisen. Photonen sind die Trägerteilchen von elektromagnetischen Schwingungen. Elektromagnetische Schwingungen können zum einen dadurch entstehen, dass Elektronen, die um den Atomkern kreisen, von einem höheren Energieniveau in ein niedrigeres Niveau zurückspringen. Die Energie der elektromagnetischen Schwingung ist umso größer je größer, bildlich gesprochen, der Sprung des Elektrons ist. Wenn dieser Sprung sehr groß ist, können auch elektromagnetische Schwingungen wie Röntgenstrahlen entstehen, die in großen Mengen für den Menschen gefährlich sind. Zum anderen können elektromagnetische Schwingungen entstehen, wenn es Veränderungen im Atomkern gibt. Dann entstehen radioaktive Beta- und Gammastrahlen.

Klassisches Röntgen

Röntgenstrahlung lässt sich durch zwei verschiedene Vorgänge erzeugen:

- durch Beschleunigung und Abbremsung geladener Teilchen (meist Elektronen)
- durch große Sprünge zwischen den Elektronenschalen eines Atoms oder etwas weniger bildhaft ausgedrückt, durch hochenergetische Übergänge zwischen den verschiedenen Energieniveaus der Elektronen.

Diese beiden Vorgänge werden in einem Röntgengerät genutzt. Trifft diese Röntgenstrahlung dann auf einen menschlichen Körper, wird die Strahlung von den verschiedenen Bestandteilen wie Knochen und Gewebe unterschiedlich absorbiert. Die Strahlen treffen nach der Durchleuchtung auf ein entsprechend präpariertes Filmmaterial, auf dem die unterschiedlich starken Strahlen sichtbar gemacht werden und das Röntgenbild entsteht.

Neben der klassischen Röntgenaufnahme sind heute Tomographien sehr verbreitet. Mit Tomographie bezeichnet man Verfahren, bei denen durch eine meist rechnerbasierte Auswertung von Daten Schnittbilder erzeugt werden.

Computertomographie

Bei der Computertomographie werden zahlreiche Röntgenaufnahmen aus verschiedenen Richtungen gemacht und durch eine rechnerbasierte Auswertung Schnittbilder erzeugt. Die rechnerbasierte Auswertung hat zu dem Begriff

Computertomographie geführt. Diese Untersuchungsform erlaubt eine dreidimensionale Darstellung. Das Prinzip ähnelt der klassischen Röntgenaufnahme. Die Körperteile werden mit Röntgenstrahlen durchleuchtet und die Körperteile nehmen die Röntgenstrahlen unterschiedlich stark auf.

Elektrische Impedanz-Tomographie

Bei diesem Verfahren wird die elektrische Leitfähigkeit von biologischem Gewebe genutzt, die von seiner Beschaffenheit abhängt, wobei dabei der Gehalt an freien Ionen (Atome mit Elektronenmangel oder -überschuss) eine Rolle spielt. Dazu werden Elektroden am Körper angebracht, durch die ein Strom fließt, der sich im Körper ausbreitet. Dieser Strom wird von einer Elektrode gemessen und mit Hilfe der gemessenen Werte kann ein Bild erzeugt werden. Man wendet dieses Verfahren hauptsächlich zur Untersuchung der Lunge an.

Magnetresonanztomographie

Bei diesem Verfahren wird der Eigendrehimpuls von Atomen genutzt, durch den der Atomkern magnetisch ist. Dieser Eigendrehimpuls wird Kernspin genannt, weshalb die Magnetresonanztherapie auch Kernspintomographie genannt wird. Bei der Magnetresonanztomographie werden sehr starke Magnetfelder und Magnetwechselfelder erzeugt, wodurch Atomkerne zu bestimmten Bewegungen angeregt werden. Diese Bewegungen erzeugen eine messbare Wechselspannung. Die Atome gehen nach der Anregung wieder in ihren Grundzustand zurück. Wie lange sie dafür brauchen, hängt von der jeweiligen Gewebeart ab. Die unterschiedlichen Stärken der Signale führen zu helleren oder dunkleren Punkten, wodurch ein Bild des untersuchten Gewebes entsteht.

Positronen-Emissions-Tomographie

Bei dieser Methode wird dem Patienten ein radioaktives Mittel verabreicht. Dieses radioaktive Mittel emittiert Positronen. Das sind die Antiteilchen der Elektronen. Sie haben dieselben Eigenschaften wie die Elektronen und unterscheiden sich nur durch ihre Ladung und ihren magnetischen Moment. Wenn im menschlichen

Körper die Positronen auf die Elektronen stoßen, vernichten sich diese gegenseitig. Bei dieser Vernichtung, auch Annihilation genannt, werden hochenergetische Photonen im Gamma-Bereich emittiert. Diese werden mit Detektoren, die ringförmig um den Patienten angeordnet sind, gemessen. Aus der räumlichen und zeitlichen Verteilung der Photonen kann auf die räumliche Verteilung des radioaktiven Stoffes im Körperinneren geschlossen, und es können eine Reihe von Schnittbildern errechnet werden. Dieses Verfahren wird insbesondere für die Darstellung von Stoffwechselvorgängen und zur Diagnose von Krebs verwendet. Bei dieser Methode werden auch Photomultiplier eingesetzt. Ein Photomultiplier (auch Photoelektronenvervielfacher oder Photovervielfacher genannt) ist eine spezielle Elektronenröhre, durch die Photonen durch Erzeugung und Verstärkung eines elektrischen Signals detektiert werden können. Auch wenn das PET-Verfahren mit der Messung von Photonen zu tun hat, so werden doch auch mit diesem Verfahren keine natürlichen Photonenbewegungen im Körper des Menschen dargestellt.

Fluoreszenztomographie

Die Fluoreszenztomographie ist ein bildgebendes Verfahren, bei dem die von einem Gewebe emittierten Photonen gemessen werden. Sie erlaubt eine sogenannte In-vivo-Diagnostik, das heißt, Untersuchungen können an einem lebendigen Wesen durchgeführt werden. Das hört sich vielversprechend an, aber zurzeit gibt es noch viele Einschränkungen. Das Verfahren funktioniert folgendermaßen: Dem Versuchstier wird meist intravenös ein Fluoreszenzmarker gespritzt. Ein Fluoreszenzmarker besteht aus einem Fluorophor[249] und einem Stoff, der die Fluorophore an das zu untersuchende Gewebe bindet. Fluorophore sind Stoffe, die bei elektromagnetischer Bestrahlung ein Photon aufnehmen und sich dadurch in einem angeregten Zustand befinden und dann ein Photon mit größerer Wellenlänge als das aufgenommene Photon wieder abgeben. Das aufgenommene

---

[249] Manchmal wird statt Fluorophor der Begriff Fluorochrom verwendet. Bisweilen wird mit Fluorophor auch der mit einem Fluorochrom markierte Stoff bezeichnet.

Licht liegt im nichtsichtbaren, das abgegebene Licht im sichtbaren Bereich.[250] Ein Beispiel dafür ist das 1961 entdeckte grün fluoreszierende Protein (GFP) aus einer Qualle. Bei Anregung mit blauem oder ultraviolettem Licht fluoresziert es grün. Es kann mit anderen Proteinen verbunden werden, so dass die Verteilung des markierten Proteins in lebenden Zellen, Geweben und Organismen beobachtet werden kann. Damit es nicht so theoretisch ist, ein Beispiel aus der Praxis. Viele kennen dieses Leuchtphänomen bestimmt aus der Disco, wenn weiße Kleidungsstücke grell leuchten. Da wurde genau dieser Effekt genutzt. Es wurde kurzwelliges für uns nicht sichtbares Licht aus einer Lichtquelle ausgesendet und die fluoreszierenden Stoffe in unserer Kleidung geben sichtbares Licht ab. Dieses Phänomen nennt man Fluoreszenz. Die Fluorophore müssen an das zu untersuchende Gewebe gebunden werden. Diese Funktion erfüllen die so genannten Liganden. Nachdem dem Versuchstier der Fluoreszenzmarker verabreicht wurde, wird es mit einer Lichtquelle bestrahlt, wobei die Lichtwellen in Nahinfrarotbereich liegen. Dieser Lichtwellenbereich (700 – 900 nm) eignet sich besonders gut für diese Methode. Eine spezielle Kamera erfasst dann das von dem angeregten Gewebe emittierte Licht. Dabei wird das Tier meist um die feststehende Kamera bewegt. Aus den zahlreichen Aufnahmen kann ein Datenverarbeitungssystem einen 3-D-Film erstellen, der das untersuchte Gewebe zeigt, und das Volumen des untersuchten Gewebes berechnen. Dieses Verfahren ist zurzeit nicht bei Menschen anwendbar. Zum einen gibt es keinen zugelassenen für Menschen verträglichen Fluoreszenzmarker, zum anderen ist die Eindringtiefe auf 5 cm beschränkt. Langfristig wäre der Einsatz in der Mammographie denkbar, da dort Tumore sehr oberflächennah auftreten.

Auch wenn bei der Fluoreszenztomographie emittierte Photonen gemessen werden, so müssen wir uns doch zweierlei Dinge klarmachen. Die Messung der Photonen erlaubt eine bildliche Darstellung des Gewebes oder Organs und somit

---

[250] Das emittierte Licht ist dabei energieärmer als das aufgenommene Licht. In manchen Fällen ist die Wellenlänge des aufgenommenen Lichts identisch mit der des abgegebenen. Dann spricht man von Resonanzfluoreszenz. Die Wellenlänge, die das Licht für einen bestimmten Stoff haben muss, damit eine Resonanzfluoreszenz entsteht, ist bekannt. Sie beträgt z. B. für ein Wasserstoffatom 122,6 nm (10-9), für Quecksilber 253,7 nm.

auch die Darstellung von krankhaftem Gewebe in Form eines Tumors. Zum anderen ist für die Messung der Photonen ein vorheriger Eingriff möglich. Die Moleküle mussten mit einem Farbstoff versehen und in einen angeregten Zustand versetzt werden. Es kann mit diesem Verfahren folglich nicht die ursprüngliche Bewegung der Photonen in einem Organ gemessen werden. Auch wenn Vertreter alternativer Heilmethoden behaupten, dass kranke Organe nicht „harmonisch schwingen", so gibt es keine wissenschaftlichen oder nicht-wissenschaftlichen Aussagen darüber, welche Schwingungsfrequenz die Photonen in einem gesunden Organ haben müssten. Allerdings weiß man, dass Tumore Licht anders abgeben als gesundes Gewebe und insofern lassen sich daraus Aussagen über den Gesundheitszustand herleiten. Aber wenn wir von Tumoren sprechen, dann bewegen wir uns nicht mehr auf der quantenphysikalischen Ebene.

Bei den vorgestellten Verfahren wurden Gewebe mit Elektronen oder Photonen bestrahlt oder sie wurden elektromagnetischen Feldern ausgesetzt, es wurden elektrische Leitfähigkeit, elektrische Spannung oder emittierte Photonen gemessen.

Die Verfahren sind technisch sehr ausgefeilt und elektromagnetische Schwingungen spielen eine Rolle, aber dennoch erlauben all diese Verfahren nicht die Darstellung oder Messung der elektromagnetischen Schwingungen auf Quantenebene.

Nachdem die Diagnosemethoden am lebenden Wesen erläutert wurden, soll hier nun kurz auf die verschiedenen Untersuchungsmöglichkeiten von Gewebeproben eingegangen werden, um deutlich zu machen, welche Aussagen getroffen werden können. Dies ist von Interesse, da es einen Versuch gibt, der belegen soll, dass allein durch Gedankenkraft DNA manipuliert werden kann.

Rasterelektronenmikroskopie

Beim Rasterelektronenmikroskop wird mit einem Elektronenstrahl über das zu untersuchende Objekt gefahren. Dabei treten wieder Elektronen aus dem Objekt aus. Die austretenden Elektronen werden detektiert und bestimmen über verschiedene Vorgänge die Intensität eines Bildpunktes. So lassen sich messerscharfe Bilder von ganz kleinen Objekten erzeugen. Mit ganz klein ist ein Bereich gemeint, der bis zu 0,05 nm (5 Milliardstel Zentimeter) geht. Wenn man bedenkt, dass ein Elektron etwa $2,8 * 10^{-15}$ m groß ist, dann wären allein aufgrund der allein geringen Größe die Bewegungen eines einzelnen Elektrons nicht mit einem Elektronmikroskop zu beobachten.

Fluoreszenzmikroskopie

Die Fluoreszenzmikroskopie ähnelt der Fluoreszenztomographie. Das zu untersuchende Objekt wird mit Fluoreszenzmarkern versehen, so dass ein fluoreszenzmikroskopisches Bild entsteht. So können Zellbestandteile wie z. B. Proteine sichtbar gemacht werden. Auch die Analyse der DNA ist auf diese Weise möglich. Eine besondere Form der Fluoreszenzmikroskopie ist die Multiphotonenmikroskopie. Bei der Fluoreszenzmikroskopie wird in einem Molekül ein Elektron durch Absorption jeweils eines Photons angeregt. Bei der Multiphotonenmikroskopie wird die Anregung des Elektrons durch die gleichzeitige Absorption mehrerer Photonen hervorgerufen. Damit man eine Vorstellung bekommt, wie hochleistungsfähig die Geräte sind, sollen hier einmal einige Zahlen zur Veranschaulichung genannt werden. Damit zwei oder mehr Photonen bei den anregbaren Elektronen gleichzeitig ankommen, sind sehr hohe Photonendichten erforderlich. Dazu sind sehr kurze, intensive Laserpulse notwendig. Kurz heißt hier $0,14 \times 10^{-12}$ Sekunden. Die Laserpulse werden etwa 80 Millionen Mal pro Sekunde wiederholt.

Spektralphotometer/Schwingungsspektroskopie

Bei dieser Methode werden Moleküle mit Licht einer bestimmten Wellenlänge durchstrahlt und die Abnahme der Intensität des emittierten Lichts gemessen. Damit kann eine Konzentrationsbestimmung einer Substanz vorgenommen werden z. B. die Menge von Hämoglobin im Blut. Abhängig von der Wellenlänge, mit der die Moleküle durchleuchtet werden, unterscheidet man z. B. zwischen Ultraviolett- oder Infrarotspektroskopie.

Für uns ist die Ultraviolettspektrometrie von besonderem Interesse, da sie zur Untersuchung von DNA eingesetzt wird. DNA wird mit einer Wellenlänge von 260 nm untersucht. Zum einen kann man durch die Bestrahlung einer Probe mit ultraviolettem Licht die Konzentration der DNA in einer Probe messen. Zum anderen ist damit auch die Struktur der DNA messbar. Doppelsträngige DNA absorbiert Licht mit einer Wellenlänge von 260 nm nicht so stark wie einzelsträngige DNA.[251] Dieses Messverfahren wird bei einem Versuch zur Veränderung der DNA durch Gedankenkraft angewendet.

In Heilerkreisen wird häufig behauptet, dass durch Gedankenkraft die DNA eines Menschen beeinflusst wird. Experimente hierzu wurden von dem in den USA ansässigen HeartMath-Institut durchgeführt.[252] Dabei wurden mehrere DNA-Proben genommen. Das heißt, es wurde nicht untersucht, wie sich die menschliche DNA im Körper des Menschen verändert. Ein Versuchsteilnehmer sollte die Intention aussenden, dass sich die DNA aufdreht. Ob sich die DNA tatsächlich aufgedreht hat, wurde mit der Spektralphotometrie gemessen. Die DNA wurde, bevor und nachdem die Intension des Aufdrehens gesandt wurde, mit Licht mit einer Wellenlänge von 260 nm bestrahlt. Nach der Aussendung der Intension konnte die DNA das Licht stärker absorbieren, was als ein Beleg dafür gedeutet wurde, dass sich die DNA aufgedreht hat, da einsträngige DNA mehr Licht aufnehmen kann. Mechanische oder sonstige Gründe wurden ausgeschlossen. Ob der Versuch in Bezug auf die Wiederholbarkeit und den Ausschluss von Störfaktoren wissenschaftlichen Anforderungen genügt, bleibt zu überprüfen. Das Messverfahren in Form der Spektralphotometrie ist jedoch ein wissenschaftlich gängiges Verfahren zur Untersuchung der DNA.

---

[251] Dieser Effekt wird Hyperchromozität genannt. Für alle, die Mathematik lieben und glauben, dass hinter dem Weltgeschehen eine (vom Menschen nur marginal erfasste) Mathematik steht, sei angemerkt: Der hyperchrome Effekt ist proportional zur 3. Potenz des Abstands zwischen zwei Chromophoren.

[252] Mc Crathy, Rollin; Ph. D. Atkinson, Mike, Tomasino, Dana B. A. Modulation of DNA conformation by heart-focused intention, Institute of HeartMath 2003, www.heartmath.com, abgerufen März 2015

Da in Heilerkreisen immer wieder von „harmonischen Schwingungen" im menschlichen Körper die Rede ist, soll hier noch kurz auf die Schwingungsspektroskopie eingegangen werden. Sie wird zur Analyse von Molekülen eingesetzt. Moleküle bestehen aus mehreren Atomen, die nicht starr miteinander verbunden sind. Wie wir wissen, bewegen sich Elektronen in einem Atom ständig. Auch bei einem Zusammenschluss von mehreren Atomen ist dieser Verbund ständig in Bewegung. Durch die Masse der Atome sowie die Stärke, den Winkel und die Länge der Bindungen entsteht eine für das Molekül oder die Molekülgruppe spezifische Schwingung. Molekülschwingungen können über zwei Verfahren gemessen werden.

Bei der Raman-Spektroskopie werden Proben meist mit Laserlicht bestrahlt und die Abstrahlung des Lichtes gemessen. Durch das so entstandene Spektrum sind Rückschlüsse auf Eigenschaften der Probe möglich. Die zweite Methode ist die Infrarotspektroskopie. Molekülschwingungen lassen sich insbesondere durch Bestrahlung im Infrarotbereich anregen. Zur Heilung und Linderung von Verspannungen und Erkältungen werden auch in Arztpraxen Infrarotlampen eingesetzt. Ihre wohltuende Wirkung wird vor allem der Wärmeentwicklung und dem rotstrahlenden Licht zugeschrieben. Da Molekülschwingungen durch infrarote Strahlung angeregt werden können, wäre es denkbar, dass die heilende Wirkung auch auf Schwingungsanregungen zurückzuführen ist. Mit der Schwingungsspektroskopie werden Proben untersucht, Messungen von Molekülschwingungen im Körper eines Menschen können damit nicht vorgenommen werden.

Zusammenfassung:

- Trotz hocheffizienter ausgeklügelter Messverfahren, bei denen Elektronen und Photonen eine Rolle spielen, gibt es keine Methode, die die Beobachtung von Photonen- und Elektronenbewegungen im Körper des Menschen erlaubt.
- Auch Molekülschwingungen können nicht direkt im Körper des Menschen gemessen werden. Mit den Verfahren lassen sich Aussagen über die Struktur oder die chemische Zusammensetzung von Gewebeproben treffen.

4. Und die Moral von der Geschicht'?

Die Erläuterungen der unterschiedlichen Behauptungen haben gezeigt, dass die Quantenphysik nicht als Beweis für die wissenschaftliche Fundiertheit alternativer Heilmethoden dienen kann. Es gibt in der Quantenphysik Phänomene, die unserer menschlichen Logik und den Gesetzen der klassischen Physik widersprechen und die bisher wissenschaftlich noch nicht hinreichend erklärt werden konnten. Insbesondere das Phänomen der Verschränkung gibt Raum für Spekulation. Dadurch dass Quantenobjekte nicht den Gesetzen der klassischen Physik folgen, üben sie eine gewisse Faszination aus. Dennoch lässt sich mit der Quantenphysik nicht die Methodik der Quantenheilung erklären. Sie kann auch nicht als Beweis für die Beeinflussung von Quantenobjekten durch Bewusstseinsprozesse dienen.

Es stellt sich die Frage, warum die Quantenphysik als Erklärung für die Funktionsweise oder als Beweis für die Wirksamkeit herangezogen wird. In einer Welt, in der Menschen sehr wissenschaftsgläubig sind, könnte sich eine alternativmedizinische Methode, die sich auf wissenschaftliche Erkenntnisse stützt, größeren Zulauf finden. Auch die kritische Haltung der Schulmedizin mag dazu beigetragen haben, dass Vertreter alternativer Heilmethoden versuchen, die wissenschaftliche Fundiertheit der Quantenheilung zu beweisen. Es ist auch denkbar, dass aufgrund der globalen Netzwerke Aussagen von anderen im Internet ungeprüft übernommen werden. Auch der in den achtziger Jahren geprägte Begriff der Quantenheilung mag zu dem Schluss geführt haben, dass sich die Funktionsweise der Quantenheilung mit der Quantenphysik wissenschaftlich erklären lässt.

Zwar gibt es keine Beweise, dass das Bewusstsein Quantenobjekte beeinflusst, jedoch zeigen Placebo-Studien und Forschungen über die Gehirntätigkeit, dass unsere Gedanken und unser Bewusstsein einen großen Einfluss auf Heilungsprozesse haben. Vermeintliche Medikamente wirken, weil der Patient von ihrer Wirksamkeit überzeugt ist. Die Biofeedback-Forschung – nicht zu verwechseln mit Bioresonanz – hat gezeigt, dass so genannte autonome Körpervorgänge durch Lernprozesse beeinflusst werden können. Beim Biofeedback-Verfahren werden dem Patienten Körpervorgänge, die nicht direkt wahrnehmbar sind, wie z. B. der Puls oder der Hautwiderstand über bestimmte Hilfsmittel wahrnehmbar gemacht (z. B. über Balkendiagramme auf einem Computerbildschirm). Der Patient versucht diese Körpervorgänge auf der Grundlage dieser wahrnehmbaren Rückmeldung durch Setzen einer Intention zu verändern. Biofeedback wird bereits seit Jahren erfolgreich bei chronischem Schmerz, Herz-Kreislauf-Erkrankungen und Schlafstörungen eingesetzt.

Beim Neurofeedback werden dem Patienten die eigenen Hirnströme angezeigt. Durch Rückmeldung des eigenen Hirnstrommusters kann der Patient eine bessere Selbstregulation erreichen. Diese Methode wird erfolgreich bei ADHS verwendet. Das zeigt, dass die Hirnfrequenz willentlich beeinflusst werden kann.

Die Frequenz der Hirnströme bestimmt den Bewusstseinszustand und ist im Schlaf niedriger. Heiler, Meditierende und Channel-Medien nutzen die Möglichkeit, die Hirnfrequenz durch Übung willentlich zu beeinflussen, und verlangsamen in Heilsitzungen, bei der Meditation oder beim Übermitteln von Botschaften aus einem transzendenten Bereich ihre Hirnfrequenz. Die Frequenz, die dabei neben noch niedrigeren Frequenzen oft herbeigeführt wird, liegt zwischen 8 bis 12 Hz. und wird Alphazustand genannt.[253] Dieser Alphazustand entspricht einem Entspannungszustand wie er beim Einschlafen auftritt. Welche Rolle die Hirnstromfrequenz bei der Quantenheilung spielen könnte, ist wissenschaftlich nicht erforscht.

---

[253] Vor diesem Hintergrund sind Forschungen zu Auswirkungen von elektromagnetischen Feldern wie auch von hochfrequenten Schwingungen, deren Frequenz denen der Hirnströme entspricht, mit großem Interesse zu verfolgen. Wenn man sich vergegenwärtigt, dass ein verändertes elektromagnetisches Feld die Bildung von gewissen Zuständen von Elektronen bei Vögeln (Singulett- oder Triplettzustand) beeinflusst und damit ihre Orientierung komplett zerstört, wird deutlich, dass die Auswirkungen von veränderten elektromagnetischen Feldern größer sein kann, also bisher angenommen oder wissenschaftlich belegt ist.

Die Frage, ob die Quantenphysik als Beleg für die Funktionsweise oder Wirksamkeit der Quantenheilung herangezogen werden kann, kann mit einem Nein beantwortet werden. Aussagen von Vertretern alternativer Heilmethoden unter Bezugnahme auf die Quantenphysik sind für die Anerkennung der Methoden nur dann von Nutzen, wenn sie korrekt sind. Eine Methode sollte entweder fundiert wissenschaftlich begründet werden können oder durch ihre Wirksamkeit überzeugen. Der Bezug auf die Quantenphysik ist nur dann hilfreich, wenn die Beweisführung wissenschaftlichen Ansprüchen genügt. Ansonsten besteht die Gefahr, die gegebenenfalls phänomenologisch erfolgreichen Methoden in Misskredit zu bringen.

Welche Bedeutung könnte die Quantenphysik für alternative Heilmethoden haben?

Auch wenn die Quantenphysik nicht als Erklärungsmodell für die Funktionsweise alternativer Heilmethoden dienen kann, so ist sie jedoch in folgender Hinsicht von Interesse:

In unserem traditionellen Weltbild wird zwischen einer stofflichen und einer nicht-stofflichen Ebene unterschieden. Der stofflichen Ebene werden Gegenstände, der menschliche Körper, die Erde, die Himmelskörper etc. zugeordnet. Die nicht-stoffliche Ebene ist das Transzendente, Gott oder, wie es manchmal genannt wird, reine Energie. Die Erkenntnisse der Quantenphysik führen zu der Frage, ob diese Dichotomie noch Gültigkeit haben kann. Die Quantenphysik hat gezeigt, dass es keinen komplett leeren Raum gibt. Ein Vakuum ist eine idealisierte Vorstellung. Vielmehr ist der Raum erfüllt von Quantenfluktuationen: ständig entstehen und vergehen reale und virtuelle Teilchen. Auch die Schwierigkeiten einer schlüssigen Festlegung von Kriterien für die Definition des Begriffs Materie deuten darauf hin, dass eine klare Unterscheidung zwischen stofflich und nicht-stofflich nicht getroffen werden kann. Scheint es daher nicht naheliegend, das Göttliche nicht als eine jenseitige, sich fundamental vom Stofflichen getrennte, sondern als eine ständig mit dem Stofflichen und daher mit dem Menschen interagierende Ebene zu sehen? Auf der Grundlage einer solchen Sichtweise ließen sich Quantenheilungen schlüssiger erklären.

Auch würde dies zu einer Überwindung der bei Vertretern alternativer Heilmethoden verbreiteten Unterscheidung zwischen störungsanfälliger Materie, das heißt dem kranken Menschen, und dem Feld, in dem der Mensch als Idee in vollkommener Gesundheit verortet wird, führen.

Die Schwierigkeit der Abgrenzung zeigt sich auch im Zusammenhang mit den Begriffen Körper, Seele und Psyche sowie körperlichen und psychischen Krankheiten. Während Seele und Psyche früher oft als Synonyme gebraucht wurden, unterscheidet man heute zwischen den Begriffen, wobei der Seele eine nicht-materielle über den Tod des Körpers hinausgehende Existenz zugeschrieben wird. Dieser Bedeutungswandel ist ein weiteres Beispiel für die Schwierigkeit einer sinnvollen Abgrenzung von Stofflichem und Nicht-Stofflichem. Diese Problematik zeigt sich auch bei dem Begriff psychische Krankheiten. Inwieweit sind Kognition und Gefühle physisch verankert? Die Problematik der genauen Begriffsdefinitionen wirft die Frage auf, ob eine Unterscheidung von materieller, körperlicher Ebene auf der einen Seite und seelischer, transzendenter Ebene auf der anderen Seite zu einer erschöpfenden Erkenntnis der Realität führt.

Die einzige mir bekannte fundierter durchdachte, jedoch auf einer Vielzahl von Hypothesen beruhenden Theorie, wie das Diesseits und Jenseits physikalisch beschrieben werden und wie Informationsübertragung zwischen dem Jenseits und dem Diesseits stattfinden könnte, stammt von Michal König. In seiner Theorie ist ELI die Bezeichnung für Gott. ELI steht für Energie, Liebe und Information. Energie und Materie sind aus ELI hervorgegangen. Außerdem sind aus ELI verschiedene Raumstrukturen und Dimensionen entstanden. Die Kommunikation mit ELI findet über Elektronen und Positronen statt, wobei die Spinausrichtung dieser Teilchen eine Rolle spielt. Informationen werden über Lichtmuster gespeichert. Die Seele wird von Essenzelektronen gebildet und der Persönlichkeitskern eines Menschen wird über diese Essenzelektronen durch Lichtmuster bewahrt.

Eine Veränderung der Zustände von Elektronen, die mit der Veränderung der Zustände von Photonen in der von König hypothetisch angenommen inneren Raumzeit einhergehen, führt zu einem höheren Ordnungsgrad. Diesen Wechselwirkungsprozess interpretiert der französische Physiker und Philosoph Jean

Émile Charon laut König als Liebe. Nach dieser Interpretation ist folglich Liebe mit dem Zustand der Photonen in der inneren Raumzeit verbunden.[254]

König beschreibt seine Theorie sehr detailliert und seine Modelle sind nachvollziehbar. Beweisen lassen sie sich nicht. Sie spiegelt auch nicht die Auffassung der etablierten Quantenphysiker wider. Das mag auch der Tatsache geschuldet sein, dass sich seine Theorie mit zum Teil nicht nachweisbaren Abläufen beschäftigt, was jedoch die breiter diskutierte Stringtheorie, mit der sich hochkarätige Wissenschaftler der theoretischen Physik auseinandersetzen, auch nicht tut. Dabei ist anzumerken, dass auch die Stringtheorie Kritik ausgesetzt ist, da manche Wissenschaftler die Auseinandersetzung mit Fragestellungen, die jenseits der Beweismöglichkeiten liegen, nicht als Aufgabe der Naturwissenschaften betrachten.

Exkurs – Wissenschaft und Vision

Wie weit das Spektrum von Ablehnung, eher nüchternen Definitionen und Erklärungsmodellen bis hin zu atemberaubenden Visionen in der Wissenschaft reicht, soll anhand eines Buches des theoretischen Physikern Michio Kaku veranschaulicht werden. Da die Quantenheilung durch die Herstellung eines bestimmten Bewusstseinszustandes, die Lücke zwischen zwei Gedanken, erreicht werden soll, betrachten wir die wenig esoterisch angehauchte Definition des menschlichen Bewusstseins von Kaku:

„Wir definieren Bewusstsein als den Prozess, unter Verwendung zahlreicher Rückkopplungsschleifen bezüglich verschiedener Parameter (z. B. Temperatur, Raum, Zeit und Beziehung zu anderen) ein Modell der Welt zu schaffen, um ein Ziel zu erreichen. Das menschliche Bewusstsein stellt einen besonderen Typ dar,

---

[254] König, Michael, Urwort, Die Physik Gottes, Scorpio, Berlin München, 2011, 2. Auflage, S. 62

der sich dadurch auszeichnet, dass er diese Rückkopplungsschleifen gewichtet, indem er die Zukunft simuliert und die Vergangenheit evaluiert."[255]

Im Zusammenhang mit außerkörperlichen Wahrnehmungen bei Nahtoderfahrungen weist er auf einen Versuch mit einer Frau hin, die an Krämpfen litt und außerkörperliche Wahrnehmungen hatte. Ihr wurde ein Netz mit rund 100 Elektroden auf die Hirnoberfläche gelegt. Mit Hilfe dieser Elektroden konnte man die Region im Gehirn zwischen Scheitel- und Schläfenlappen aktivieren. Bei der Aktivierung hatte sie außerkörperliche Wahrnehmungen. Wurden die Elektroden abgeschaltet, verschwand das Gefühl, über ihrem Körper zu schweben.

Kaku weist auch darauf hin, dass Schädigungen aufgrund einer Schläfenlappenepilepsie das Gefühl hervorrufen können, dass hinter jedem Unglück böse Geister stecken. Stimulationen einer bestimmten Gehirnregion konnten bei einer Patientin das Gefühl hervorrufen, dass sich hinter ihr eine schattenhafte Präsenz befindet.[256]

Auf der einen Seite wird Bewusstsein sehr nüchtern erklärt, Nahtoderfahrungen nicht als Beweis für die Existenz eines Jenseits und Wahrnehmung von Geistern nicht als Beweis für die Existenz von Geistern gesehen. Trotz oder gerade wegen dieser nüchternen Interpretation von Gehirnprozessen haben einige Wissenschaftler die Vision entwickelt, dass in weiter Zukunft alle das Bewusstsein ausmachenden Informationen auf die Wellenmuster eines Lasers aufgelagert werden könnten, die man dann durch das Weltall schicken kann. Mit den auf dem Laserstrahl enthaltenen Informationen könnte man ein bewusstes Wesen rekonstruieren. Der Laser müsste auf eine Empfangsstation treffen, die die Daten auf einen Großrechner überträgt, der das bewusste Wesen wieder zum Leben erweckt.

---

[255] Kaku, Michio, Die Physik des Bewusstseins - Über die Zukunft des Geistes, Rowohlt, Hamburg 2014, S. 77
[256] Ibid, S. 387

„Der Traum, das Universum als reines Energiewesen zu durchstreifen, steht jedoch nicht im Widerspruch zu den Gesetzen der Physik."[257]

Mit diesem kleinen Exkurs soll auch aufgezeigt werden, dass zum Teil auf nüchternen wissenschaftlichen Gesetzen beruhenden, im Endergebnis aber spektakulären Visionen von Wissenschaftlern von denen durch Trancezustände erreichten Einsichten von Channel-Medien und religiösen Menschen, die von jenseitigen Bewusstseinsformen berichten, nicht voneinander abweichen müssen.

Vertreter alternativer Heilmethoden glauben an eine jenseitige höhere transzendente Kraft, ob man sie Gott, das Höhere Selbst, die Matrix oder wie auch immer nennen mag, und unter Quantenphysikern gibt es viele religiöse Menschen. Es werden Modelle entwickelt, wie das Göttliche aussehen und wie eine Kommunikation mit dem Göttlichen physikalisch funktionieren könnte. Es stellt sich jedoch die Frage, ob sich das Verständnis des Göttlichen nicht grundsätzlich unseren Erkenntnismethoden und Beweismöglichkeiten entzieht. Können wir ein System verstehen, dessen Teil wir sind? Ist eine objektive Betrachtung möglich? Sollte Gott, wie ich eine jenseitige höhere transzendente Kraft bezeichne, existieren, besteht er dann in einer Form, die wir mit unserem logischen Verstand erfassen können und die unseren Raum- und Zeitvorstellungen entspricht? Wissenschaftler haben Zeitmodelle entwickelt, bei denen sich die Zeit auf zwei gegenläufigen Kreisen bewegt. Das heißt, einmal bewegen wir uns von der Zukunft in die Vergangenheit und einmal von der Vergangenheit in die Zukunft und bei beiden Kreisen kommen wir irgendwann einmal an den Ursprung zurück. Es gibt die Theorie von Wurmlöchern im Universum, durch die wir auf die andere Seite des Raumes im Universum gelangen können. Wie kann man sich solche Dinge vorstellen? Solche Theorien sind nicht wirklich vorstellbar. Verfügt der Mensch über die Fähigkeit, Gott wirklich zu erfassen? Die Quantenphysik wird von vielen Nicht-Physikern so interpretiert, als könne sie die Existenz von etwas Transzendentem annäherungsweise erklären. Sie kann es nicht. Die Quantenphysik hat aufgezeigt, dass es Ereignisse gibt, die wir wissenschaftlich nicht hinreichend erklären können:

---

[257] Ibid, S. 412

Wie können verschränkte Teilchen miteinander „kommunizieren"? Die Tatsache, dass es Ereignisse gibt, die erstaunlich und gleichzeitig nicht hinreichend erklärbar sind, bedeutet nicht, dass damit etwas Transzendentes im Sinne einer göttlichen Kraft bewiesen ist. Diese Kraft mag durchaus existieren, sie ist damit aber nicht bewiesen. Viele, die versuchen, mit der Quantenphysik etwas Höheres oder Transzendentes zu beweisen, gehen davon aus, dass sich dieses Höhere in unser logisches System einfügen lässt. Ich glaube nicht, dass das möglich ist. Ich glaube, wenn man gemäß den Prinzipien der Kybalion, einem 1908 veröffentlichten esoterischen Buch, von „wie oben so unten" und „Ursache und Wirkung" spricht, befindet man sich nicht auf einer transzendenten Ebene. Es ist anzunehmen, dass das Göttliche pures Sein ist, ohne oben und unten, ohne Vergangenheit und Zukunft, ohne Ursache und Wirkung: ein raum- und zeitloses Kontinuum des Seins. Ein solches Sein zu begreifen, ist uns Menschen, so scheint es, nicht gegeben. Und sicherlich wird uns die Quantenphysik keine Beweise dafür liefern. Wenn man bei der Quantenheilung von etwas Transzendentem ausgeht und auf diesen – wie es Kinslow nennt – Raum zwischen zwei Gedanken baut, dann findet Heilung auf einer transzendenten Ebene statt, für deren Existenz die Quantenphysik keine Beweise erbringen kann.

5.   Ja, wie denn dann?

Nachdem wir uns mit der Abgrenzung von Materie und Nicht-Materie und damit einhergehend von körperlicher und transzendenter Ebene, mit einer Diesseits-Jenseits-Theorie und der Möglichkeit der Erfassbarkeit des Jenseits' beschäftigt haben, betrachten wir nun noch einige Aspekte, die bei einer Heilung eine Rolle spielen können.

Wie oben beschrieben, spielt nachgewiesener Maßen die persönliche mentale Einstellung eines Menschen eine maßgebliche Rolle beim Heilungsprozess. Zahlreiche Studien u. a. zu Placebos belegen dies. Auch konnte nachgewiesen werden, dass das Verhalten und die Zuversicht des Behandlers einen Einfluss auf die Heilung eines Kranken haben.

Die Funktionsweise der Quantenheilung könnte man auch der Tatsache zuschreiben, dass der Quantenheiler dem Patienten bzw. dem Klienten mit sehr viel mehr Aufmerksamkeit, Empathie und Zuversicht begegnet als der oft unter Zeitdruck stehende Schulmediziner. Welchen Effekten man die von vielen Menschen bezeugte Wirksamkeit der Quantenheilung zuschreiben möchte, bleibt letztendlich Ansichtssache und unterliegt auch dem persönlichen Weltbild. Schulmediziner werfen Homöopathen und anderen Vertretern alternativer Heilmethoden immer wieder vor, dass die Wirksamkeit der jeweiligen Methode nicht wissenschaftlich nachgewiesen ist und positive Wirkungen allein durch die intensive Beschäftigung mit dem Patienten/Klienten durch den von der Heilung und der angewandten Methode überzeugten Alternativmediziner erzielt werden. Interessant bei dieser Auffassung ist der Sachverhalt, dass zwar die Wirksamkeit der alternativmedizinischen Methode in Frage gestellt wird, aber doch gleichzeitig eingeräumt wird, dass Zuwendung und Zuversicht Heilung bewirken können. Wenn dies der Fall ist, wie es auch einige Studien belegen, dann macht dies doch gerade deutlich, dass es eine über die Heilung durch Medikamente hinausreichende enorm wirksame Ebene gibt. Sollten weitere Studien die Bedeutung dieser Ebene belegen, müsste ein Umdenken im Gesundheitswesen stattfinden. Es bleibt zu hoffen, dass

Forschungsgelder in diesen Bereich investiert werden. Die recht junge Disziplin der Psychoneuroimmunologie beschäftigt sich mit der Rolle der Psyche und deren Wechselwirkung mit dem Nerven- und Immunsystem. Es bleibt mit Spannung zu verfolgen, was weitere Studien noch zeigen werden.

Zum jetzigen Zeitpunkt bleibt es letztendlich Ansichtssache, auf welche Mechanismen die Wirkungsweise der Quantenheilung zurückgeführt wird. Drei Aspekte erscheinen bei Heilungsprozessen wesentlich zu sein:

- Glaube
  (Zustand der Leere und Stille, Bewahrung der Offenheit, dass alles möglich sein kann)
- Liebe
  Synchronisation der Aktivität der rechten und linken Gehirnhälfte (Sympathikus/Parasympathikus) und Gefühl der Verbundenheit mit der Welt und ihren Geschöpfen
- Vertrauen/Hoffnung
  Setzen einer Heilintension und Geschehenlassen

Dass der Glaube Berge versetzt, steht in der Bibel, und diese Metapher will deutlich machen, wie mächtig der Glaube ist. Für einen kranken Menschen ist daher der Glaube an die Genesung neben der Liebe wichtig für den Heilungsprozess. Es gibt Studien, die darauf hindeuten, dass verheiratete Menschen aufgrund eines größeren Wohlbefindens länger leben als Alleinstehende. Auch Vertrauen und Hoffnung unterstützen den Heilungsprozess. Welche Aspekte bei einer Heilung eine Rolle spielen, ist noch nicht ausschöpfend wissenschaftlich untersucht, so dass die Antworten auf diese Frage oft von der persönlichen religiösen oder weltanschaulichen Einstellung geprägt sind.

Betrachten wir in diesem Zusammenhang die Bibel, so ist das Hohelied der Liebe (1. Korinther 13, 1-13) in diesem Kontext von Interesse:

Wenn ich mit Menschen- und mit Engelszungen redete und hätte die Liebe nicht, so wäre ich ein tönendes Erz oder eine klingende Schelle.

Und wenn ich prophetisch reden könnte und wüsste alle Geheimnisse und alle Erkenntnis und hätte allen Glaube, so dass ich Berge versetzen könnte, und hätte die Liebe nicht so wäre ich nichts.

Und wenn ich all meine Habe den Armen gäbe und ließe meinen Leib verbrennen, und hätte die Liebe nicht, so wäre mir's nichts nütze. (...)

Nun aber bleiben Glaube, Hoffnung, Liebe, diese drei;

Aber die Liebe ist die größte unter ihnen.

Die große Bedeutung der Liebe wird auch in anderen Religionen hervorgehoben. Seine Heiligkeit der Dalai Lama betont immer wieder die Wichtigkeit von Mitgefühl (compassion), was etwa dem entsprechen könnte, was andere mit Liebe oder reiner Herzenergie bezeichnen.

Im Rahmen eines Seminars zum Thema Heilung wurde gesagt, dass Liebe die Energie zur Variierung des Lichts ist. Dieser Satz beinhaltet die zwei zentralen Begriffe Licht und Liebe. Interessanterweise gibt es hier eine Parallele zu Michael Königs Theorie, der einen Zusammenhang zwischen Licht und Liebe herstellt.[258]

Licht ist nachweislich für viele Prozesse im Körper wichtig wie z. B. die Produktion von Vitamin D3. Viele alternativmedizinisch Interessierte wie auch der Biophysiker Fritz-Albert Popp, der sich mit Forschungsgebieten jenseits des wissenschaftlichen Kanons beschäftigt, betonen die große Bedeutung von Licht für die Gesundheit des Menschen. Auch Liebe könnte gemäß der oben aufgeführten Aussage über die Steuerung von Licht zu unserer Gesundheit beitragen.

Sollte es einen Zusammenhang zwischen Liebe und Licht geben, so hätte dies auch eine Auswirkung auf die Kommunikation oder Kontaktaufnahme mit geistigen Wesen.

---

[258] König, Michael, Urwort, Die Physik Gottes, Scorpio, Berlin München, 2011, 2. Auflage, S. 78

Viele Channel-Medien sagen, dass Geistige Wesen in unterschiedlichen Frequenzen schwingen und dass es von der Schwingungsfrequenz des Channel-Mediums abhängt, wie es Kontakt zu ihnen aufnehmen kann. Einige Channel-Medien glauben, dass es sich bei dieser Schwingung um elektromagnetische Schwingungen handelt. Wäre das der Fall, dann würde durch die Stärke der Liebe die elektromagnetische Schwingung und dadurch die Möglichkeiten des Kontakts mit geistigen Wesen beeinflusst werden können.

Der Leiter eines spirituellen Seminars sagte Folgendes: Der Mensch ist in der Lage, sein Licht zu veredeln, und die höchste Veredlung ist die Liebe. Ich glaube, dass Liebe der Schlüssel zur Heilung ist. Wenn es nur das ist, dann scheint es nicht so schwierig zu sein, Heilungsprozesse in Gang zu setzen. Wenn man jedoch betrachtet, wie oft Menschen sich nicht in Selbstliebe begegnen, ist zu ermessen, dass es ein längerer Weg sein kann hin zu mehr Selbstliebe und Liebe im Sinne von Mitgefühl.

Was immer die Wissenschaft und die Quantenphysik noch entdecken werden, wird es, so glaube ich, immer Dinge geben, die sich unseren Erkenntnismöglichkeiten und unserem Verständnis entziehen. Sollten in naher Zukunft zusätzliche Dimensionen experimentell nachgewiesen werden, so sind solche Entdeckungen insbesondere dann von allgemeinem, nicht-wissenschaftlich motiviertem Interesse, wenn Menschen sie mit ihren Sinnen wahrnehmen oder unter Umständen mit ihnen interagieren können. Was immer die Wissenschaft noch entdecken mag, die Antwort nach dem Urgrund wird sie uns sicherlich nicht liefern können.

Dem Begriff Information kommt bei Fragestellungen nach dem Göttlichen oder dem Urgrund eine besondere Bedeutung zu. Wenn bekannt ist, dass über eine bestimmte Reihenfolge von Aminosäuren der DNA Informationen gespeichert sind, so erhalten wir dadurch immer noch nicht die Antwort, warum gerade diese gewisse Reihenfolge zu bestimmten Eigenschaften führt. Wenn errechnet wird, dass der mittlere Informationsgehalt eines Schwarzen Loches identisch ist mit der Anzahl der Zellen mit einer Plancklänge, mit der man die Oberfläche des schwarzen

Lochs bedecken könnte, dann mag das einen Erkenntniswert haben, aber der Antwort nach der Bedeutung von Information im Sinne eines Urgrundes kommen wir damit wahrscheinlich nicht näher.

Allerdings muss man einräumen, dass in den letzten Jahren ein Paradigmenwechsel stattgefunden hat, der essentiell für die Bedeutung des Begriffs Information ist. Jahrzehntelang herrschte die Meinung vor, dass aus einem schwarzen Loch keine Information entweichen kann. Diese Theorie wurde vor einigen Jahren verworfen. Information kann folglich nie verloren gehen.

Anton Zeilinger sagt in einem Interview:

„Für mich deutet das in die Richtung, dass Information fundamentaler ist als alle anderen Konzepte. Schon das Johannes-Evangelium beginnt mit "Am Anfang war das Wort". Das kann ich auch mit Information übersetzen." [259]

Im Prolog des Johannes-Evangeliums heißt es: „Im Anfang war das Wort, und das Wort war bei Gott, und Gott war das Wort." Ob Zeilinger seine Aussage so verstanden wissen wollte, dass die hinter allem stehende Information mit Gott gleichzusetzen ist oder als von ihm ausgehend betrachtet werden soll, bleibt offen. Eine Antwort darauf wird wohl die Wissenschaft nie geben können.

Ob die Dreiteilung von Materie, Energie und Information ihre Entsprechung in Körper, Geist und Seele oder Vater, Sohn und heiligen Geist findet, bleibt wahrscheinlich Glaubens- oder Ansichtssache. Eine Form der Dreiteilung finden wir auch in der Drei-Welten-Theorie, deren Anhänger auch der bekannte Quantenphysiker Roger Penrose war. Die Drei-Welten-Theorie unterscheidet zwischen einer Außenwelt (materielle Objekte wie z. B. Häuser), die Welt des Bewusstseins (Gedanken und Gefühle) und die Welt der objektiven Gedankeninhalte (mathematische Sätze, Naturgesetze). Während manche Vertreter dieses Ansatzes annehmen, dass die objektiven geistigen

---

[259] http://www.wienerzeitung.at/themen_channel/wissen/natur/506880_Das-Loch-im-Verstaendnis-der-Welt.html,%202012, abgerufen Dez. 2015

Gedankeninhalte Produkte des menschlichen Denkens sind und nach ihrer Erschaffung eine eigene Existenz besitzen, geht ein anderer Vertreter der Drei-Welten-Theorie, Gottlob Frege, davon aus, dass die objektiven Gedankeninhalte wie z. B. mathematische Sätze zeitlos wahr sind. Es bedarf nicht eines Bewusstseins, das diesen Satz als wahr erkennt. Diese Welt der objektiven geistigen Gedankeninhalte nennt Frege drittes Reich. Das, was Frege mit drittem Reich bezeichnet, könnte seine Entsprechung in dem Begriff der reinen Information haben.

Dies alles sind philosophische Fragestellungen und keine Forschungsgebiete der Wissenschaft. Anton Zeilinger wurde in einem Interview die Frage gestellt, ob er an ein Leben nach dem Tod glaubt. Er antwortete darauf:

„Ich bin kein Atheist. Aber schon der Begriff "Leben nach dem Tod" hat eine zeitliche Dimension, die ich nicht für richtig halte. Ich glaube, dass es ein Leben außerhalb der materiellen Welt gibt. Es gibt eine geistige Welt außerhalb der materiellen Existenz. Aber mit Physik hat das nichts zu tun, sondern das ist nur meine persönliche Ansicht."[260]

Wie wir uns die Welt jenseits des Materiellen vorstellen, bleibt letztendlich Ansichtssache. Auf welchen Ebenen alternative Heilmethoden wirken können, ist auch Ansichtssache. Sicher ist jedoch, dass Glaube, Vertrauen und insbesondere Liebe eine essenzielle und übergeordnete Rolle dabei spielen.

---

[260] http://www.wienerzeitung.at/themen_channel/wissen/natur/506880_Das-Loch-im-Verstaendnis-der-Welt.html, Interview mit Anton Zeilinger, Wiener Zeitung vom 7.12.2012, abgerufen Mai 2015

Tabelle zu Hochzahlen und Vorsätzen für Maßeinheiten

T	Tera	10^{12}	1.000.000.000.000	Billion
G	Giga	10^{9}	1.000.000.000	Milliarde
M	Mega	10^{6}	1.000.000	Million
k	Kilo	10^{3}	1.000	Tausend
h	Hekto	10^{2}	100	Hundert
da	Deka	10^{1}	10	Zehn
—	—	10^{0}	1	Eins
d	Dezi	10^{-1}	0,1	Zehntel
c	Zenti	10^{-2}	0,01	Hundertstel
m	Milli	10^{-3}	0,001	Tausendstel
µ	Mikro	10^{-6}	0,000.001	Millionstel
n	Nano	10^{-9}	0,000.000.001	Milliardstel
p	Piko	10^{-12}	0,000.000.000.001	Billionstel
f	Femto	10^{-15}	0,000.000.000.000.001	Billiardstel

Danksagung

Ich möchte von ganzem Herzen all jenen danken, die mich bei der Entstehung dieses Buches unterstützt haben. Ein Buch beginnt mit einer Idee, und es hat mich beflügelt, dass Menschen von meiner Idee begeistert waren. Mein Dank gilt auch denen, die mich beim Schreibprozess durch Anregungen, Hinweise und ihren Zuspruch unterstützt haben. Ich danke von Herzen denen, die die ersten Entwürfe meines Buches gelesen und mir wertvolle Hinweise gegeben haben, insbesondere Suzanne Patricia Beck und Peter Marktscheffel. Ich danke meinem DreamTeam Diane Berns-Ghaffari, Melanie Bong, Heike Marquardt, Annick Moermann und Susanne Rädel, das mich stets ermuntert hat und mir mit Ratschlägen zur Seite stand. Ein großes Dankeschön an Heike Marquardt für die kreativen Beiträge zu den Buchuntertiteln. Ich danke der Leiterin des DreamTeams Anne Wietschorke, die uns, inspiriert von Barbara Sher, bei der Umsetzung unserer Ziele unterstützt hat. Ich danke Barbara Sher, die Menschen Mut macht, ihre Projekte und Ziele umzusetzen. Ich danke ganz herzlich Dr. Oliver Passon für das fachliche Lektorat und die damit verbundenen Korrekturen und Verbesserungsvorschläge. Ich danke meinem Mann für die Durchsicht des ersten Entwurfs und meinen Kindern, die des Öfteren selbst den Kochlöffel in die Hand nehmen mussten, damit die Küche nicht kalt blieb.

Literatur

Bücher

Arroyo Camejo, Silvia, Skurille Quantenwelt, Springer-Verlag, Berlin Heidelberg 2006

Becker, Volker J., Gottes geheime Gedanken, Was uns die westliche Physik und die östliche Mystik über Geist, Kosmos und die Menschheit zu sagen haben, Lotos, München 2009, 2. Auflage

Börner, Gerhard, Schöpfung ohne Schöpfer, Das Wunder des Universums, DVA, München 2006

Bojowald, Martin, Zurück vor den Urknall, Die ganze Geschichte des Universums, Fischer, Frankfurt 2012, 3. Auflage

Bohm, David, Die implizite Ordnung – Grundlagen eines dynamischen Holismus, Dianus-Trikont, München 1985

Braden, Gregg, Im Einklang mit der göttlichen Matrix – Wie wir mit allem verbunden sind, Koha, Burgrain, 2009

Bublath, Joachim, Geheimnisse unseres Universums, Zeitreisen, Quantenwelten, Weltformeln, Droemer, München 1999

Capra, Fritjof, Das Tao der Physik, Die Konvergenz von westlicher Wissenschaft und östlicher Philosophie, Fischer, Frankfurt 2010

Chopra, Deepak, Das Tor zum vollkommenen Glück, Knaur Menssana, München 2004

Einstein, Albert, Aus meinen späten Jahren, DVA, Stuttgart 1984, 3. Auflage

Einstein, Albert, Infeld Leopold, Die Evolution der Physik, Anaconda, Köln 2007,

Einstein, Albert, Infeld Leopold, The evolution of physics, unter https://archive.org/details/evolutionofphysi033254mbp

Feynman, Richard P., Vom Wesen physikalischer Gesetze, Piper, München 1990

Fine, Cordelia, Wissen Sie, was Ihr Gehirn denkt? Wie in unserem Oberstübchen die Wirklichkeit verzerrt wird und warum, Spektrum, Elsevier GmbH, München, 2007, 5. Auflage

Greene, Brian, Das elegante Universum, Superstrings, verborgene Dimensionen und die Suche nach der Weltformel, Siedler Berlin 2000

Greene, Brian, Die verborgene Wirklichkeit, Paralleluniversen und die Gesetze des Kosmos, Siedler München 2012

Hawking, Stephen, Mlodinow, Leonard, Der große Entwurf, Eine neue Erklärung des Universums, Rowohlt, Reinbek 2010

Heede, Günter, Schriewersmann, Wolf, Dr. med., Matrix Inform – Heilung im Licht der Quantenphysik, Selbstanwendung leicht gemacht, Südwest, München 2010

Heede, Schriewersmann, Wolf, Dr. med., Matrix Inform – Grundlagen der Quantenheilung, Irisiana, München 2016

Jonsson, Melissa Joy, Die faszinierende Energie der Matrix erleben, VAK, Kirchzarten 2014

Kaku, Michio, Die Physik des Bewusstseins, Über die Zukunft des Geistes, Rowohlt, Reinbek 2014

Kiefer, Klaus, Der Quantenkosmos, Von der zeitlosen Welt zum expandierenden Universum, S. Fischer, Frankfurt, 3. Auflage 2009

Kinslow, Frank Dr., Quantenheilung – Wirkt sofort – und jeder kann es lernen, VAK, Kirchzarten 2009

König, Michael, Urwort, Die Physik Gottes, Scorpio, Berlin München, 2011, 2. Auflage

McTaggart, Lynne, Das Nullpunkt-Feld, Goldmann, München 2007, 5. Auflage

Randall, Lisa, Die Vermessung des Universums, Wie die Physik von morgen den letzten Geheimnissen auf der Spur ist, S. Fischer, Frankfurt 2012

Randall, Lisa, Verborgene Universen, Eine Reise in den extradimensionalen Raum, S. Fischer, Frankfurt 2006

Staghun, Gerhard, Die Jagd nach dem kleinsten Baustein der Welt, Hanser, München Wien 2000

Warnke, Ulrich, Quantenphilosophie und Spiritualität – Der Schlüssel zu den Geheimnissen des menschlichen Seins, Scorpio, München 2011

Zeilinger, Anton, Einsteins Spuk, Teleportation und weitere Mysterien der Quantenphysik, Goldmann, München 2007

Zeilinger, Einsteins Schleier, Die neue Welt der Quantenphysik, C.H. Beck, München 2003

Wissenschaftliche Studien, Forumsbeiträge im Internet und Zeitschriften

Bäker, Martin, Die Quantenverschränkung im Auge des Vogels, 17. Juli 2011, http://scienceblogs.de/hier-wohnen-drachen/2011/07/17/die-quantenverschrankung-im-auge-des-vogels/, abgerufen Sep. 2014

Elisabetta Collini, Cathy Y. Wong, Krystyna E. Wilk2, Paul M. G. Curmi, Paul Brumer1 & Gregory D. Scholes, Nature 463, 644-647 (4 February 2010) | doi: 10.1038/nature08811; Received 14 July 2009; Accepted 17 December 2009, Coherently wired light-harvesting in photosynthetic marine algae at ambient temperature, http://www.nature.com/nature/journal/v463/n7281/full/nature08811.html, abgerufen Sep. 2014

Drobisch, Amos, Das EPR – Gedankenexperiment, die Bellsche Ungleichung und der experimentelle Nachweis von Quantenkorrelationen, Schriftliche Hausarbeit im Rahmen der Ersten Staatsprüfung, http://llp.ilt.fhg.de/skripten/hausarbeit_drobisch.pdf, abgerufen Sep. 2014

Fairness, Sabrina, Strang, Jörg Gross, Teresa Schuhmann, Arno Riedl, Bernd Weber and Alexander Sack, Social Cognitive and Affective Neuroscience, Be Nice if You Have to - The Neurobiological Roots of Strategic http://scan.oxfordjournals.org/content/early/2014/09/03/scan.nsu114.abstract?sid =7e47d274-b062-4894-a094-d627d87d9b66, abgerufen Sep. 2014

Erik. M Gauger, Elisabeth Rieper, John J. L. Morton, Simon C. Benjamin and Vlatko Vedral, Sustained Quantum Coherence and Entanglement in the Avian Compass, Phys. Rev. Lett. 106, 040503 – Published 25 January 2011, http://journals.aps.org/prl/abstract/10.1103/PhysRevLett.106.040503, abgerufen Sep. 2014

GEO kompakt, Die Milchstraße, Forscher revolutionieren das Bild unserer kosmischen Heimat, Nr. 39, 2014

Paschotta, Rüdiger Dr., RP-Energie-Lexikon, http://www.energie-lexikon.info/energie.html

Schulz, Joachim, Atome in der Falle – Nochmal Nobelpreis, Oktober 2012, http://www.scilogs.de/quantenwelt/atome-in-der-falle-nochmal-nobelpreis/ abgerufen Sep. 2014

Spektrum der Wissenschaft Spezial, Physik – Mathematik – Technik, 1/2013

Yarris, Lynn, Untangling the Quantum Entanglement Behind Photosynthesis: Berkeley scientists shine new light on green plant secrets, 10. Mai 2010, Berkley Lab News Center, (Quanteneffekte bei der Photosynthese), http://newscenter.lbl.gov/2010/05/10/untangling-quantum-entanglement/, abgerufen Mai 2015

Abgerufene Internetseiten in der Reihenfolge ihrer Vorkommen im Buch (daher Mehrfachnennungen möglich)

http://grundpraktikum.physik.uni-saarland.de/scripts/Einstein_1.pdf

https://de.wikipedia.org/wiki/Liste_der_Nobelpreistr%C3%A4ger_f%C3%BCr_Physik, abgerufen März 2017

https://de.wikipedia.org/wiki/Schwache_Wechselwirkung

https://www.archiv-berlin.mpg.de/49053/hausreihe_20.pdf

http://grundpraktikum.physik.uni-saarland.de/scripts/Planck_1.pdf, http://onlinelibrary.wiley.com/doi/10.1002/andp.19053220607/epdf, abgerufen April 2016,

mit der Titelseite zu finden unter: Annalen der Physik, Verlag von Johann Ambrosius Barth, Leipzig http://grundpraktikum.physik.uni-saarland.de/scripts/Einstein_1.pdf

http://psi.physik.kit.edu/133.php, abgerufen Mai 2016 http://rstl.royalsocietypublishing.org/content/94/1.1.full.pdf+html

http://www.leifiphysik.de/quantenphysik/quantenobjekt-elektron/versuche/versuch-davisson-und-germer

http://link.springer.com/article/10.1007/BF01342460

http://www.leifiphysik.de/quantenphysik/quantenobjekt-elektron/versuche/doppelspaltversuch-von-joensson

https://journals.aps.org/prl/abstract/10.1103/PhysRevLett.75.3034

http://www.nasonline.org/publications/biographical-memoirs/memoir-pdfs/mandel-leonard.pdf, S. 13, abgerufen April 2016)

http://www.mikomma.de/optik/doppel/hirlinger.htm

https://www.mpg.de/502672/pressemitteilung20050810, abgerufen Mai 2016 http://www.leifiphysik.de/quantenphysik/quantenobjekt-elektron/versuche/versuch-davisson-und-germer, abgerufen Mai 2016

http://www.leifiphysik.de/quantenphysik/quantenobjekt-elektron/versuche/doppelspaltversuch-von-joensson, Mai 2016

https://www.uni-ulm.de/fileadmin/website_uni_ulm/nawi.inst.251/Didactics/quantenchemie/html/e-Welle.html, abgerufen Mai 2015

http://www.nature.com/ncomms/journal/v2/n4/full/ncomms1263.html, abgerufen Mai 2015

http://journals.aps.org/pr/abstract/10.1103/PhysRev.47.777, abgerufen Sep. 2014

https://www.itp.uni-hannover.de/fileadmin/arbeitsgruppen/ag_flohr/lectures/qm-philo/EPR-Bell.pdf, abgerufen Sep. 2014

https://www.itp.uni-hannover.de/~flohr/lectures/qm-philo/EPR-Bell.pdf, abgerufen Sep.2014

http://llp.ilt.fhg.de/skripten/hausarbeit_drobisch.pdf, abgerufen Sep. 2014

http://www.drchinese.com/David/Bell_Compact.pdf, abgerufen Mai 2016

https://journals.aps.org/prl/abstract/10.1103/PhysRevLett.28.938

http://llp.ilt.fhg.de/skripten/hausarbeit_drobisch.pdf

https://journals.aps.org/prl/abstract/10.1103/PhysRevLett.49.1804, abgerufen Juni 2014

https://en.wikipedia.org/wiki/Implicate_and_explicate_order#CITEREFBohm1980, abgerufen Juni 2016

http://www.heise.de/tp/artikel/7/7550/1.html

http://www.faz.net/aktuell/wissen/physik-chemie/bernard-d-espagnat-die-realitaet-ist-nicht-in-den-dingen-1924250-p2.html?printPagedArticle=true

http://www.faz.net/aktuell/wissen/physik-chemie/weltbild-der-physik-die-wirklichkeit-die-es-nicht-gibt-1436113.html

https://www.tu-braunschweig.de/Medien-DB/ifdn-physik/quant3.pdf

https://www.tu-braunschweig.de/Medien-DB/ifdn-physik/quant3.pdf

https://de.wikipedia.org/wiki/Kopenhagener_Deutung, Carl Friedrich von Weizsäcker: Die Einheit der Natur. Hanser, 1971, S. 226

https://www-tc.pbs.org/wgbh/nova/manyworlds/pdf/dissertation.pdf

http://www.spektrum.de/magazin/der-himmelskompass-der-wuestenameisen/824947

http://journals.aps.org/pr/abstract/10.1103/PhysRev.47.777, abgerufen Sep. 2014

http://llp.ilt.fhg.de/skripten/hausarbeit_drobisch.pdf

http://www.pro-physik.de/details/news/prophy13103news/news.html?laid=13103

http://www.uni-stuttgart.de/hkom/presseservice/pressemitteilungen/2014/011_photonen.html?__locale=de

http://www.uni-heidelberg.de/presse/news2010/pm20100910_lichtteilchen.html

http://www.spektrum.de/lexikon/physik/atom-und-ionenfallen/885, abgerufen Okt. 2014

http://www.scinexx.de/wissen-aktuell-15207-2012-10-09.html

http://www.spiegel.de/wissenschaft/weltall/hawking-verliert-wette-schwarze-loecher-erinnern-sich-an-ihre-opfer-a-289599.html, abgerufen April 2017

http://www.nature.com/nature/journal/v512/n7515/full/nature13586.html, abgerufen Okt. 2014

http://journals.aps.org/prl/abstract/10.1103/PhysRevLett.110.210403

http://www.nzz.ch/wissen/wissenschaft/verschraenkung-von-teilchen-die-niemals-koexistiert-haben-1.18088666, abgerufen Oktober 2014

http://medienportal.univie.ac.at/uniview/forschung/detailansicht/artikel/quantenverschraenkung-in-100-dimensionen/, abgerufen Oktober 2015

http://science.orf.at/stories/1735577, Artikel vom 25.3.2014, abgerufen November 2015

http://newscenter.lbl.gov/2010/05/10/untangling-quantum-entanglement/

http://www.pro-physik.de/details/news/1111925/Photosynthese_quantenmechanisch_verschraenkt.html, abgerufen Okt. 2015 http://www.wissenschaft-aktuell.de/artikel/Quanteneffekt_laesst_Pflanzen_wachsen1771015589602.html, abgerufen Okt. 2015

http://www.nature.com/ncomms/2014/140109/ncomms4012/full/ncomms4012.html, abgerufen Okt. 2015

http://scienceblogs.de/hier-wohnen-drachen/2011/07/17/die-quantenverschrankung-im-auge-des-vogels, abgerufen Dezember 2015

http://www.wienerzeitung.at/themen_channel/wissen/natur/506880_Das-Loch-im-Verstaendnis-der-Welt.html, Interview mit Anton Zeilinger im Jahr 2012, abgerufen Okt. 2015

http://www.heise.de/tp/artikel/7/7550/1.html, abgerufen Juni 2016

http://www.chemie.de/lexikon/Neutrino.html, abgerufen Juni 2016, dort Bezug auf Claus Grupen: Astroteilchenphysik. Vieweg Verlag, Braunschweig/Wiesbaden 2000, S. 69.

https://de.wikipedia.org/wiki/Elementarteilchen, abgerufen Juni 2016

https://de.wikipedia.org/wiki/Standardmodell

https://de.wikipedia.org/wiki/Quark_(Physik)

https://de.wikipedia.org/wiki/Potentielle_Energie

http://www.dpg-physik.de/veroeffentlichung/archiv/pdf/Protokollbuch19001214Planck.pdf, Stand Februar 2014

https://de.wikipedia.org/wiki/Photon

http://www.spektrum.de/sixcms/media.php/976/Kollegen_im_Widerstreit.pdf, abgerufen April 2017

https://www.nobelprize.org/nobel_prizes/physics/laureates/1921/, abgerufen April 2017

https://de.wikipedia.org/wiki/Quantenfeldtheorie, abgerufen Juni 2016

http://www.sciencemag.org/content/early/2015/09/30/science.aac9788 (Science DOI: 10.1126/science.aac9788)

http://www.pro-physik.de/details/news/8422731/Signale_aus_dem_Nichts.html, abgerufen Okt. 2015

https://de.wikipedia.org/wiki/Virtuelles_Teilchen

https://de.wikipedia.org/wiki/Quantenchromodynamik

https://www.heise.de/newsticker/meldung/Hubble-Teleskop-Zehnmal-so-viele-Galaxien-im-Universum-wie-bisher-gedacht-3349889.html

https://www.lernhelfer.de/schuelerlexikon/physik-abitur/artikel/grundaussagen-der-speziellen-relativitaetstheorie

https://de.wikipedia.org/wiki/Tachyon

https://de.wikipedia.org/wiki/Weltformel

https://www.matrixenergetics.com/our_teachers.aspx

http://www.quantenheilung-forum.de/forum/viewtopic.php?f=9&t=805, abgerufen Mai 2014

http://www.matrixenergetics.com, abgerufen Mai 2015

http://www.naturheilpraxis-frenzel.de/zweipunktmethode.html, abgerufen Mai 2014

http://www.wienerzeitung.at/themen_channel/wissen/natur/506880_Das-Loch-im-Verstaendnis-der-Welt.html, abgerufen Juli 2015

https://journals.aps.org/prl/abstract/10.1103/PhysRevLett.75.3034

https://en.wikipedia.org/wiki/Implicate_and_explicate_order#CITEREFBohm1980, abgerufen Juni 2016

http://www.simonton.de/index.php/de/methode

www.heartmath.com, abgerufen März 2015

https://de.wikipedia.org/wiki/Magnetokardiogrammin. Ein handelsüblicher Hufeisenmagnet hat eine Flussdichte von 0,1 Tesla.

https://web.archive.org/web/20140819102139/http://www.pm-magazin.de/a/am-anfang-war-der-quantengeist, abgerufen Mai 2015

https://de.wikipedia.org/wiki/Ununterscheidbare_Teilchen

http://www.schriften.uni-kiel.de/Band%2056/Mohrdiek_56_68-88.pdf, abgerufen April 2015

http://de.wikipedia.org/wiki/Atomismus, abgerufen April 2015

http://www.weloennig.de/MaxPlanck.html.

http://www.mahag.com/rede.htm, abgerufen Sep. 2015

http://de.wikipedia.org/wiki/Welle, abgerufen Mai 2015

https://www.uni-ulm.de/fileadmin/website_uni_ulm/nawi.inst.251/Didactics/quantenchemie/html/e-Welle.html.

https://de.wikipedia.org/wiki/Potentielle_Energie

http://www.handelsblatt.com/technik/forschung-innovation/hamburger-forscher-beobachten-ultraschnelle-elektronenspruenge/2528776.html, abgerufen Juli 2015:

http://de.wikipedia.org/wiki/Elementarteilchen

http://www.spiegel.de/wissenschaft/mensch/biophotonen-das-raetselhafte-leuchten-allen-lebens-a-370918.html

https://web.archive.org/web/20140819102139/http://www.pm-magazin.de/a/am-anfang-war-der-quantengeist

http://www.matrixenergetics.com/WhatIs.aspx, abgerufen Juni 2016

https://www.archiv-berlin.mpg.de/49053/hausreihe_20.pdf

http://www.mahag.com/rede.htm, abgerufen Sep. 2015

https://archive.org/details/evolutionofphysi033254mbp

https://en.wikiquote.org/wiki/Max_Planck

http://dictionary.reference.com/browse/matrix

http://diepresse.com/home/presseamsonntag/1379827/Zufall-ist-wo-Gott-inkognito-agiert, 23.3.2013, abgerufen Oktober 2015

http://www.forschen-mit-licht.mpg.de/9563/Atome_im_Quantendialog?seite=2, abgerufen Dezember 2015

https://www.mpg.de/5886331/verschraenkung_quantenrepeater_quantenkommunikation, abgerufen Dezember 2015

http://www.faz.net/aktuell/wissen/physik-chemie/quantenphysik-im-gleichklang-schwingen-1652765.html, Veröffentlichung in Nature, Ausgabe 459, Juni 2009, http://www.nature.com/nature/journal/v459/n7247/full/nature08006.html

Literatur

https://de.wikipedia.org/wiki/Nullpunktsenergie, abgerufen Okt. 2015

https://de.wikipedia.org/wiki/What_the_Bleep_do_we_(k)now!%3F, abgerufen Okt. 2015

http://www.heise.de/tp/artikel/7/7550/1.html, abgerufen Dezember 2015

http://www.wienerzeitung.at/themen_channel/wissen/natur/506880_Das-Loch-im-Verstaendnis-der-Welt.html,%202012, abgerufen Dez. 2015

https://en.wikipedia.org/wiki/John_Archibald_Wheeler,abgerufen Dez. 2015

https://de.wikipedia.org/wiki/Atom

http://www.chemie.fu-berlin.de/medi/suppl/mensch.html, abgerufen im Juni 2014

www.heartmath.com, abgerufen März 2015

http://www.wienerzeitung.at/themen_channel/wissen/natur/506880_Das-Loch-im-Verstaendnis-der-Welt.html,%202012, abgerufen Dez. 2015

http://www.wienerzeitung.at/themen_channel/wissen/natur/506880_Das-Loch-im-Verstaendnis-der-Welt.html, Interview mit Anton Zeilinger, Wiener Zeitung vom 7.12.2012, abgerufen Mai 2015